异步图书 www.epubit.com

卷积传媒 AIRBOOK

编程竞赛宝典

C++语言和算法入门

张新华 ◉ 编著

人民邮电出版社
北京

图书在版编目（CIP）数据

编程竞赛宝典 : C++语言和算法入门 / 张新华编著
. -- 北京 : 人民邮电出版社, 2021.6（2024.1重印）
ISBN 978-7-115-55461-1

Ⅰ. ①编… Ⅱ. ①张… Ⅲ. ①C语言－程序设计②算
法分析 Ⅳ. ①TP312.8②TP301.6

中国版本图书馆CIP数据核字(2020)第238581号

内 容 提 要

编程类竞赛活动受各级各类学校重视，受青少年学生欢迎。本书以Dev-C++为C++语言的开发环境，首先带领读者入门C++语言，然后循序渐进、由浅入深地讲解C++语言的基本结构、数组、函数、指针、结构体、位运算等知识，并编排了竞赛模拟、阶段检测等内容，使读者能及时评估自己的学习效果。

本书在介绍C++语言的同时，更加侧重于计算思维的培养，通过“一题多解”及“数学求解”等方法，拓展读者对题目的本质和内涵的思考与理解。本书还配备了参考程序、习题解答、测试数据、讲解视频等资源供读者参考学习。

本书由具有丰富经验的编程竞赛教练编写，适合作为全国青少年编程竞赛及大学生程序设计竞赛的培训用书，也可作为计算机专业学生、算法爱好者的参考和学习用书。

◆ 编　　著　张新华
　责任编辑　赵祥妮
　责任印制　王　郁　陈　犇
◆ 人民邮电出版社出版发行　　北京市丰台区成寿寺路 11 号
　邮编　100164　　电子邮件　315@ptpress.com.cn
　网址　https://www.ptpress.com.cn
　北京盛通印刷股份有限公司印刷
◆ 开本：787×1092　1/16
　印张：20.5　　　　2021 年 6 月第 1 版
　字数：485 千字　　2024 年 1 月北京第 9 次印刷

定价：89.90 元

读者服务热线：(010)81055410　印装质量热线：(010)81055316
反盗版热线：(010)81055315
广告经营许可证：京东市监广登字 20170147 号

本 书 编 委 会

前言
PREFACE

编程竞赛介绍

随着计算机逐步深入人类生活的各个方面，利用计算机及其程序设计来分析、解决问题的算法在计算机科学领域乃至整个科学界的作用日益明显。相应地，各类以算法为主的编程竞赛也层出不穷：在国内，有全国青少年信息学奥林匹克联赛（National Olympiad in Informatics in Provinces，NOIP），该联赛与全国中学生生物学联赛、全国中学生物理竞赛、全国高中数学联赛、全国高中学生化学竞赛并称为国内影响力最大的“五大奥赛”；在国际上，有面向中学生的国际信息学奥林匹克竞赛（International Olympiad in Informatics，IOI）、面向亚太地区在校中学生的信息学科竞赛即亚洲与太平洋地区信息学奥林匹克（Asia-Pacific Informatics Olympiad，APIO）以及由国际计算机学会主办的面向大学生的国际大学生程序设计竞赛（International Collegiate Programming Contest，ICPC）等。

各类编程竞赛要求参赛选手不仅具有深厚的计算机算法功底、快速并准确编程的能力以及创造性的思维，而且有团队合作精神和抗压能力，因此编程竞赛在高校、IT 公司和其他社会各界中获得越来越多的认同和重视。编程竞赛的优胜者更是微软、谷歌、百度、Facebook 等全球知名 IT 公司争相高薪招募的对象。因此，除了各类参加编程竞赛的选手外，很多不参加此类竞赛的研究工作者和从事 IT 行业的人士，也都希望能获得这方面的专业训练并从中得到一定的收获。

为什么要学习算法

经常有人说：“我不学算法也照样可以编程开发软件。”那么，为什么还要学习算法呢？

首先，算法（Algorithm）一词源于算术（Algorism），具体地说，算法是一个由已知推求未知的运算过程。后来，人们把它推广到一般过程，即把进行某一工作的方法和步骤称为算法。一个程序要完成一个任务，其背后大多会涉及算法的实现，算法的优劣直接决定了程序的优劣。因此，算法是程序的“灵魂”。学好了算法，就能够设计出更加优异的软件，以非常有效的方式实现复杂的功能。例如，设计完成一个具有较强人工智能的人机对弈棋类游戏，程序员没有深厚的算法功底是根本不可能实现的。

其次，算法是对事物本质的数学抽象，是初等数学、高等数学、线性代数、计算几何、离散数学、概率论、数理统计和计算方法等知识的具体运用。真正懂计算机的人（不是“编程匠”）都在数学上有相当高的造诣，既能用科学家的严谨思维来求证，也能用工程师的务实手段来解决问题——这种思维和手段的最佳演绎之一就是“算法”。学习算法，能锻炼我们的思维，使思维变得更清晰、更有逻辑、更有深度和广度。学习算法更是培养逻辑推理能力的非常好的方法之一。因此，学会算法思想，其意义不仅在于算法本身，更重要的是，对以后的学习生活和思维方式也会产生深远的影响。

最后，学习算法本身很有意思、很有趣味。所谓“技术做到极致就是艺术”，当一个人真正沉浸到算法研究中时，他会感受到精妙绝伦的算法的艺术之美，也会为它的惊人的运行速度和构思而深深震撼，并从中体会到一种不可言喻的美感和愉悦。当然，算法的那份“优雅”与“精巧”虽然吸引人，却也令很多人望而生畏。事实证明，对很多人来说，学习算法是一件非常有难度的事情。

本书的特色

本书尽可能详尽而全面地介绍编程竞赛中用到的大多数知识，读者如果能按照书中的安排，认真做好每一道题，必然能在各类编程竞赛中一展身手。

本书中部分题目采用了“多向思考”“一题多解”“一题多变”的解决方法，其目的主要有 3 点：一是充分调动读者思维的积极性，提高读者综合运用已学知识解答问题的技能；二是锻炼读者思维的灵活性，促进读者知识和智慧的增长；三是增加读者思维的深度和广度，引导读者灵活地掌握知识的纵横联系，培养和发挥读者的创造性。因此，绝不能简单地将这种训练看作编程技巧的花哨卖弄，相反，它能培养读者思维的敏捷性，促进读者智力和思维的发展，提高读者的变通能力与综合运用所学知识的能力。读者若能坚持这种思维训练方法，必能获得意想不到的良好学习效果。

如何使用本书

本书采用的是循序渐进、由浅入深的教学方法。一开始讲解引入新知识点的题目时，书中会提供该题目的完整参考代码以供读者参考，但随着读者对此知识点的理解逐步加深，后续的同类型题目将逐步向仅提供算法思路、提供伪代码和无任何提示的方式转变。此外，对于一些思维跨度较大的题目，本书会酌情给予读者一定的提示。

本书在“第 02 章 基本结构”后直接安排了“第 03 章 竞赛模拟”，是为了使读者尽快熟悉竞赛环境，做到在平时的训练中以竞赛的标准要求自己，例如，制作全面而完善的测试数据验证程序的正确性、确保提交的程序一次通过而不是反复提交才通过等。但这种思维习惯的养成，非一朝一夕之功，所以读者无须循规蹈矩，只需大致了解第 03 章的内容后就可以继续后面章节的学习，因为第 03 章的内容是贯穿于整本书的学习过程，并在不断做题实践中加深理解的。

第 08 章是关于指针的内容，通常初学者在竞赛中应用极少，读者可以根据自身情况确定是否学习。

题目后括号内的英文为提交的源代码名。

资源与支持

为了让读者有更好的使用体验，本书提供了多种资源与支持的方式。

（1）增值讲解视频

- 扫描书上二维码即可在线观看视频。
- “内容市场”微信小程序或 App 中搜索本书书名，即可在线观看视频。
- 异步社区网站搜索本书书名，单击在线课程，即可在线观看视频。

（2）测试数据

登录本书作者开发维护的在线评测网站 www.magicoj.com，单击【课程分类】-【语言和算法入门】，选择对应题目即可查看，还可解锁海量题库并在线提交代码获得反馈。

（3）例题完整参考代码

在异步社区网站搜索本书书名，单击下载资源，即可下载例题完整参考代码。

适合阅读本书的读者

本书可作为 NOIP 的复赛教程和 ICPC 的参考和学习用书，还可作为计算机专业学生、算法爱好者的参考和学习用书。

致谢

感谢安徽省安庆市石化第一中学胡向荣老师，感谢浙江省宁波市北仑区霞浦学校张义丰老师，感谢浙江省慈溪市周巷镇潭北小学陈科老师，感谢贵州省贵阳市第一中学李守志老师，感谢全国各省市中学、大学的信息学奥赛指导老师，他们给本书提了许多真诚而有益的建议，并对笔者在写书过程中遇到的一些困惑和问题给予了热心的解答。

本书在完成过程中，使用了 NOIP 的部分原题、在线评测网站的部分题目，并参考和收集了其他创作者发表在互联网、杂志等媒体上的相关资料，无法一一列举，在此一并表示衷心感谢。

感谢卷积文化传媒（北京）有限公司 CEO 高博先生和他的同事，他们成功地将现代 AI 技术与传统的图书完美地结合起来，降低了读者学习编程的门槛。

最后要说的话

由于笔者水平所限，书中难免存在不妥之处，欢迎同仁或读者赐正。读者如果在阅读中发现任何问题，请发送电子邮件到 hiapollo@sohu.com，更希望读者对本书提出建设性意见，以便修订再版时改进。

本书对应的题库网站正在不断完善中，网址为 www.magicoj.com。

希望本书的出版，能够给学有余力的中学生、计算机专业的大学生、程序算法爱好者以及 IT 行业从业者提供学习计算机科学的帮助。

张新华

2021 年 5 月

目录
CONTENTS

第 01 章　C++ 语言入门

计算机编程语言能够实现人与计算机之间的沟通与交流，使计算机能够根据人编写的代码一步一步地工作，完成某些特定的任务。C++ 语言是使用最广泛的编程语言之一，也是许多编程竞赛指定的编程语言之一。

扫码看视频

1.1 我的第一个程序

我们使用 Dev-C++ 这个适合初学者使用的 C/C++ 集成开发环境来学习 C++ 语言，读者可上网搜索“Dev C++ 下载”等关键词从网上下载该软件，或者使用浏览器访问 www.magicoj.com（或者 www.razxhoi.com），下载它的改进版本——Dev-CPP 智能开发平台，如图 1.1 所示。

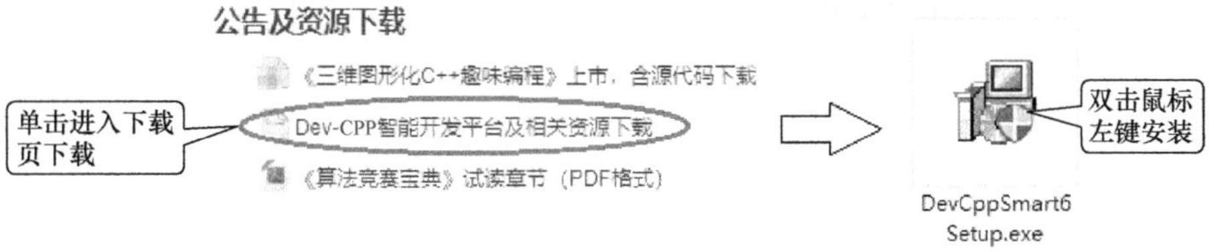

图 1.1

安装界面如图 1.2（a）所示。单击其中的“下一步”按钮，出现选择目标位置的界面，建议继续单击“下一步”按钮默认安装，如图 1.2（b）所示。

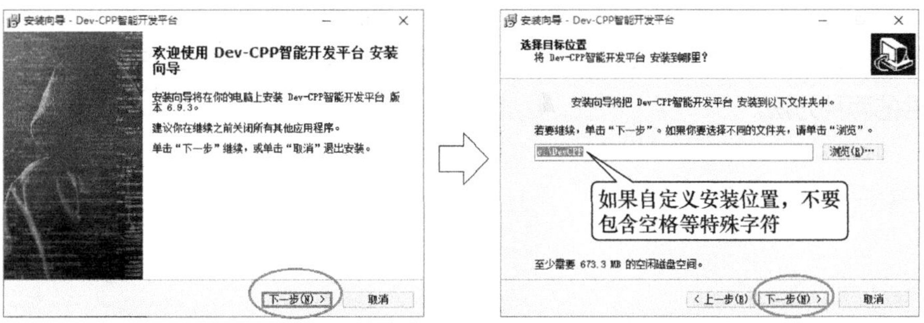

（a）　　　　　　（b）

图 1.2

安装完成后运行软件，将出现初始设置界面。

如果没有出现初始设置界面或者弹出错误对话框（因为未正确卸载旧版 Dev-C++）等，可在软件的“工具”菜单里选择“环境选项”，在“文件和路径”选项卡中单击“删除设置并退出”按钮，再重新运行软件即可恢复正常，如图 1.3 所示。

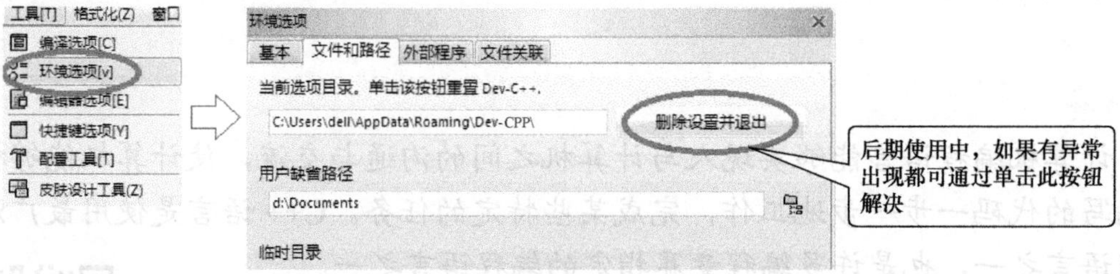

图 1.3

设置好的软件界面（Dev-CPP 智能开发平台支持换肤功能）如图 1.4 所示。

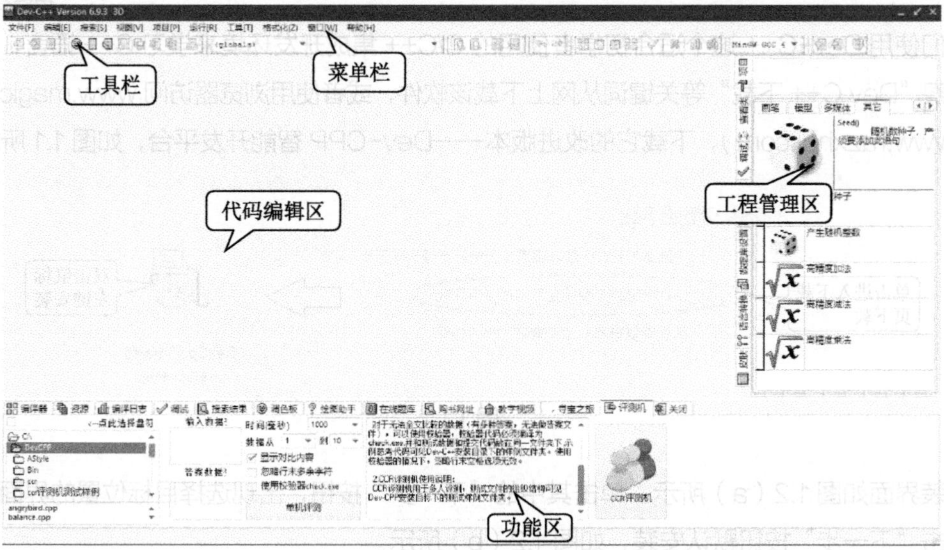

图 1.4

存放代码的文件称为源代码文件，编写代码之前要新建一个源代码文件，图 1.5 所示为新建源代码文件的两种方法。

方法一　　　　方法二

图 1.5

如图 1.6 所示，由模板自动生成的代码（若使用的非 Dev-CPP 智能开发平台则用户需手动输入）显示在代码编辑区。

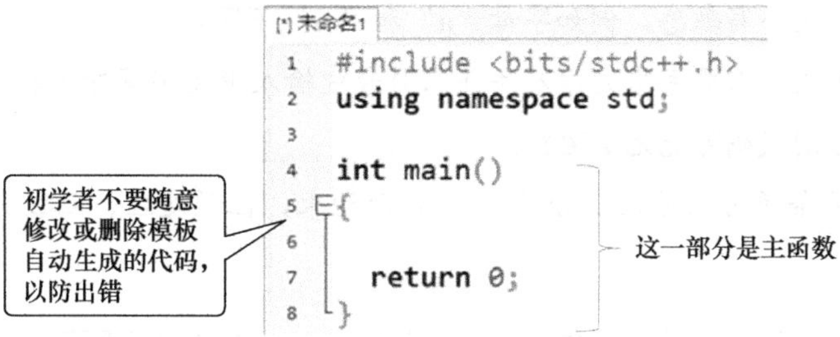

图 1.6

> 如果不想要自动生成代码，想自己手动输入全部代码，只要在“工具”→“环境选项”中将新建文件时选中的“自动加载模板”选项取消即可。

#include <bits/stdc++.h> 表示编写的代码要包含子目录 bits 下的一个名为“stdc++.h”的头文件。之所以叫作头文件，是因为这类文件一般放在代码的开头。C++ 有许多头文件，它们可以实现一些特定的功能。stdc++.h 头文件又称“万能”头文件，因为代码中只要包含该头文件就基本无须再包含其他头文件了。

using namespace std; 表示使用的命名空间为“std”（std 是英文单词“standard”即“标准”的缩写），这主要是为了解决名字冲突的问题，初学者暂不必深究。

“int”是英文单词“integer”即“整数”的缩写，和第 7 行的 return 0 相呼应。“return”的中文含义是“返回”，而 0 是整数，意思是给系统（调用者）返回整数 0。0 表示一切运行正常，即“没有消息就是好消息”，显然代码能运行到 return 0，说明代码是正常结束而不是运行半途出错、异常退出的。

“main”的中文含义是“主要的”，C++ 程序里，必须有且只能有一个名为“main”的函数（主函数）。函数是指能完成一定功能的程序块，函数后面有圆括号，随后函数体用花括号标注，即第 5 ～第 8 行。

> C++ 程序的运行总是由 main() 函数的函数体里的第一条语句开始，到 main() 函数的函数体的最后一条语句结束。

现在编写代码，使程序运行后显示一行字符“Hello,world”，这需要在代码编辑区第 6 行空白处加入 cout<<"Hello,world\n"；，如图 1.7 所示。

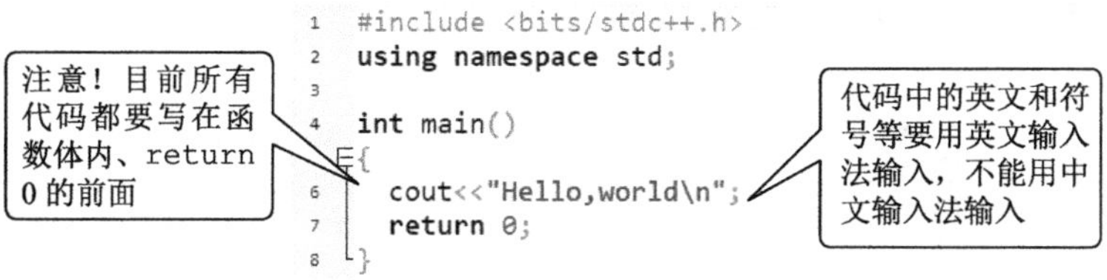

图 1.7

cout 用于输出紧随操作符“<<”后的双引号中的字符串，输出的字符串必须包含在双引号之中，其中“\n”表示换行。

C++ 语言对字母大小写敏感，例如字母“a”和“A”不同。

除输出内容有中文，需要用中文输入法在双引号中输入中文字符外，其他字符都必须用英文输入法输入，否则代码可能无法运行。

C++ 语言中，每条语句末尾应以分号（;）表示结束，但预处理、函数头及花括号之后一般不加分号。

写好的代码要及时保存，保存的文件的扩展名为 .cpp，如图 1.8 所示。

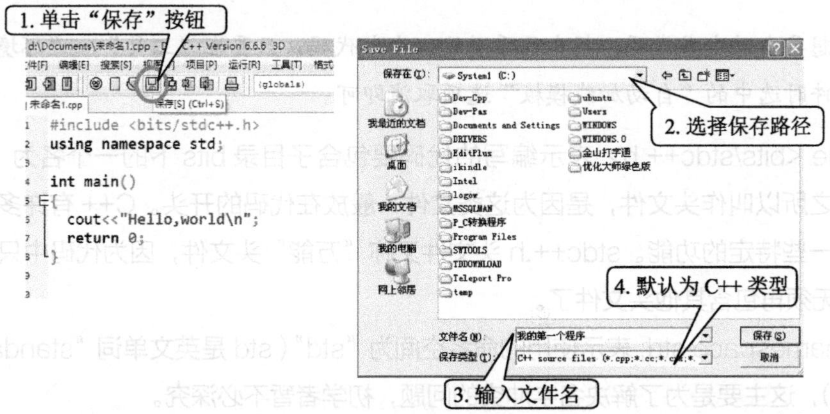

图 1.8

以 .cpp 为扩展名保存的文件叫作源文件，源文件不能直接运行，要编译成可执行的 EXE 文件后方可运行。如图 1.9 所示，打开“运行”菜单后单击“编译”，无论编译成功还是失败，都会在软件界面下方功能区的信息栏输出相应的信息。

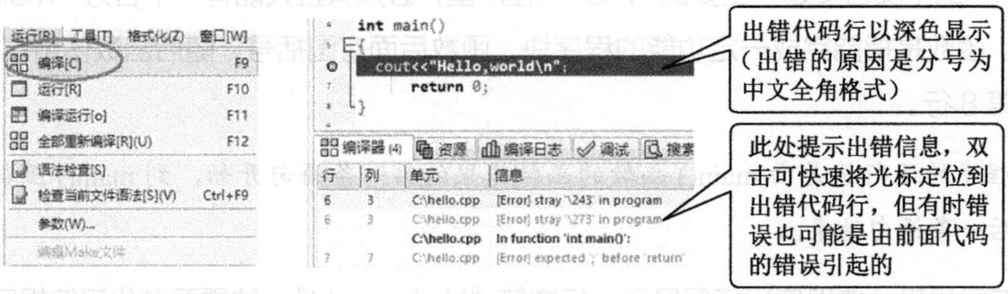

图 1.9

编译成功后，打开“运行”菜单单击“运行”，将出现如图 1.10 所示的命令提示符窗口，显示输出的文字，第一个 C++ 程序编写成功了！

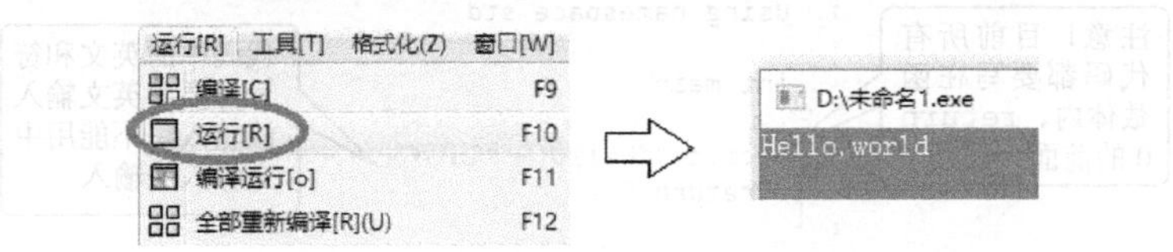

图 1.10

如图 1.11 所示，程序编译生成的 EXE 文件可独立运行而无须编译器的环境支持。

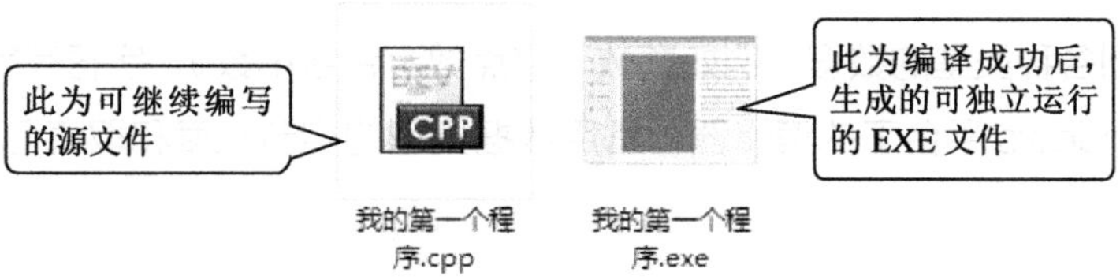
此为可继续编写的源文件
CPP
此为编译成功后，生成的可独立运行的 EXE 文件
我的第一个程序.cpp
我的第一个程序.exe

图 1.11

使用 cout 可以输出各类字符，例如，输出多行中文字符串的代码如下。

```
1   #include <bits/stdc++.h>
2   using namespace std;
3
4   int main()
5   {
6     cout<<"你好，C++ 语言 \n\n";
7     cout<<"我是初学者 \n";
8     cout<<"我喜欢编程 \n";
9     return 0;
10  }
```

每一行输出字符串的末尾均有“\n”表示换行，输出结果如图 1.12 所示。

你好，C++语言
我是初学者
我喜欢编程
此处两次换行，因为第 6 行代码中，输出字符串的末尾有两个“\n”

图 1.12

□1.1.1　并排的树（tree）

【题目描述】

请尝试编程输出如下的两棵“并排的树”。

```
      *        *
     ***      ***
    *****    *****
   *******  *******
      *        *
      *        *
```

1.2 数据类型及运算

扫码看视频

编程需要用到各种类型的数据，例如整数、浮点数（包含小数）、字符串等。Dev-C++ 是 Windows 平台下的编译器，常用数据类型的字节长度和取值范围如表 1.1 所示。

表 1.1

数据类型		字节长度	取值范围
整数类型	short（短整型）	2（16 位）	-32 768 ~ 32 767
	int（整型）	4（32 位）	-2 147 483 648 ~ 2 147 483 647
	long（长整型）	4（32 位）	-2 147 483 648 ~ 2 147 483 647
	long long（超长整型）	8（64 位）	$-2^{63} \sim 2^{63}-1$
布尔类型	bool	1（8 位）	（真）true 或（假）false
字符类型	char	1（8 位）	-128 ~ 127
浮点类型	float（单精度浮点型）	4（32 位）	-3.4E+38 ~ 3.4E+38，有效位 6 ~ 7 位
	double（双精度浮点型）	8（64 位）	-1.7E+308 ~ 1.7E+308，有效位 15 ~ 16 位
	long double（长精度浮点型）	16（128 位）	-3.4E+4 932 ~ 1.1E+4 932，有效位 18 ~ 19 位

浮点数是表示小数的一种方法，简单理解就是小数点可以任意浮动的数字，例如 3.14 可以写成 3.14×10^{0}、31.4×10^{-1}、314×10^{-2} 等多种表现形式。而 3.4×10^{38} 这种表示法也可以用科学记数法表示为 3.4E+38，例如 2E-2 即 2×10^{-2}。

现代数码产品使用二进制数（0 和 1）来存储各类数据。例如，有一张存储视频的 CD，图 1.13（a）所示的螺旋形轨道表示存储的视频数据，图 1.13（b）所示是在显微镜下显示出来的 CD 表面一个个的“坑”。我们将有坑的地方表示为 1，没有坑的地方表示为 0，这就是 CD 用二进制数存储数据的原理。

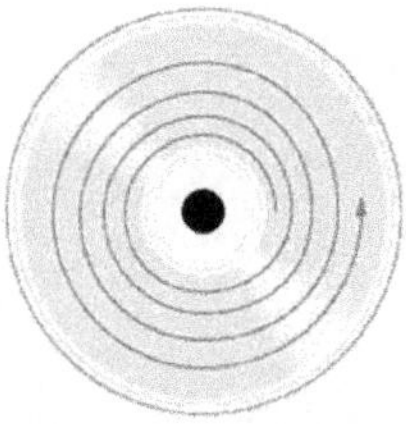

（a）

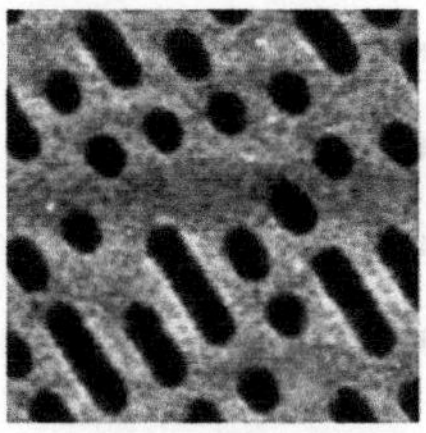

（b）

图 1.13

位（bit）是计算机存储信息的最小单位，代表 1 个二进制位，其值为 0 或 1，可以表示 2 种状态 /2 个数值；2 个二进制位可以表示 4 个数值，即 00、01、10、11；*n* 个二进制位可以表示 2^n 个数值。例如，短整型的字节长度为 16 位，可以表示 2^{16} 即 65 536 个数值，考虑到正数、负数及 0 的表示，所以取值范围为 -32 768 ～ 32 767。

8 个二进制位为 1 字节 (Byte)；1 024 字节为 1KB；1 024KB 为 1MB；1 024MB 为 1GB；1 024 GB 为 1TB……

不同的编译器支持的各数据类型的字节长度可能不同，sizeof() 可用于获取各数据类型的字节长度，例如输出各数据类型的字节长度的代码如下所示。

```
cout<<"int 的字节长度为 "<<sizeof(int)<<"\n";
cout<<"short 的字节长度为 "<<sizeof(short)<<"\n";
cout<<"long long 的字节长度为 "<<sizeof(long long)<<"\n";
```

C++ 程序用到的算术运算符如表 1.2 所示。

表 1.2

算术运算符	含义	说明
+	加 / 正号	两数相加，例如 2+3 的值为 5
-	减 / 负号	两数相减，例如 2-3 的值为 -1
*	乘号	两数相乘，例如 2*3 的值为 6
/	除号	两数相除，若两个整数相除则值取整数部分，例如 3/2 的值为 1
%	求余（取模）	两个整数相除求余数，例如 5%3 的值为 2
( )	圆括号	形式和使用方法同数学中的圆括号

C++ 语言以圆括号代替数学中的方括号和花括号，程序运行时将按由内到外的顺序计算圆括号里的值。例如数学表达式 $2\times\{4-[3-(2-9)]\}$，转换成 C++ 语言中的表达式为 2*(4-(3-(2-9)))。

诸如 x^2+y^2 这样的表达式，转换成 C++ 语言中的表达式为 x*x+y*y。

数学中常用 *x*、*y* 等字符代表未知数或未定数，例如代数方程 $x+y$ 等。类似地，C++ 语言也用字符代表某个数值，其在程序运行中没有固定值、可以改变的数值称为变量。

代表变量的字符只能由字母、数字、美元符号和下划线等字符组成，且第一个字符必须为字母、下划线或美元符号。例如，可以定义变量名为 _sum、abc、Day1、school_name、lotus_1_2、$sum，而 Mr.Wang、234NUM、#34、a>=b、¥1234 这些变量名是错误的。

为增加程序的可读性，应注意做到“见名知意”，即选择有含义的英文单词（或其缩写）作为变量名，例如 count、total、price 等，尽量少用简单的符号，例如 a、b、c、u1、v1 等。

□1.2.1 求两个整数的积和平均值（calc）

【题目描述】

试编写一个程序，使得程序运行时，用键盘输入两个整数（两个整数之间以一个或多个空格间隔）后按 Enter 键，计算机显示器上输出这两个整数的积和平均值。

【输入格式】

输入两个整数。

【输出格式】

第一行输出两个整数相乘的完整表达式。

第二行输出平均值（仅输出整数部分），注意最后应以换行结束。

【输入样例】

5 6

【输出样例】

5*6=30

5

参考程序如下所示。

```
1   /*
2     这个程序的名字叫作求两个整数的积和平均值，它真的太强大了！好吧，
3     这么说有点无聊，但反正是注释语句，不影响程序运行
4   */
5   #include <bits/stdc++.h>
6   using namespace std;
7
8   int main()                             //这也是注释语句，不影响程序运行
9   {
10    int a,b,c;                           //定义变量 a、b、c，此时 a、b、c 的值未知
11    cin>>a>>b;                           //输入 a 和 b 的值
12    c=a*b;                               //计算 a 和 b 的乘积，把结果赋值给 c
13    cout<<a<<"*"<<b<<"="<<c<<endl;//输出的变量和字符串要用 "<<" 隔开
14    cout<<(a+b)/2<<endl;                 //整数除整数会舍去小数部分，自动取整
15    return 0;
16  }
```

第 1～第 4 行中的“/*…… */”用作 C++ 代码的多行注释，表示从“/*”开始，到“*/”结束的这一段语句均为注释部分。

“//”用作 C++ 代码的单行注释，表示从“//”开始，一直到本行结束的语句均为注释部分。

注释语句只是方便阅读代码的人更好地理解代码，编译程序时，编译器会自动忽略注释语句，它不会对程序的运行产生任何影响。

int a,b,c; 定义了 a、b、c 这 3 个整型变量，C++ 语言规定变量必须要先定义才能使用。定

义变量相当于向计算机内存申请“房子”，变量只有住进“房子”里才允许使用，数据类型规定的存储空间有多大，分配的“房子”就有多大。例如定义了两个变量，如图 1.14 所示。因为 a 是整型变量，所以内存给它分配了 4 字节的空间；因为 x 是超长整型变量，所以内存给它分配了 8 字节的空间。

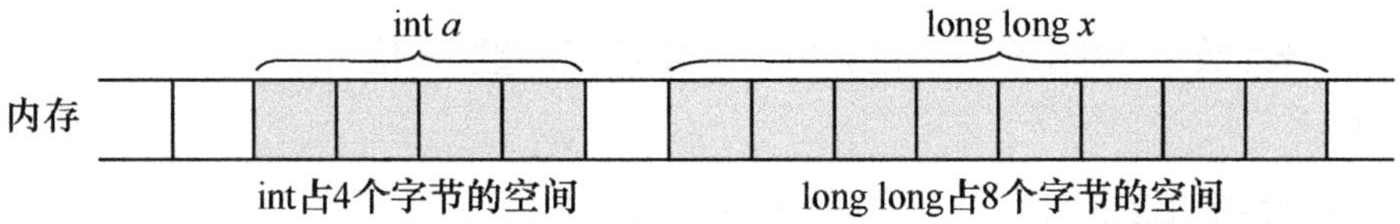

图 1.14

可以在定义变量数据类型的同时给它赋值（初始化），例如：

```
int a=5;          // 定义 a 为整型变量，初始值为 5
float f=3.45;     // 定义 f 为单精度浮点型变量，初始值为 3.45
```

诸如 int a=5；这样的语句，相当于下面两条语句：

```
int a;
a=5;
```

也可以对定义的变量的其中一部分变量赋值，例如：

```
int a, b, c=5;      // 定义了整型变量 a、b、c，其中 c 的初始值为 5，a 和 b 的初始值未知
```

注意，在程序中 a、b、c 之间要用逗号分隔。

如果对几个变量均赋值为 5，应该写成 int a=5,b=5,c=5;，而不能写成 int a=b=c=5;。

变量数据类型的定义应视题目的要求而定，选取的数据类型的字节长度数值过大会降低运算速度、浪费内存空间，过小可能会导致数据溢出。

第 11 行是输入语句，cin 表示程序运行时，用键盘输入“>>”右边的变量的值。cin>>a>>b；表示用键盘输入两个整数。

第 12 行中的“=”和数学运算中用到的等号不同，它是赋值运算符，表示将右边的值赋给左边的变量，所以如果将代码写成 a+b=c，程序将无法编译。

第 13 行中的 endl 代表换行，类似于换行符“\n”。

用键盘输入数据时，要严格按输入语句要求的格式输入。例如上例中，如果 a=1，b=2，那么 cin>>a>>b 语句的正确输入方式应该是用英文输入法输入半角字符 1 2 后按 Enter 键，其中 1 和 2 之间以一个或多个空格分隔，但不能是其他符号。如果用键盘输入 a=1,b=2，或者 1，2 之类的均是错误的。

输入 / 输出语句应严格按照格式编写，例如不能写成 cin>>a,b,c 或者 cout<<a+b=c 等。输入 / 输出的各变量之间应使用“>>”或“<<”分隔。

□1.2.2 3 个浮点数相加（add2）

【题目描述】

输入 3 个双精度类型的浮点数，计算 3 个浮点数相加的和。

【输入格式】

输入 3 个浮点数（整数部分不超过 2 位，小数部分不超过 3 位）。

【输出格式】

输出 3 个浮点数相加的和，注意最后应以换行结束。

【输入样例】

1.2 3.2 1

【输出样例】

5.4

浮点数在内存中是用有限的存储单元存储的，所以能提供的有效数字总是有限的，在有效位以外的数字将会被舍去，由此可能会产生一些误差。

下面的程序演示了浮点数的舍入误差。

```
//浮点数的舍入误差演示
#include <bits/stdc++.h>
using namespace std;

int main()
{
  float a=2345678900.001;          //定义一个很大的浮点数
  float b=3;                       //定义一个很小的浮点数
  cout<<fixed<<a<<endl;            //fixed表示可禁止以科学记数法形式输出
  float c=a+b;
  cout<<c<<endl;
  return 0;
}
```

输出结果如图 1.15 所示。

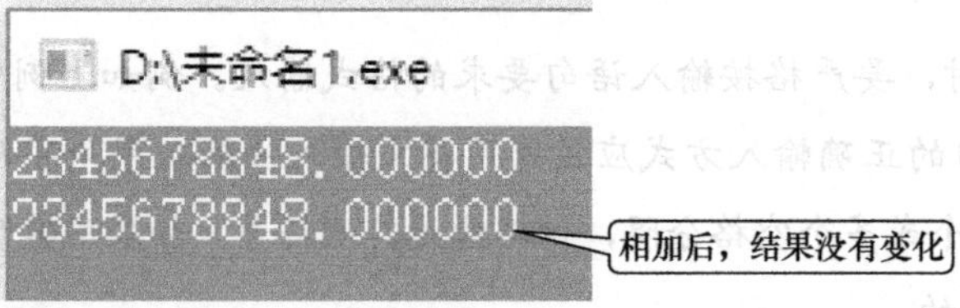

图 1.15

可以看到，两个浮点数相加后的结果没有变化，这是由于单精度浮点型的精度为 6 ～ 7 位有效数字，后面的数字被忽略，并不能准确地表示该数。例如定义 float f=3456.12345;，当运行 cout<<f 语句输出 f 时，结果为 3456.12。

所以在使用浮点数时要避免因浮点数运算产生的误差而导致结果错误。例如，应避免将一个很大的浮点数和一个很小的数直接运算，否则会“丢失”小的数。

❑1.2.3 捡石头（stone）

【题目描述】

小光捡了 3 块石头，这 3 块石头的质量的输入在代码中用 cin 语句实现，他想再捡一块石头，让这 4 块石头的质量正好为 30 千克，请编程用 cout 语句输出第 4 块石头的质量。

【输入格式】

输入 3 个数，数与数之间以空格间隔，表示 3 块石头的质量。

【输出格式】

输出一个数，表示第 4 块石头的质量，注意最后应以换行结束。

【输入样例】

1 1 1

【输出样例】

27

❑1.2.4 简单解方程（equation）

【题目描述】

设 $S=(a+b)/2$，给定 a 与 S 的值，求 b 的值。

【输入格式】

输入两个整数 a 和 S（$-1\,000 \leqslant a, S \leqslant 1\,000$）。

【输出格式】

输出一个整数 b。

【输入样例】

4 3

【输出样例】

2

❑1.2.5 计算多项式的值（cal）

【题目描述】

试计算多项式 $y=ax^3+bx^2+cx+d$ 的值，其中 a、b、c、d、x 的值由键盘输入。

【输入格式】

输入 5 个整数，分别代表 a、b、c、d、x 的值。

【输出格式】

输出一个整数，即多项式的值，注意输出最后应以换行结束。

【输入样例】

3 4 5 6 5

【输出样例】

506

*初学者容易将表达式 ax^3+bx^2+cx+d 写成 ax^3+bx^2+cx+d 这样的错误形式，其正确形式应该为 a*x*x*x+b*x*x+c*x+d。*

程序写好后，试输入 1999 1999 1999 1999 1999，观察输出结果有什么异常。

每种类型的数据都有各自的取值范围，请务必确保所定义的数据不超过该类型数据的取值范围，否则会造成数据的溢出而导致结果错误。数据的溢出在编译和运行程序时并不报错，完全要靠编程者的细心和经验来保证结果的正确性。

下面的程序显示了整型数据溢出的错误。

```
//整型数据的溢出
#include <bits/stdc++.h>
using namespace std;

int main()
{
  int a=2147483647;
  a=a+1;
  cout<<"a="<<a<<endl;                              //输出 a=-2147483648
  return 0;
}
```

□1.2.6　混合运算（cal2）

【题目描述】

试编程用键盘输入 a、b、c、d、e 的值后计算图 1.16 所示的算式的值。

$$\frac{ab+ac}{b+\frac{c}{d-e}}$$

图 1.16

【输入格式】

输入 5 个双精度浮点数，分别为 a、b、c、d、e 的值。

【输出格式】

输出混合运算的结果。

【输入样例】

2.1 2.2 2.3 2.4 2.5

【输出样例】

-0.454327

如表 1.3 所示，如果程序中定义的某个数据类型的值永远不可能出现负数时，可以使用 unsigned 将其定义为无符号的数据类型，这样就使正整数的取值范围大约比原先扩大了一倍。

表 1.3

数据类型	字节长度	取值范围
unsigned short	2	0 ～ 65 535
unsigned long	4	0 ～ 4 294 967 295
unsigned int	4	0 ～ 4 294 967 295
unsigned long long	8	0 ～ $2^{64}-1$

□1.2.7 两个整数相乘（mul）

【题目描述】

使用 cin 语句输入两个整数 a 和 b，计算两个整数的乘积并输出。

【输入格式】

输入两个整数 a 和 b（$1 \leqslant a, b \leqslant 4\,000\,000\,000$）。

【输出格式】

输出两个整数的乘积。

【输入样例】

100 10

【输出样例】

1000

□1.2.8 巨型人造天体（aster）

【题目描述】

制造巨型人造天体需要A部件和B部件，其质量分别为2 012 345 678克、1 912 345 678克。

（1）试计算这两种部件的质量之和的最后 4 位数。

（2）试计算 12 345 678 个 A 部件的总质量的最后 4 位数。

【输入格式】

无输入。

【输出格式】

输出两行，第一行为两种部件的质量之和的最后 4 位数，第二行为 12 345 678 个 A 部件的总质量的最后4位数。

【输入样例】

略。

【输出样例】

略。

【算法分析】

提示：(a+b)%c=(a%c+b%c)%c，(a*b)%c=(a%c*b%c)%c。

使用“内容市场”App 扫描看视频

与变量相对应，在程序运行中，值不能被改变的数值称为常量，常量使用关键字 const 标识，例如：

const int num=34; // 定义 num 为整型常量，值为 34

const float pi=3.1415;// 定义 pi 为单精度浮点型常量，值为 3.1415

程序运行时，常量的值不能被更改。下面是一个试图改变常量 a 的错误程序，程序编译会出现“assignment of read-only variable ' a ' ”的错误，即只读变量 'a' 的赋值错误。

```
//试图改变常量 a 的错误程序
#include <bits/stdc++.h>
using namespace std;

int main()
{
  const int a=34;                    //定义了一个整型常量 a，a 的值为 34
  a=a*5;                             //试图将 a 乘以 5 后再将其值赋给 a
  cout<<a<<endl;
  return 0;
}
```

也可以用预处理指令 #define 定义常量的值，例如下面的程序中用 #define 定义 PRICE 代表数值 34，此后凡是在该程序中出现的 PRICE 都代表 34。常量名一般用大写字母表示，可以和变量一样运算。

```
//预处理指令定义常量
#include <bits/stdc++.h>
using namespace std;
#define PRICE 34      //定义 PRICE 为一个常量，值为 34，注意末尾无分号

int main()
{
  int num=10;
  int total=num*PRICE;                //PRICE 会替换为 34 来运算
  cout<<"total="<<total<<endl;        //输出结果为 total=340
  return 0;
}
```

定义常量的好处是含义清晰，而且在需要改变常量值时能做到“一改全改”。例如，将 #define PRICE 34 改为 #define PRICE 100，则程序中所有用到 PRICE 的地方就全部由 34 变成 100 而无须一个一个修改。

扫码看视频

1.3 字符和字符串

字符变量用于存放单个字符，用单引号标注，例如 'a'、'x'、'?'、'$' 等。

字符串变量用于存放任意多个字符，用双引号标注，例如 "Hello,world!"、"a"、"$34567" 等。

每一个字符串的结尾有一个“字符串结束标志”，以便系统判断字符串是否结束。C++ 语言规定以字符 '\0' 作为字符串结束的标志，'\0' 占 1 字节。例如，如图 1.17 所示，字符串 "Hello" 的实际存储空间不是 5 字节，而是 6 字节，最后一个字节为 '\0'。但 '\0' 是隐含的，输出时不会输出 '\0'，赋值时也不必手动加 '\0'，这些系统会自动进行后台处理。

H	e	l	l	o	\0

图 1.17

字符变量的使用很简单，参考例程如下所示。

```
// 字符变量的使用
#include <bits/stdc++.h>
using namespace std;

int main()
{
  char a='A',b='B',c,d;    // 定义字符变量 a、b、c、d，a 和 b 已赋值为 'A' 和 'B'
  cin>>c>>d;                          // 从键盘输入 c 和 d 的值
  cout<<a<<' '<<b<<' '<<c<<' '<<d<<'\n';// 输出，字符间以一个空格间隔
  return 0;
}
```

不要将字符变量和字符串变量混淆，例如，char c="a" 这种把字符串 "a" 赋给只能容纳一个字符的字符变量 c 的语句是错误的，因为字符串 "a" 实际包含两个字符 'a' 和 '\0'。

□1.3.1 字符金字塔（Pyramid）

【题目描述】

试编程输入一个字符，用该字符构造一个高度为 3 的字符金字塔。例如，输入字符为“*”，则输出的字符金字塔如下。

```
    *
  * * *
* * * * *
```

【输入格式】

用键盘输入一个字符。

【输出格式】

输出用该字符构造的一个高度为 3 的字符金字塔，第 1 行行首有 4 个空格，第 2 行行首有 2 个空格，第 3 行行首无空格，非空格的字符间以一个空格间隔，行末无多余空格。

【输入样例】

```
*
```

【输出样例】

```
    *
  * * *
* * * * *
```

英文字母、数字以及一些常用的符号（例如 *、#、@ 等）在计算机中是使用二进制数来表示的。具体用哪些二进制数表示哪个符号，每个人都可以约定自己的一套编码规则，但如果想互相通信而不造成混乱，就必须使用相同的编码规则。美国国家标准协会（American National Standards Institute,ANSI）出台了美国信息交换标准代码（American Standard Code for Information Interchange, ASCII），统一规定了上述常用符号用哪些二进制数来表示。

ASCII 对照表请参见本书的附录部分。表 1.4 中列出了几个常用的码表值。

表 1.4

ASCII 值（十进制）	字符	ASCII 值（十进制）	字符
48	0	57	9
65	A	90	Z
97	a	122	z

字符在内存中以该字符相对应的 ASCII 值存储，它的存储形式与整数的存储形式类似，这样使得字符型数据和整型数据可以通用。一个字符既可以以字符形式输出，也可以以整数形式输出，还可以对它们进行算术运算。

下面的程序演示了字符变量与整数之间的通用性。

```
//字符变量与整数的通用性演示
#include <bits/stdc++.h>
using namespace std;

int main()
{
  char c1,c2;
  c1=65;                       //此处用数字而不是字符赋值
  c2=66;                       //此处用数字而不是字符赋值
  cout<<c1<<"  "<<c2<<endl;    //因为 c1、c2 为字符类型，所以默认输出字符
```

```
11      cout<<int(c1)<<"  "<<int(c2)<<'\n';              //int() 表示强制转换为整数
12      return 0;
13  }
```

输出结果如图 1.18 所示。

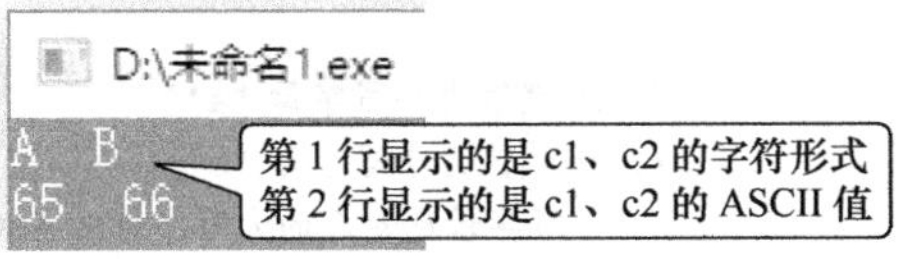

图 1.18

程序中的第 11 行使用 int(c1) 将字符 c1 强制转换为整数。C++ 可以利用强制类型转换运算符将表达式转换成所需的类型，例如：

```
cout<<int(3.84); // 将浮点数 3.84 强制转换为整数，故舍去小数部分，输出整数 3
cout<<fixed<<double(10);// 将整数 10 强制转换为浮点数 10.0000 输出
```

C++ 有两种转换，一种是系统自动进行的类型转换，例如 3+3.4 的结果是浮点数；另一种是强制类型转换。当系统自动进行的类型转换不能实现目的时，可以用强制类型转换。例如，取模运算符 "%" 要求其两侧均为整数，若 x 为浮点数，则 x%3 不合法，必须用 int(x)%3 进行转换。由于强制类型转换运算符优先级高于 "%" 运算符，因此先强制转换浮点数 x 为整数，再进行取模运算。

□1.3.2　ASCII 值转字符（ASCII1）

【题目描述】

输入一个整数，然后输出对应的字符。

【输入格式】

输入一个整数（保证整数存在对应的可见字符）。

【输出格式】

输出对应的字符。

【输入样例】

65

【输出样例】

A

□1.3.3　小写字母转大写字母

【题目描述】

下面的程序实现了小写字母转对应的大写字母。

```
// 小写字母转大写字母
#include <bits/stdc++.h>
using namespace std;

int main()
{
  char c1,c2;
  c1='a';                         //c1 赋值为小写字母 'a'
  c2='b';                         //c2 赋值为小写字母 'b'
  c1=c1-32;                       // 小写字母比对应的大写字母的 ASCII 值大 32
  c2=c2-32;
  cout<<c1<<"  "<<c2<<'\n';// 输出大写字母：A  B
  return 0;
}
```

从附录的 ASCII 对照表可以看出，每一个小写字母比它对应的大写字母的 ASCII 值大 32。C++ 语言允许字符数据与整数直接进行算术运算，这种处理方法增大了程序的自由度，对字符做各种转换比较方便。

□1.3.4 大写字母转小写字母（ASCII2）

【题目描述】

试编程使用 cin 语句输入 3 个大写字母，并将之转换为对应的小写字母输出。

【输入格式】

输入 3 个大写字母，字母间以一个空格间隔。

【输出格式】

输出 3 个对应的小写字母，字母间以一个空格间隔，行末无空格，有换行。

【输入样例】

A B C

【输出样例】

a b c

□1.3.5 恺撒加密术

【题目描述】

"恺撒加密术"是一种替代密码的加密技术。如图 1.19 所示，对于信件中的每个字母，会用它后面的第 t 个字母代替。例如当 t=4 时，"China" 加密的规则是用原来字母后面的第 4 个字母代替原来的字母，即字母"A"后面的第 4 个字母是"E"，用"E"代替"A"。因此，"China"应加密为"Glmre"。请编写程序将任意 5 个字符加密（暂不考虑替代的字母跳过"界"的问题）。

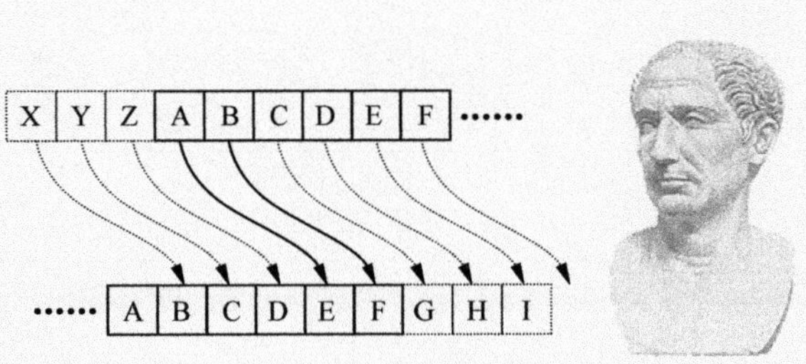

图 1.19

```
//恺撒加密术
#include <bits/stdc++.h>
using namespace std;

int main()
{
  char c1='C',c2='h',c3='i',c4='n',c5='a';//此处也可换成其他英文字母
  c1+=4;                                  //c1+=4 即 c1=c1+4，这种写法更简洁
  c2+=4;
  c3+=4;
  c4+=4;
  c5+=4;
  cout<<c1<<c2<<c3<<c4<<c5<<endl;
  return 0;
}
```

在运算符“=”之前加上其他运算符，称为复合运算符，例如：

a+=3; //等价于 a=a+3

x%=3; //等价于 x=x%3

如果是包含若干项的表达式，则相当于它有圆括号，例如 x%=y+4 相当于 x%=(y+4)，即 x=x%(y+4) 而不是 x=x%y+4。

□1.3.6　改进的加密术（encryption）

【题目描述】

请编写一个程序，使用 cin 语句输入任意 5 个英文字符和任意一个值 t（$-8 < t < 8$），则原先的 5 个英文字符将分别用其后面的第 t 个英文字符代替并输出（暂不考虑替代的字符跳过“界”的问题）。

【输入格式】

第 1 行输入 5 个英文字符，字符间以空格间隔。

第 2 行输入 1 个整数 t。

【输出格式】

输出加密后的英文字符，字符间无须空格间隔。

【输入样例】

China
4

【输出样例】

Glmre

参考伪代码如下所示，请根据伪代码的思路编写 C++ 程序完成本题。

```
定义 5 个字符变量
定义 t
输入 5 个字符变量的值
输入 t 的值
5 个字符依次以其后面的第 t 个字符代替
输出 5 个加密后的字符
```

C++ 还允许一种特殊形式的字符常量，就是以“\”开头的字符序列。例如前面已经用过的'\n'，它代表换行符。这是一种“控制字符”，是不能在显示器上显示的，在程序中也无法用一般形式的字符表示，只能采用特殊形式的字符表示。

以“\”开头的常用特殊字符（转义字符）如表 1.5 所示。

表 1.5

字符形式	含义	ASCII 值
\n	换行符，从当前位置移到下一行	10
\\	反斜线字符	92
\'	单引号字符	39
\"	双引号字符	34

通过转义字符，就可以输出诸如“\”“'”“"”之类的字符了。

例如要输出“\”，代码应该为 cout<< “\\”。

□1.3.7 输出特殊字符（special）

【题目描述】

请输出图 1.20 所示的字符串，注意所有的字符均为英文半角形式。

```
He said:"The symbol is '\'."
```

图 1.20

【输入格式】

无输入。

【输出格式】

见输出样例，注意除单词之间以一个空格间隔外，无任何多余空格，以换行结束。

【输入样例】

无。

【输出样例】

He said:"The symbol is '\'."

为了更好地处理字符串，C++ 提供了 string 类，它提供了添加、删除、插入和查找等丰富的操作方法。

string 类的部分操作方法如下所示。

```
//string 类的部分操作方法
#include <bits/stdc++.h>
using namespace std;

int main()
{
  string s="Hi,..morn";                       //定义了名为 s 的 string 类并初始化
  s=s+"ing";                                  //尾部添加字符串 "ing"
  cout<<" 添加字符串 :"<<s<<endl;              // 输出 "Hi,..morning"
  s.erase(3,2);                               // 删除第 3 个字符后的 2 个字符
  cout<<" 删除字符串 :"<<s<<endl;              // 输出 "Hi,morning"
  int f=s.find("Hi,");                        // 查找 "Hi," 在 s 中的位置，-1 为无法找到
  s.insert(f+3,2,'G');                        // 在第 3 个字符后插入单个字符 'G'2 次
  cout<<" 插入两字符 :"<<s<<endl;              // 输出 "Hi,GGmorning"
  s.insert(5,",MM,");                         // 在第 5 个字符后插入字符串 ",MM,"
  cout<<" 插入字符串 :"<<s<<endl;              // 输出" Hi,GG,MM,morning"
  string v=s.substr(4,3);                     // 取 s 中第 4 个字符后的 3 个字符给 v
  cout<<" 字符串子串 :"<<v<<endl;              // 输出 "G,M"
  cout<<"string 长度 :"<<v.length();           // 输出 3，即 v 的长度
  return 0;
}
```

输出结果如图 1.21 所示。

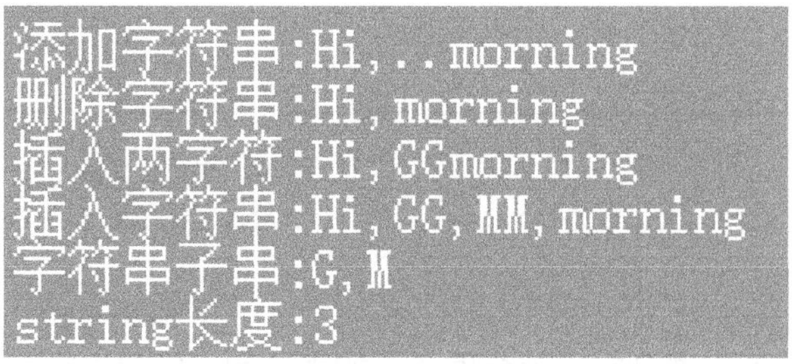

图 1.21

□1.3.8 费解的对话（chat）

【题目描述】

宠物机器人的单词库被病毒感染了，第一种感染方式是圆括号内的内容没有被破坏，但是圆括号外面加入了一些奇怪的数字，例如“(Mary)”变成了“253(Mary)5”；第二种感染方式是在单词中加了一个“...”子串，例如“hello”变成了“he…llo”。请修复它。

【输入格式】

输入两行字符串（字符串中无空格）。第一行是被第一种感染方式感染的字符串，第二行是被第二种感染方式感染的字符串。

【输出格式】

输出一行对应的正确字符串，两个字符串间以逗号间隔。

使用“内容市场”App 扫描看视频

【输入样例】

23453(Mary)24565

mor…ning

【输出样例】

Mary,morning

1.4 输入/输出及格式控制

扫码看视频

getchar() 函数（字符输入函数）的作用是从终端（键盘）获取输入的字符。

putchar() 函数（字符输出函数）的作用是向终端（显示器）输出字符。例如下面的程序在运行时，如果用键盘输入字符后按 Enter 键，显示器上就会输出该字符。

```
//getchar() 函数和 putchar() 函数的使用演示
#include <bits/stdc++.h>
using namespace std;

int main()
{
  char c;
  c=getchar();                                    // 输入字符赋值给 c
  putchar(c);                                     // 输出字符变量 c
  return 0;
}
```

cin 读取一行字符串时，遇到空格就会停止。如果读取一行包含空格符的字符串，可以使用 getline() 函数。例如将“I am here”赋值给 string 类的例程如下所示。

```
// 使用 getline() 函数读取 string 类字符串
#include <bits/stdc++.h>
```

```
using namespace std;

int main()
{
  string str;                        //string 类可用 getline() 函数读取
  getline(cin,str);                  // 读取一行包含空格符的字符串赋值给 str
  cout<<str;
  return 0;
}
```

某些情况下，程序需要以八进制数或十六进制数的形式输出结果。C++ 提供了简单的实现方法：只要在输出流中输出 dec（对应十进制）、oct（对应八进制）或 hex（对应十六进制）即可。下面的程序演示了不同进制数之间的相互转换。

```
// 进制转换
#include <bits/stdc++.h>
using namespace std;

int main()
{
  int n=314;
  cout<<" 十进制:"<<dec<<n<<endl;   //n 本身为十进制数，所以可省略 dec
  cout<<" 八进制:"<<oct<<n<<endl;
  cout<<" 十六进制 :"<<hex<<n<<endl;
  cin>>oct>>n;                        // 输入八进制形式的 n 值
  cout<<dec<<n;                       // 转换为十进制形式的 n 值输出
  return 0;
}
```

C++ 提供的 setprecision() 函数可以控制浮点数的输出精度，其中的参数代表输出的位数。试分析以下程序的执行结果。

```
//setprecision() 函数的使用
#include <bits/stdc++.h>
using namespace std;

int main()
{
  double a=234.1234567890;
  cout<<a<<endl;
  cout<<setprecision(4)<<a<<endl;
  cout<<setprecision(5)<<a<<endl;
  cout<<setprecision(6)<<a<<endl;
  cout<<setprecision(7)<<a<<endl;
  cout<<setprecision(8)<<a<<endl;
  cout<<setprecision(9)<<a<<endl;
  cout<<setprecision(15)<<a<<endl;
  return 0;
}
```

输出结果如图 1.22 所示。

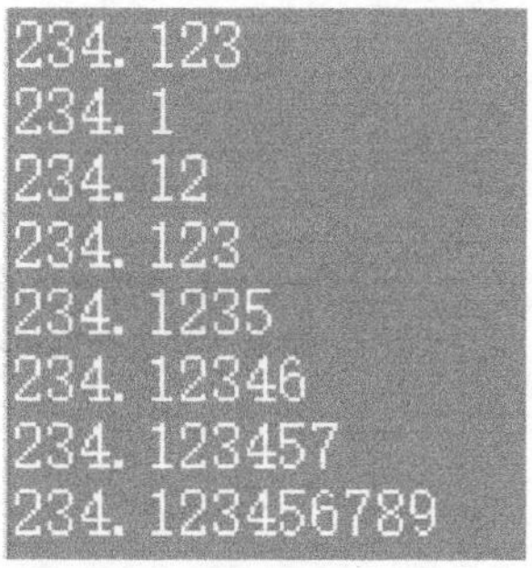

234.123
234.1
234.12
234.123
234.1235
234.12346
234.123457
234.123456789

图 1.22

可见，单纯使用 setprecision() 函数，控制输出的位数是整数部分与小数部分相加的位数，如果想真正精确地控制小数点后的位数，需添加 fixed() 函数，见以下程序。

```
//fixed() 函数的使用
#include <bits/stdc++.h>
using namespace std;

int main()
{
  float a=111.2345678;
  cout<<setprecision(5)<<fixed<<a<<endl;    // 输出 111.23457，有误差
  return 0;
}
```

□1.4.1 精确到小数点（fixed）

【题目描述】

输入一个双精度浮点数，保留其小数点后 5 位输出。例如输入 1.23，输出 1.230 00。

【输入格式】

输入一个双精度浮点数。

【输出格式】

将输入的双精度浮点数保留其小数点后 5 位输出。

【输入样例】

1.0

【输出样例】

1.00000

1.5 一些运算规则

扫码看视频

整数和浮点数可以混合运算，并且由于字符可以与整数通用，因此，整数、

浮点数、字符可以混合运算，例如 134+'a'+3.4-45.8* 'c' 是合法的。

在运算时，系统会自动将不同类型的数据转换成同一类型的数据后再进行运算。转换的规则如图 1.23 所示。

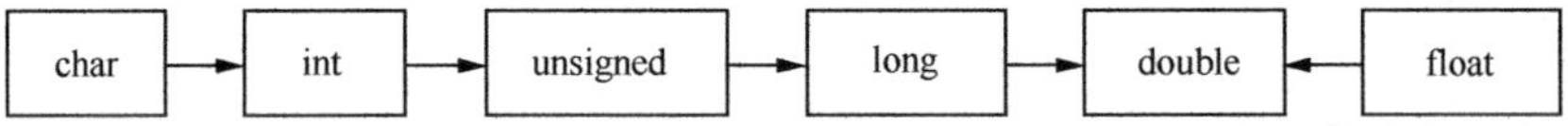

图 1.23

运算顺序为由左到右。例如 10+'a'+int*float-double/long 的运算顺序如下。

（1）进行 10+'a' 的运算，先将 'a' 转换成整数，结果为 107。

（2）由于“*”比“+”优先，先进行 int*float 的运算，将两数都转换为双精度浮点数。

（3）107 与 int*float 的积相加，先将整数转换为双精度浮点数，结果为双精度浮点数。

（4）将变量 long 转换为双精度浮点数，double/long 的结果为双精度浮点数。

（5）将 10+'a'+int*float 的结果与 double/long 的商相减，结果为双精度浮点数。

C++ 语言还规定了运算符的优先级和结合性，在表达式求值时，先按运算符的优先级高低顺序执行，例如先乘除后加减。如果一个运算对象两侧的运算符的优先级相同，例如 a-b+c，则按规定的“结合方向”执行。

大多数算术运算符的结合方向为“先左后右”，即左结合性，例如 a-b+c 中，b 两侧的“-”和“+”两种算术运算符的优先级相同，按先左后右的结合方向，b 先与减号结合，执行 a-b 的运算，再执行加 c 的运算。有些运算符（例如赋值运算符“=”）的结合方向为“自右向左”，即右结合性，例如语句 int a,b=1,c=2;a=b=c 中，a=b=c 相当于 a=(b=c)，即 a=2。

C++ 语言的自增自减运算符“++”和“--”的作用是使变量的值加 1 或减 1，例如：

++i，--i（在使用 i 之前，使 i 的值加 / 减 1）；

i++，i--（在使用 i 之后，使 i 的值加 / 减 1）。

“++”和“--”不能用于常量或表达式，例如 5++ 或 (a+b)++ 都是不合法的。

“++”和“--”的结合方向是自右向左。

粗略地看，++i 和 i++ 的作用相当于 i=i+1，但它们的不同之处在于 ++i 是执行 i=i+1 后再使用 i 的值，而 i++ 是使用 i 的值后再执行 i=i+1。例如，假设 i 的原值等于 3，分别执行下面的赋值语句的区别如下。

（1）j=++i;。此赋值语句执行时，i 的值先变成 4，再赋给 j，j 的值为 4。

（2）j=i++;。此赋值语句执行时，先将 i 的值 3 赋给 j，j 的值为 3，然后 i 的值变为 4。

例如当 i=3 时，cout<<++i 的结果为 4。若改为 cout<<i++ 则输出结果为 3。

例如当 i=1 时，i=(++i)+(++i);，执行 cout<<i 的结果为 6，因为最后 i 的值为 3，i = (i)+(i) 即 i=3+3=6。

试运行下面的程序并分析结果。

```
//i++ 与 ++i
```

```
#include <bits/stdc++.h>
using namespace std;

int main()
{
  int i=1;
  cout<<++i<<endl;
  cout<<i++<<endl;
  cout<<i<<endl;
  cout<<(++i)+(++i)<<endl;
  cout<<(i++)+(i++);  //编译器不同，值可能为 10 或 11，所以要避免这样写
  return 0;
}
```

C++ 语言提供一种特殊的运算符——逗号运算符，用它将两个表达式连接起来，例如：

3+5，6+8

逗号表达式的求解过程是：先求解表达式 1，再求解表达式 2。整个逗号表达式的值是表达式 2 的值，例如 cout<<(3+5,6+8) 输出的值为 14。

之前定义变量时已经使用过逗号表达式了，例如：

```
int a,b=0,c,d=34;   //这相当于一句代码
double x,y,z;       //这相当于一句代码
```

第 02 章　基本结构

任何简单或者复杂的代码都是由顺序结构、选择结构和循环结构这 3 种基本结构组合而成的，所以这 3 种结构被称为程序设计的 3 种基本结构。

2.1 顺序结构

如图 2.1 所示，顺序结构如同自然语言中的文章一样，按照事件的发展顺序，依次自上而下书写程序语句，并以语句出现的顺序来执行。

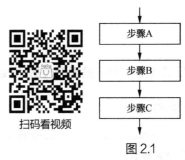

扫码看视频

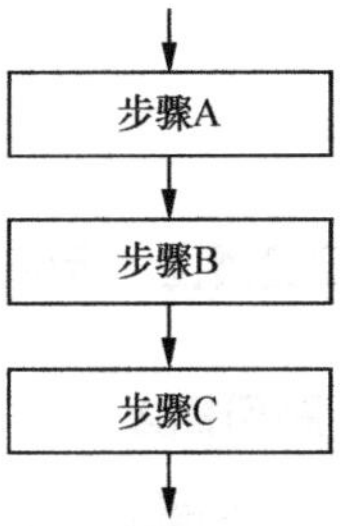

图 2.1

□2.1.1　三位数分解（check）

【题目描述】

输入一个三位数 num，试将该数拆为百位数、十位数和个位数后逐行输出。

【输入格式】

输入一个三位数 num。

【输出格式】

将输入的三位数 num 拆为百位数、十位数和个位数后逐行输出。

【输入样例】

123

【输出样例】

Hundreds is 1
Tens is 2
Ones is 3

本题需要找到通用的方法分解一个三位数，例如 num=398, 分解 num 这个三位数，一种可行的方法如下。

（1）取其个位：num%10=8。

（2）取其十位：num/10%10=9。

（3）取其百位：num/100=3（整数除整数的结果还是整数）。

你还能想到其他的方法吗？

```
//三位数分解
#include <bits/stdc++.h>
using namespace std;

int main()
{
  int num;
  cin>>num;                  //注意：是输入 1 个三位数而不是 3 个一位数
  cout<<" Hundreds is "<<num/100<<endl;
  cout<<" Tens is "<<num/10%10<<endl;
  cout<<" Ones is "<<num%10<<endl;
  return 0;
}
```

□2.1.2 反向输出四位数（reverse）

【题目描述】

用键盘输入一个四位数后反向输出，例如输入 1234，输出 4321。

【输入格式】

输入一个四位数。

【输出格式】

将输入的四位数反向输出，如果倒序的数有前导 0，则不应输出前导 0（参见样例）。

【输入样例】

1230

【输出样例】

321

□2.1.3 小数的四舍五入（rounding）

【题目描述】

输入一个浮点数，实现小数点后第 3 位四舍五入。

【输入格式】

输入一个浮点数。

【输出格式】

对该数的小数点后第 3 位四舍五入后输出，保留小数点后两位，即使为 0。

【输入样例】

1.235

【输出样例】

1.24

设输入的浮点数为 x，假设要操作的数据 x=2.3567，如果希望保留两位小数实现第 3 位四舍五入，那么执行 x=(int)(x*1000+5)/10) 可得 x=236，再执行 x/=100.0 即可得 x=2.36。

□2.1.4　求等差数列末项（series）

【题目描述】

等差数列是指从第二项起，每一项与它的前一项的差等于同一个常数的一种数列，这个常数叫作等差数列的公差 d。例如等差数列 1,3,5,7,9,…中，a_1 为第一项即 1，公差 $d=2$，第 n 项 $a_n=a_1+d\times(n-1)$。现输入一个等差数列的前两项 a_1、a_2 和 n，试求第 n 项即 a_n 的值。

【输入格式】

输入 3 个整数，即等差数列前两项的值和 n。

【输出格式】

输出等差数列第 n 项的值。

【输入样例】

1 2 5

【输出样例】

5

□2.1.5　徽章（badge）

【题目描述】

已知一个徽章的价格是 2 元 1 角，试求 a 元 b 角最多能买多少个徽章。

例如用键盘输入 10 3，表示 10 元 3 角，则最多能买 4 个徽章。

【输入格式】

用键盘输入两个整数 a 和 b。

【输出格式】

输出一个整数，即最多能买到的徽章的个数。

【输入样例】

10 3

【输出样例】

4

使用“内容市场”
App 扫描看视频

□2.1.6 计算梯形的面积（trapezoid）

【题目描述】

如图 2.2 所示，输入梯形的上底 up 和下底 down 的长度，以及梯形中阴影部分的面积 area，试计算梯形的面积。

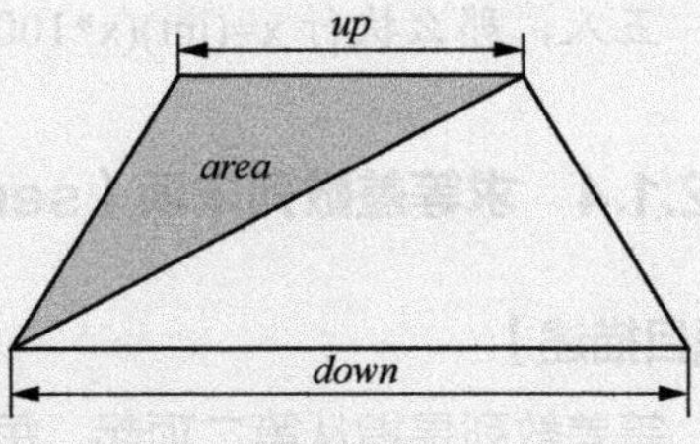

图 2.2

【输入格式】

输入 3 个整数 up、down 及 area，即梯形的上底的长度、下底的长度及阴影部分的面积。

【输出格式】

考虑到浮点数的误差问题，输出梯形的面积为整数。

【输入样例】

10 20 100

【输出样例】

300

梯形的面积公式为（上底＋下底）× 高 /2，题中已知梯形的上底和下底的值，唯独缺少梯形的高，所以要想办法算出梯形的高。

可以发现，上三角形（阴影部分）的高即梯形的高，则由三角形的面积公式（底 × 高)/2 可以算出梯形的高。

□2.1.7 二进制存储（bin）

【题目描述】

计算机的最小存储单位是位，一位可以保存 1 或者 0，这样可以表示 1 或 0 两个二进制数，两位可以表示 00、01、10、11 这 4 个二进制数，那么 n 位可以表示多少个二进制数呢?

【输入格式】

输入一个整数 n（$n \leqslant 32$）。

【输出格式】

输出一个整数，即 n 位可以表示多少个二进制数。

【输入样例】

2

【输出样例】

4

使用"内容市场"
App 扫描看视频

加法原理：做一件事情，完成它有 n 类方式，第一类方式有 M_1 种方法，第二类方式有 M_2 种方法，……，第 n 类方式有 M_n 种方法，那么完成这件事情共有 $M_1+M_2+\cdots+M_n$ 种方法。如图 2.3 所示，C 地到 D 地有 2 条公路、2 条铁路，则 C 地到 D 地共有 4 条路。

乘法原理：做一件事情，完成它需要分成 n 个步骤，完成第一步有 m_1 种不同的方法，完成第二步有 m_2 种不同的方法，……，完成第 n 步有 m_n 种不同的方法，那么完成这件事情共有 $m_1\times m_2\times\cdots\times m_n$ 种不同的方法。如图 2.3 所示，A 地到 B 地有 2 条路，B 地到 C 地有 3 条路，C 地到 D 地有 4 条路，则 A 地到 D 地共有 2×3×4 = 24（种）方案。

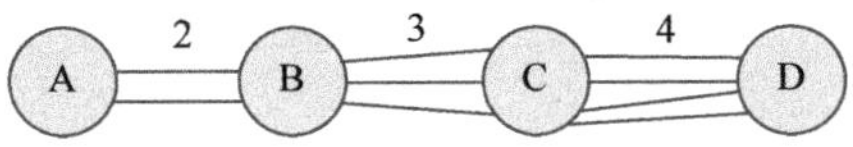

图 2.3

所以由乘法原理可知：每一位可以放 0 或 1 两种方案，则两位可以表示 4 个数，即 2 的 2 次方，三位可以表示 8 个数，即 2 的 3 次方……

pow(a,b) 可以计算出 a 的 b 次方的值，例如：

cout<<"2 的 8 次方为 "<<pow(2,8)<<endl；

cout<<"2 的 16 次方为 "<<pow(2,16)<<endl；

但它计算的结果是双精度浮点数，实际操作时可能需要将其转换为整数输出。

□2.1.8 校庆日（day）

【题目描述】

7 月 20 日是某学院的校庆日，已知 7 月 1 日是星期六，问 7 月 20 日是星期几？

7 月 1 日～7 月 20 日是 20-1=19（天）。

19÷7=2（星期）……5（天）

将星期一～星期六以数字 1—6 表示，星期天以数字 0 表示，则 7 月 20 日为 (6+5)÷7=1（星期）……4（天），所以 7 月 20 日是星期四。

程序中的求余运算符以“%”表示，例如计算 19÷7 的余数可以写成 19%7。

注意计算余数时，除数与被除数均应为整数。

参考程序如下所示。

```
//校庆日
#include <bits/stdc++.h>
using namespace std;

int main()
{
  int day=20-1;
  cout<<"共经过了："<<day/7<<"星期，多"<< day%7<<"天"<<"\n";
```

```
    cout<<"校庆日是星期"<< (6+ day%7)%7 <<"\n";
    return 0;
}
```

□2.1.9 计算星期几(week)

【题目描述】

假设今天是星期天，用键盘输入 a 和 b（$0 < a < 10$，$0 < b < 10$），试计算 a^b 天之后是星期几（以数字 1～7 表示星期一～星期天）。

【输入格式】

输入两个整数 a 和 b。

【输出格式】

输出 a^b 天之后是星期几（以数字 1~7 表示星期一～星期天）。

【输入样例】

2 2

【输出样例】

4

□2.1.10 求余数(remainder)

【题目描述】

计算两个双精度浮点数 a 和 b 相除的余数，a 和 b 都是正数。这里余数"r"的定义是 $a=k\times b+r$，其中 k 是整数，$0 \leqslant r < b$。

【输入格式】

输入两个双精度浮点数 a 和 b。

【输出格式】

输出两个双精度浮点数 a 和 b 相除的余数（四舍五入，保留小数点后两位）。

【输入样例】

73.263 0.9973

【输出样例】

0.46

□2.1.11 求二次方根(sqrt)

【题目描述】

二次方根又称为平方根，数学符号为"$\sqrt{\ }$"，它是平方的逆运算，例如 $4^2 = 16$，则

$\sqrt{16}=4$。C++语言里使用sqrt来表示平方根，例如int x=sqrt(25)，则x的值为5。

现输入一个整数，求它的平方根，输出结果向下取整。

【输入格式】

输入一个整数 x（$1 \leqslant x \leqslant 100\,000$）。

【输出格式】

输出 x 的平方根，结果向下取整（取比本身小的最大整数）。

【输入样例 1】

49

【输出样例 1】

7

【输入样例 2】

5

【输出样例 2】

2

参考程序如下所示。

```
//求二次方根
#include <bits/stdc++.h>
using namespace std;

int main()
{
  int a;
  cin>>a;
  cout<<int(sqrt(a))<<endl;
  return 0;
}
```

□ 2.1.12　勾股定理（triangle）

【题目描述】

如图 2.4 所示，设直角三角形的两条直角边的长度为 a 和 b，斜边的长度为 c，则有 $a^2+b^2=c^2$。这就是有名的勾股定理（我国古代称直角三角形为勾股形，直角边中长度较小的边为勾，另一长直角边为股，斜边为弦）。

输入直角三角形的两条直角边的长度，求斜边的长度。保证 3 条边的长度都为整数。

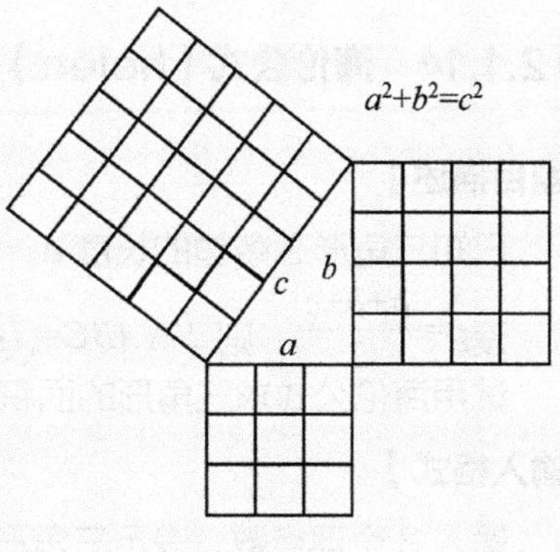

图 2.4

【输入格式】

输入两个不超过 1 000 的正整数，表示直角三角形的两条直角边的长度。

【输出格式】

输出一个整数，表示直角三角形的斜边的长度。

【输入样例】

3 4

【输出样例】

5

□2.1.13 计算两点间的直线距离（distance）

【题目描述】

已知二维平面里两个点 A、B 的坐标分别为 (x_1, y_1) 和 (x_2, y_2)，试计算 A、B 两点间的直线距离。已知 A、B 两点间的直线距离计算公式如下。

$$|AB|=\sqrt{(x_1-x_2)^2+(y_1-y_2)^2}$$

【输入格式】

输入 4 个数，分别为二维平面里两个点 A、B 的坐标值 x_1、y_1、x_2、y_2。

【输出格式】

输出 A、B 两点间的直线距离（为防止出现浮点数误差，输出整数即可）。

【输入样例】

0 1 0 2

【输出样例】

1

□2.1.14 海伦公式（helen）

【题目描述】

已知三角形 3 条边的长度 a、b、c，求三角形的面积 S，可以使用海伦公式。

设 $p=\dfrac{a+b+c}{2}$，则 $S\Delta ABC=\sqrt{p(p-a)(p-b)(p-c)}$。

试用海伦公式求三角形的面积（保证输入的 a、b、c 能构成三角形）。

【输入格式】

输入 3 个浮点数，表示三角形的 3 条边长。

【输出格式】

输出三角形的面积，小数点后保留两位小数。

【输入样例】

5 5 5

【输出样例】

area=10.83

计算 p 的值不能写成 p=1/2*(a+b+c)，而应该写成 p=1.0/2*(a+b+c)，或者 p=(a+b+c)/2。为什么要用 1.0 而不是 1 呢，这是因为如果是 1/2，系统将会视之为两个整数相除，得到的值也是一个整数，即 1/2 的结果舍弃小数部分后结果为 0，而 0 乘以任何数都为 0。

□2.1.15　计算三角形的面积（helen2）

【题目描述】

三角形 3 个顶点的坐标分别为 (x_1, y_1)、(x_2, y_2)、(x_3, y_3)，试计算三角形的面积。

【输入格式】

输入仅一行，包括 6 个浮点数，分别对应 x_1、y_1、x_2、y_2、x_3、y_3。

【输出格式】

输出三角形的面积，精确到小数点后两位。

【输入样例】

0 0 4 0 0 4

【输出样例】

8.00

□2.1.16　计算练习时间（training）

【题目描述】

琪儿努力练习编程，某天她从 a 时 b 分一直练习到当天的 c 时 d 分（24 小时制，且 a、b、c、d 的值均用键盘输入），请你帮她计算一下，她一共练习了多少时间呢?

【输入格式】

输入 4 个整数，即 a、b、c、d。

【输出格式】

输出两个整数，即练习时间的小时数和分钟数。

【输入样例】

12 50 19 10

【输出样例】

6 20

使用“内容市场”App 扫描看视频

2.2 选择结构

扫码看视频

选择结构通过判断某些特定条件是否满足来决定下一步的执行流程，例如，计算购物费用时，若总数 sum > 1 000 则打 9 折; a 和 b 两个数比较时，若 a < b 则输出 a 的值等。

诸如 sum > 1 000 和 a < b 这样的判断条件称为关系表达式，“>”“<”这样的符号称为关系运算符，因为它实现的不是算术运算而是关系运算。关系运算实际上是将两个数据进行比较，得到逻辑值“真”(true)或“假”(false)，例如，3 < 4 的值为“真”，4 > 0 的值为“真”。C++ 语言以数字 0 代表“假”，以数字 1 或其他非 0 的数字代表“真”。

C++语言提供6种关系运算符，其含义和优先级如表2.1所示，关系运算符优先级的值越小，越优先运算。

表 2.1

符号	含义	优先级	符号	含义	优先级
<	小于	6	> =	大于或等于	6
< =	小于或等于	6	==	等于	7
>	大于	6	!=	不等于	7

C++ 语言提供了 3 种形式的 if 语句来实现选择结构。

(1) if (表达式)　　// 单分支语句

　　执行语句;

其流程如图 2.5 所示。

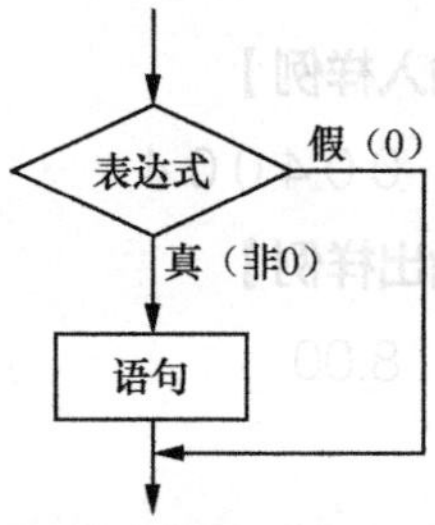

图 2.5

类似的生活中的例子用伪代码描述如下。

if(天气好)

　　我就去图书馆;

(2) if (表达式)　　// 双分支语句

　　执行语句 1;

　else

　　执行语句 2;

其流程如图 2.6 所示。

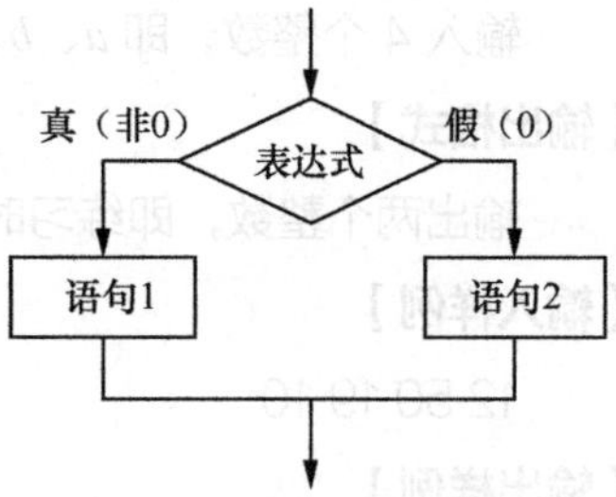

图 2.6

类似的生活中的例子用伪代码描述如下。

if(天气好)

　　我就去图书馆;

else

我就待在家看书；

（3）if (表达式 1)　　// 多分支语句

　　执行语句 1;

else if (表达式 2)

　　执行语句 2;

else if (表达式 3)

　　执行语句 3;

……

else if (表达式 m)

　　执行语句 m;

else

　　执行语句 n;

其流程如图 2.7 所示。

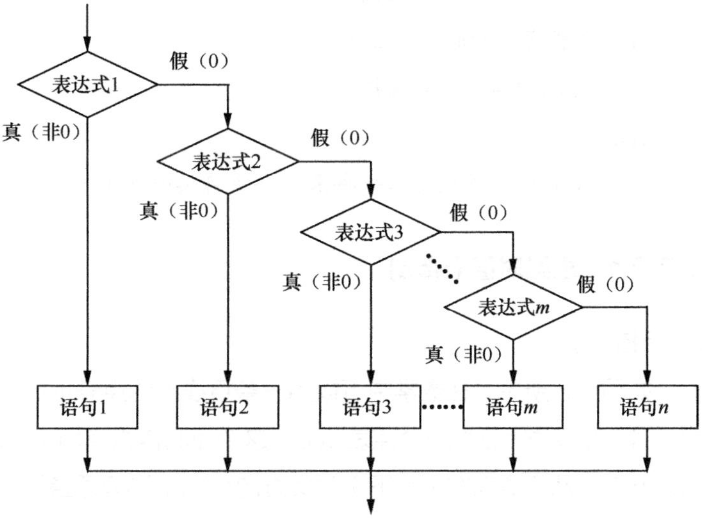

图 2.7

类似的生活中的例子用伪代码描述如下。

```
if( 我考了 600 分以上 )
   我可以读国际顶级院校；
else if( 我考了 580 分以上 )
   我可以读国内顶级院校；
else if( 我考了 550 分以上 )
   我可以读国内一流院校；
else if( 我考了 500 分以上 )
   我可以读国内二流院校；
else if( 我考了 450 分以上 )
   我可以读国内三流院校；
else
   人生豪迈，不过是从头再来，要不再读一年吧；
```

显然在这个例子中，最终有且只能有一个选择。此外，选择判断的先后逻辑顺序不能颠倒，如果写成下面这样，那就糟糕了。

```
if( 我考了 450 分以上 )          // 我考了 800 分，满足这个条件
   我可以读国内三流院校；    // 于是上三流院校
else if( 我考了 500 分以上 )
   我可以读国内二流院校；
else if( 我考了 550 分以上 )
   我可以读国内一流院校；
```

```
else if( 我考了 580 分以上 )
    我可以读国内顶级院校;
else if( 我考了 600 分以上 )
    我可以读国际顶级院校;
else
    人生豪迈，不过是从头再来，要不再读一年吧;
```

□2.2.1 求绝对值 (abs)

【题目描述】

如图 2.8 所示，在数学中可以用一条直线上的点表示数，这条直线叫作数轴，它满足以下要求:（1）在直线上任取一个点表示 0，这个点叫作原点;（2）通常规定直线上从原点向右（或上）为正方向，从原点向左（或下）为负方向;（3）选取适当的长度作为单位长度，直线上从原点向右，每隔一个单位长度取一个点，依次表示 1（向右 1 个单位长度）、2（向右 2 个单位长度）、3（向右 3 个单位长度）等; 从原点向左，用类似方法依次表示 −1（向左 1 个单位长度）、−2（向左 2 个单位长度）等。

现输入数轴上的一个整数 x，试求该整数到原点的距离。

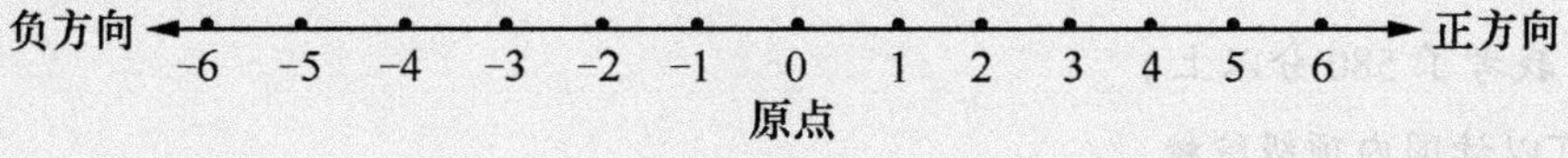

图 2.8

【输入格式】

输入一个整数 x。

【输出格式】

输出 x 的绝对值。

【输入样例 1】

−1

【输出样例 1】

1

【输入样例 2】

2

【输出样例 2】

2

可以使用单分支语句写核心代码：

```
if(x<0)
  x=-x;
cout<<x<<endl;
```

也可以使用双分支语句写核心代码：

```
if(x<0)
    cout<<-x<<endl;
else
    cout<<x<<endl;
```

还可以使用求绝对值的 abs() 函数，即 cout<< abs(x) <<endl;。

此外，如果是对浮点数 x 取绝对值，则用 fabs(x) 函数。

□2.2.2　奇偶数判断 (odd)

【题目描述】

判断输入的整数是奇数还是偶数。

【输入格式】

输入一个整数。

【输出格式】

如果输入的整数是奇数，则输出“odd”，否则输出“even”。

【输入样例】

9

【输出样例】

odd

【笔试测验】请手动计算出程序运行的结果。

```
#include <bits/stdc++.h>
using namespace std;

int main()
{
  int n=9;
  if (n++<10)
    cout<<n<<endl;
  else
    cout<<n--<<endl;
  return 0;
}
```

【笔试测验】请手动计算出程序运行的结果。

```
#include <bits/stdc++.h>
using namespace std;

int main()
{
  long a=7,b=18,c=23,d=320,sum;
  sum=a*55+b*14+c*12-d;
  sum+=497;
  sum%=593;
  if (sum%497==0)
    sum++;
  cout<<sum<<endl;
  return 0;
}
```

试找出下面程序的错误。

```
//输出星期几
#include <bits/stdc++.h>
using namespace std;

int main()
{
  int n;
  cin>>n;
  if (n=1)  cout<<"星期一"<<endl;
  if (n=2)  cout<<"星期二"<<endl;
  if (n=3)  cout<<"星期三"<<endl;
  if (n=4)  cout<<"星期四"<<endl;
  if (n=5)  cout<<"星期五"<<endl;
  if (n=6)  cout<<"星期六"<<endl;
  if (n=7)  cout<<"星期日"<<endl;
  return 0;
}
```

对于 n=1 来说，它的意思是将 1 的值赋给 n，所以这是一条赋值语句，执行完毕后的返回值为 1，表示“真”输出“星期一”。其他的 if 语句同理，因此所有的输出语句均会被执行。改正方法是将所有“=”改为“==”。

在 if 和 else 后面只能含一条内嵌的执行语句，如果有多条内嵌的执行语句，就必须要用花括号标注，将多条内嵌的执行语句组合成为一个复合语句。例如：

```
if (x>y)
{
 number=0;        //语句 1
 cout<<x<<endl;   //语句 2
}
else
{
 number=1;         //语句 1
 cout<<y<<endl;    //语句 2
}
```

类似的生活中的例子用伪代码描述如下。

```
if( 天气好 )
{
    我就去买文具；
    我就去图书馆看书；
}
else
{
    我就在家写作业；
    我就在家看课外书；
}
```

□2.2.3 两个实数排序（sort）

【题目描述】

实数包含有理数和无理数，其中无理数是无限不循环小数，有理数包含整数和分数。现输入两个实数 a 和 b，通过交换将小的数放在 a 中、大的数放在 b 中后，按由小到大的顺序输出这两个实数。例如输入 3 2，输出 2 3；输入 2 3，输出仍是 2 3。

【输入格式】

输入 2 个无序的实数，以空格间隔。

【输出格式】

输出 2 个由小到大排好序的实数，以空格间隔。

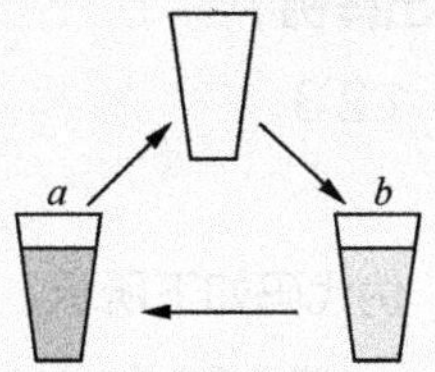

【输入样例】

3 2

【输出样例】

2 3

根据题目要求，显然当 $a > b$ 的时候，a 和 b 的值要互换，但 a 和 b 的值不能直接互换，而是要通过一个中间变量，例如，用 t 来互换 a 和 b 的值。可以这样想象：假设有一瓶酱油和一瓶醋，如果要把酱油装入醋瓶，醋装入酱油瓶，就必须要有一个空瓶作为临时盛放酱油或醋的容器。中间变量 t 就相当于这个空瓶。

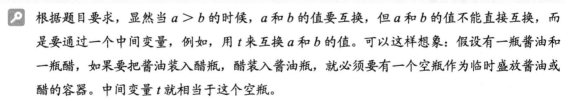

参考程序如下所示。

```
// 两个实数排序
#include <bits/stdc++.h>
using namespace std;

int main()
{
  double a,b,t;                          //假设 a 表示酱油瓶，b 表示醋瓶，t 表示空瓶
```

```
    cin>>a>>b;
    if (a>b)
    {
      t=a;                                      //将酱油瓶 a 中的酱油倒入空瓶 t
      a=b;                                      //将醋瓶 b 中的醋倒入酱油瓶 a
      b=t;                                      //将保存在空瓶 t 中的酱油倒入醋瓶 b
    }
    cout<<a<<""<<b<<endl;
    return 0;
}
```

□2.2.4　3 个实数排序 (sort3)

【题目描述】

输入 3 个实数 *a*、*b*、*c*，通过交换，将最小的数放在 *a* 中、次小的数放在 *b* 中、最大的数放在 *c* 中后，按由小到大的顺序输出这 3 个实数。

【输入格式】

输入 3 个无序的实数，以空格间隔。

【输出格式】

输出 3 个由小到大排好序的实数，以空格间隔。

【输入样例】

321

【输出样例】

123

伪代码如下所示，请根据伪代码的思路编写 C++ 程序完成本题。

```
定义浮点数 a,b,c,t
输入 a,b,c
如果 (a>b)
    a,b 两值交换
如果 (a>c)
    a,c 两值交换
如果 (b>c)
b,c 两值交换
输出 a,b,c 的值
```

注意代码中 3 个变量的比较顺序，即先比较 a 是否大于 b，再比较 a 是否大于 c，最后比较 b 是否大于 c。如果调整比较顺序，结果是否仍然正确？

另外，C++ 有一个两数互换的函数，例如交换 a 和 b 的值，可以写成 swap(a，b)。

□2.2.5　判断两数的大小（compare）

【题目描述】

试编程判断用键盘输入的两个整数的大小。

【输入格式】

输入两个整数 a 和 b。

【输出格式】

如果 $a > b$，则输出 $a > b$；如果 $a=b$，则输出 $a=b$；如果 $a < b$，则输出 $a < b$。

【输入样例】

3 4

【输出样例】

a < b

使用多分支语句的参考程序如下所示。

```
// 判断两数的大小
#include <bits/stdc++.h>
using namespace std;

int main()
{
  int a,b;
  cin>>a>>b;
  if (a>b)
    cout<<"a>b"<<endl;
  else if (a<b)
    cout<<"a<b"<<endl;
  else
    cout<<"a=b"<<endl;
  return 0;
}
```

□2.2.6　等级制（grade）

【题目描述】

某学院的考试采用等级制，即将百分制分数转换成 A、B、C、D、E 这 5 个等级，设成绩为 x，则 $x \geqslant 90$ 为 A 等，$90 > x \geqslant 80$ 为 B 等，$80 > x \geqslant 70$ 为 C 等，$70 > x \geqslant 60$ 为 D 等，否则为 E 等。试编写一个程序，将输入的分数转换成 A、B、C、D、E 这 5 个等级。

【输入格式】

输入一个浮点数。

【输出格式】

输出相应等级。

【输入样例】

100

【输出样例】

A

使用多分支语句的伪代码如下所示。

```
定义分数为浮点数 x
输入 x 的值
如果 (x>=90)
    输出 "A"
否则如果 (x>=80)
    输出 "B"
否则如果 (x>=70)
    输出 "C"
否则如果 (x>=60)
    输出 "D"
否则
    输出 "E"
```

□2.2.7 翻转硬币(coin)

【题目描述】

桌子上有4枚硬币，有些正面朝上，有些反面朝上。玩家每一次只能选其中的3枚硬币翻转，试求使之全部正面朝上或反面朝上的最少翻转次数。

【输入格式】

一行有 4 个数字，用 0 或者 1 表示每枚硬币的初始状态。

【输出格式】

输出一个数，表示最少翻转次数。

【输入样例】

1011

【输出样例】

1

□2.2.8　邮寄包裹(post)

【题目描述】

某邮局有规定：若包裹的质量超过 30 千克，则不予邮寄；对可以邮寄的包裹每件收取手续费 0.2 元，再收取根据表 2.2 按质量 *w* 计算出的费用。

表 2.2

质量（千克）	收费标准（元 / 千克）
w ≤ 10	0.80
10 < w ≤ 20	0.75
20 < w ≤ 30	0.70

使用“内容市场”App 扫描看视频

请编写一个程序，输入包裹质量，输出所需费用，若无法邮寄，则输出“Fail”。

【输入格式】

输入一个数，表示包裹质量（千克）。

【输出格式】

输出所需总费用（保留小数点后两位），若无法邮寄，则输出“Fail”。

【输入样例】

18

【输出样例】

14.20

注意！请仔细观察样例，正确理解收费规定。

不要使用诸如 if(10＜w＜=20) 的语句来进行条件判断，因为它会先比较 10 ＜ w，得到的结果是 0 或者 1，而 0 或 1 肯定小于等于 20，所以最终判断的结果永远是“真”。

C++ 语言有一个可替代 if…else 语句的运算符，这个运算符被称为三目运算符，即“? :”，它是 C++ 语言中唯一需要 3 个操作数的运算符。例如 a > b?c:d;，此句的含义是判断 a 是否大于 b，如果 a 大于 b，则取 c 的值，否则取 d 的值。

例如有语句 Max=(a>b)?a:b；与下面的语句等价。

```
if (a>b)
    Max=a;
else
    Max=b;
```

在 if 语句中包含一个或多个 if 语句称为 if 语句的嵌套，一般形式如下。

if ( )

  if ( ) 语句 1

```
  else 语句2
else
  if( ) 语句3
  else 语句4
```

应当注意 if 与 else 的配对关系，else 总是与它上面的最近的未配对的 if 配对。就好像穿衣服一样，总是一层套一层。

可以通过代码缩进清晰地看出代码的逻辑关系。所谓代码缩进，是指在每一行的代码左端根据逻辑关系空出相应的位置。

类似的生活中的例子用伪代码描述如下。

```
if( 天气好 )
    if( 是周末 )
     我就逛街；
    else
     我就看电影；
else
    if( 是周末 )
     我就看电视；
    else
     我就学习；
```

上例没有代码缩进的伪代码如下所示，很难看出代码内在的逻辑关系。

```
if( 天气好 )
if( 是周末 )
我就逛街；
else
我就看电影；
else
if( 是周末 )
我就看电视；
else
我就学习；
```

□2.2.9 选班级代表 (election)

【题目描述】

老师要从一班选择成绩大于 90 分的学生作为代表参加比赛，试输入学生的班级和成绩，判断该学生是否符合要求，如果符合要求则输出“Yes”，否则输出“No”。

【输入格式】

输入两个数，分别表示学生的班级和成绩。

【输出格式】

判断该学生是否符合要求，如果符合要求则输出“Yes”，否则输出“No”。

【输入样例】

1 89

【输出样例】

No

参考程序如下所示，试找出程序的错误之处。

```
1   //选班级代表 —— 错误程序
2   #include <bits/stdc++.h>
3   using namespace std;
4
5   int main()
6   {
7     int Class,Score;   //Class 的首字母不能小写，因为 class 是 C++ 的关键字
8     cin>>Class>>Score;
9     if (Class==1)
10      if (Score>90)
11        cout<<"Yes\n";
12    else
13      cout<<"No\n";
14    return 0;
15  }
```

第 9 ～ 13 行代码的实际格式如下。

```
if(Class==1)
    if(Score > 90 )
        cout<<"Yes\n";
    else
        cout<<"No\n";
```

因为 else 总是与它上面的最近的未配对的 if 配对，这样就只判断了 1 班学生的情况，而没有判断非 1 班学生的情况。

试判断下面修改后的核心代码是否正确？

```
if(Class==1)
  if(Score>90 )
    cout<<"Yes\n";
  else
    cout<<"No\n";
else
  cout<<"No\n";
```

□2.2.10 角色识别 (role)

【题目描述】

输入一个人的年龄（整数）和性别（字符“M”或“F”，其中“M”代表男，“F”代表女），如果年龄未满 18 岁，则根据性别输出“Boy”或“Girl”，否则根据性别输出“Man”或“Woman”。

【输入格式】

输入一个人的年龄和性别。

【输出格式】

如果年龄未满 18 岁，则根据性别输出“Boy”或“Girl”，否则根据性别输出“Man”或“Woman”。

【输入样例】

15 M

【输出样例】

Boy

□2.2.11 判断闰年 (leap)

【题目描述】

判断为闰年的条件是符合下面二者之一：（1）能被 4 整除，但不能被 100 整除；（2）能被 4 整除，且能被 400 整除。因为地球绕太阳运行一周需 365 天 5 小时 48 分 46 秒，而公历的平年只有 365 天，所以每 4 年在 2 月末加 1 天，该年即闰年。但按照每 4 年一个闰年计算，平均每年就要多算出 0.007 8 天，400 年就要多算出大约 3 天，故每过 400 年要减少 3 个闰年。公历规定：年份是整百数时，必须是 400 的倍数才是闰年；不是 400 的倍数的世纪年，即使其年份是 4 的倍数也不是闰年。即“四年一闰，百年不闰，四百年再闰”。

请编程判断输入的某数代表的年份是不是闰年。

【输入格式】

输入一个数，表示年份。

【输出格式】

如果是闰年，则输出“Y”，否则输出“N”。

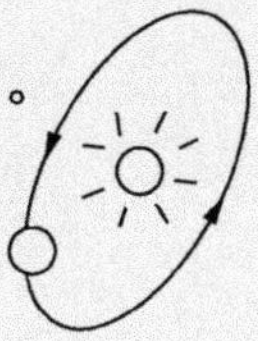

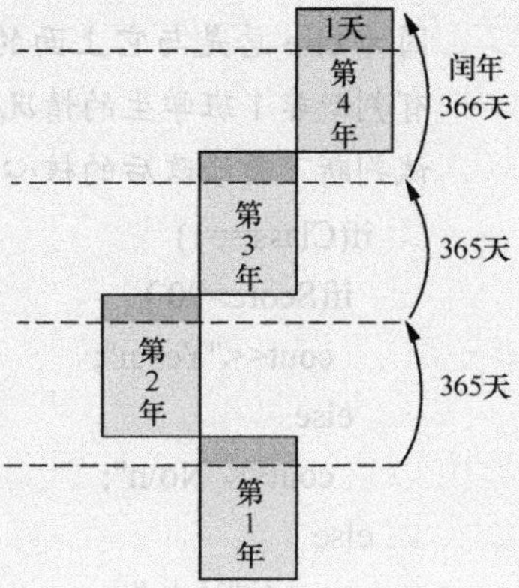

【输入样例】

2001

【输出样例】

N

可能的核心伪代码如下所示（也可以自行设计程序结构）。

```
如果（年份能被 400 整除）
   输出 "Y\n"
否则如果（年份不能被 100 整除）
{
   如果（年份能被 4 整除）
      输出 "Y\n"
   否则
      输出 "N\n"
}
否则
   输出 "N\n"
```

C++ 语言提供 3 种逻辑运算符，如表 2.3 所示。

表 2.3

符号	含义
&&	逻辑与（相当于其他语言中的 and，“并且”的意思）
||	逻辑或（相当于其他语言中的 or，“或者”的意思）
!	逻辑非（相当于其他语言中的 not，“非”的意思）

3 种逻辑运算符对应的电路图如图 2.9 所示。其中 a、b 为开关，设开关闭合为“真”，开关断开为“假”；灯泡亮为“真”，灯泡灭为“假”。

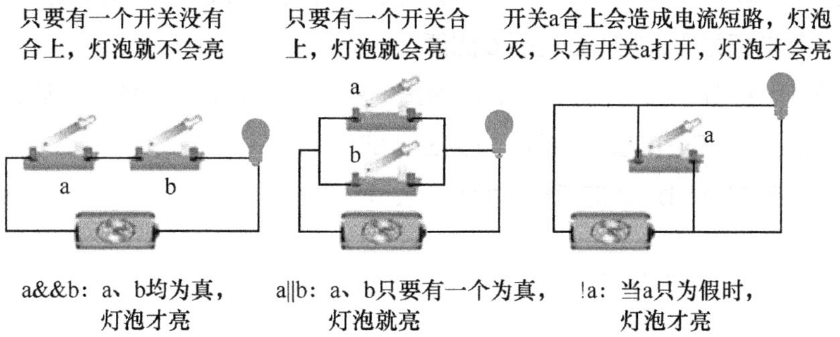

图 2.9

逻辑运算举例如下。

a&&b：若 a、b 为真，则 a&&b 为真。

a || b：若 a、b 之一为真，则 a || b 为真。

!a：若 a 为真，则!a 为假。

一个逻辑表达式中如果包含多个逻辑运算符，例如！a&&b||x>y&&c，则运算优先顺序如下。

（1）! > && > || 。

（2）&& 和 || 的运算优先顺序低于关系运算符，！的运算优先顺序高于算术运算符。

例如：

(a>b)&&(x>y) 可写成 a>b && x>y；

(a==b) || (x==y) 可写成 a==b || x==y；

(!a) || (a>b) 可写成 !a || a>b。

改写的判断闰年的代码如下所示。

```
//判断闰年
#include <bits/stdc++.h>
using namespace std;

int main()
{
  int year;
  cin>>year;
  if (year%400==0 || (year%4==0 && year%100!=0))
    cout<<"Y\n";
  else
    cout<<"N\n";
  return 0;
}
```

考虑到运行效率，在逻辑表达式的求解中，并不是所有的逻辑运算符都被执行，只有在必须执行下一个逻辑运算符才能求出逻辑表达式的解时，才执行该逻辑运算符。举例如下。

（1）执行语句 a&&b&&c 时，只有在 a 的值为真的情况下，才需要判断 b 的值；只有在 a 和 b 的值都为真的情况下，才需要判断 c 的值；只要 a 的值为假，就不必判断 b 和 c 的值；如果 a 的值为真，b 的值为假，则不必判断 c 的值。

（2）执行语句 a || b || c 时，只要 a 的值为真，就不必判断 b 和 c 的值；只有 a 的值为假，才判断 b 的值；只有 a 和 b 的值都为假，才判断 c 的值。

例如下例中输出的 a、b、c 的值分别为 0、1、1。

```
//逻辑表达式示例
#include <bits/stdc++.h>
using namespace std;

int main()
{
  int a=0,b=1,c=1;
  if (a && b++ && c++)       //因为 a 的值为假，所以 b++ 和 c++ 就不被执行
    b++;                     //此句也不会被执行
  cout<<a<<b<<c<<endl;
```

```
    return 0;
}
```

□2.2.12　正方形内的点(point)

【题目描述】

有一个正方形，4 个角的坐标分别是 (1,−1)、(1,1)、(−1,−1)、(−1,1)。写一个程序，用键盘输入两个整数 *x*、*y*，表示一个点的坐标，试判断该点（*x*，*y*）是否在这个正方形内（包括正方形边界），如果在正方形内则输出“Yes”，否则输出“No”。

【输入格式】

输入两个整数 *x*、*y*，表示一个点的坐标。

【输出格式】

如果该点在正方形内则输出“Yes”，否则输出“No”。

【输入样例】

0 0

【输出样例】

Yes

□2.2.13　判断数的整除(div)

【题目描述】

输入一个整数，判断它能否被 3、5、7 整除，并输出以下信息。

（1）能同时被 3、5、7 整除，直接输出 3 5 7，数与数之间以空格间隔。

（2）能同时被其中两个数整除，从小到大输出这两个数，两个数之间以空格间隔。

（3）只能被其中一个数整除，输出这个数。

（4）不能被任何数整除，输出“n”。

【输入格式】

输入一个整数。

【输出格式】

按题目要求，输出相应信息。

【输入样例】

5

【输出样例】

5

switch 语句（开关语句）是多分支选择语句，用于实现多分支选择结构。例如，学生的成绩

“A”等为 85 分以上，“B”等为 70 ～ 84 分，“C”等为 60 ～ 69 分，“D”等为 50 ～ 59 分，其余的为“E”等，核心代码如下所示。

```
char grade;
cin>>grade;
switch (grade)                                  //比较 grade 值，grade 值为一个字符
{
  case 'A': cout<<"85~100 分 \n";       //若 grade 值为 'A'
  case 'B': cout<<"70~84 分 \n";        //若 grade 值为 'B'
  case 'C': cout<<"60~69 分 \n";        //若 grade 值为 'C'
  case 'D': cout<<"50~59 分 \n";        //若 grade 值为 'D'
  default:  cout<<" 低于 50 分 \n";     //否则为 'E'
}
```

switch 后面圆括号内的表达式可以为任何类型，例如上例中 grade 为字符型。

表达式的值必须与某一 case 后面的常量表达式的值完全匹配，才执行此 case 后面的语句，若所有的 case 后面的常量表达式的值都没有与表达式的值相匹配，就执行 default 后面的语句。

每一个 case 后面的常量表达式的值必须互不相同，否则会出现互相矛盾的现象。

每个 case 和 default 的出现次序不影响执行结果。

要注意的是：执行完一个 case 后面的语句后，流程控制转移到下一个 case 继续执行。“case 常量表达式”只是起语句标号作用，并不是在该处进行条件判断。在执行 switch 语句时，根据 switch 后面表达式的值找到匹配的入口标号后，就从此标号开始执行下去，不再进行判断。例如上例中，若 grade 的值等于 'A'，则将输出所有的字符串。

应该在执行一个 case 分支后，立即终止 switch 语句的执行，跳出 switch 结构，这可以通过 break 语句来实现。代码如下所示。

```
char grade;
cin>>grade;
switch (grade)                                  //比较 grade 值，grade 值为一个字符
{
  case 'A': cout<<"85~100 分 \n"; break;        //跳出 switch 结构
  case 'B': cout<<"70~84 分 \n";  break;        //跳出 switch 结构
  case 'C': cout<<"60~69 分 \n";  break;        //跳出 switch 结构
  case 'D': cout<<"50~59 分 \n";  break;        //跳出 switch 结构
  default:  cout<<" 低于 50 分 \n";             //最后一句可不加 break 语句
}
```

多个 case 可以共用一组执行语句，例如：

```
switch (grade)
{
    case 'A':                          //共用语句 1
    case 'B':                          //共用语句 1
    case 'C': cout<<" 高于 60 分 \n";break;   //语句 1
```

```
    case 'D':                    //共用语句 2
    default:cout<<" 低于 60 分 \n";         //语句 2
}
```

即当 grade 的值为 'A'、'B'、'C' 时执行语句 1，当 grade 的值非 'A'、'B'、'C' 时执行语句 2。

【笔试测验】请手动算出下面程序执行的结果。

```
#include <bits/stdc++.h>
using namespace std;

int main()
{
  int n=3;
  switch (n)
  {
    case 3: n+=3;
    case 1: n++; break;
    case 5: n+=5;
    case 4: n+=4;
  }
  cout<<"n="<<n<<endl;
  return 0;
}
```

□2.2.14　五分制 (five)

【题目描述】

学生的考试成绩实行五分制，即 5 分为最高分，现在输入一个学生的分数，如果是 5 分，则输出“A”；如果是 4 分，则输出“B”；如果是 3 分，则输出“C”；如果是 2 分，则输出“D”；如果是 1 分，则输出“E”。

【输入格式】

输入一个学生的五分制分数。

【输出格式】

根据题目要求输出结果。

【输入样例】

5

【输出样例】

A

参考代码如下所示。

```
// 五分制
#include <bits/stdc++.h>
using namespace std;
```

```

int main()
{
  int grade;                           //注意此处是整数
  cin>>grade;
  switch (grade)                       //比较 grade 值，grade 值为一个整数
  {
    case 5:  cout<<"A\n"; break;
    case 4:  cout<<"B\n"; break;
    case 3:  cout<<"C\n"; break;
    case 2:  cout<<"D\n"; break;
    default: cout<<"E\n";              // 此处可以不加 break 语句
  }
  return 0;
}
```

□2.2.15 等级划分 (gradation)

【题目描述】

学生成绩分 A、B、C、D、E 共 5 个等级，现在输入一个学生的成绩等级，如果是 A，则输出“Very good!”；如果是 B，则输出“Good!”；如果是 C，则输出“OK!”；如果是 D，则输出“Bad!”；如果是 E，则输出“Too bad!”。

【输入格式】

输入学生的成绩等级。

【输出格式】

输出对应的评价。

【输入样例】

A

【输出样例】

Very good!

参考代码如下所示。

```
//等级划分
#include <bits/stdc++.h>
using namespace std;

int main()
{
  char grade;                          //注意此处是字符型
  cin>>grade;
  switch(grade)                        //比较 grade 值，grade 值为一个字符
  {
    case 'A':  cout<<"Very good!\n";break;
    case 'B':  cout<<"Good!\n";      break;
    case 'C':  cout<<"OK!\n";        break;
```

```
        case 'D':  cout<<"Bad!\n";        break;
        default:   cout<<"Too bad!\n";  // 此处可以不加break语句
      }
      return 0;
    }
```

□2.2.16　简单计算器(cal)

【题目描述】

设计一个支持“+”“-”“*”“/”4 种运算的简单计算器。使用时用户需输入一个算式，算式共有3个参数，其中第1和第3个参数为整数，第2个参数为运算符（“+”“-”“*”“/”）。

简单计算器将根据用户输入的算式输出结果。但是，

（1）如果出现除数为 0 的情况，则输出“Divided by zero!”；

（2）如果出现无效运算符（不为“+”“-”“*”“/”之一），则输出“Invalid operator!”。

试用 switch 语句编程完成上述功能（禁止使用 if 语句）。

【输入格式】

输入一个算式，算式共有 3 个参数，参数之间以空格间隔。

【输出格式】

根据用户输入的算式输出结果，数据和运算结果不会超过整数的取值范围。

【输入样例】

1 + 1

【输出样例】

2

□2.2.17　运费计算(freight)

【题目描述】

一批材料需要运输，已知运费计算公式为 $f = p \times w \times s \times (1-d)$，其中 p 为运输物品价值，w 为运输物品重量，s 为运输物品距离，d 为折扣。现用键盘输入 p、w、s 的值，而折扣 d 的计算遵守以下规则。

$s < 250$	没有折扣
$250 \leqslant s < 500$	2% 折扣
$500 \leqslant s < 1\,000$	5% 折扣
$1\,000 \leqslant s < 2\,000$	8% 折扣
$2\,000 \leqslant s < 3\,000$	10% 折扣
$3\,000 \leqslant s$	15% 折扣

试计算运费 f 的值。注意，禁止使用 if 语句，只能用 switch 语句判断和计算折扣值。

【输入格式】

输入 3 个实数，即 p、w、s。

【输出格式】

输出运费值，保留小数点后两位（无须四舍五入）。

【输入样例】

100 100 100

【输出样例】

1000000.00

【算法分析】

这个程序可以很容易地用 if...else 语句实现，但是如果改写为 switch 语句来实现会有点困难。因为 case 后面必须是常量表达式，所以写成 case s < 250 或者 case(2000 < =s) && (s < 3000) 这样的形式是错误的。

但是也不可能写几千、几万个 case，我们需要想办法将无限的数集映射为有限的数集。

观察折扣规则，可以发现折扣的变化点都是 250 的倍数，当 s < 3000 时，s/250 的值为 0 ～ 11。

□2.2.18　某年某月有几天 (day)

【题目描述】

输入年份和月份，试判断该月共有多少天。

【输入格式】

输入两个整数，表示年份和月份。

【输出格式】

输出一个整数，表示该月共有多少天。

【输入样例】

2004 1

【输出样例】

31

□2.2.19　判断某日是一年的第几天 (day)

【题目描述】

输入年份、月份、日期，判断这一天是这一年的第几天。

【输入格式】

输入 3 个整数，即年份、月份、日期，以空格间隔，保证输入的年份、日期是正确的。

【输出格式】

输出这一天是这一年的第几天，如果数据错误，则输出“data error!”。

【输入样例】

2016 1 1

【输出样例】

1

【算法分析】

一年有 12 个月，因此可以用 case 对应每个月。每个月的天数是一定的，因此可以按月将天数进行累加。例如 1 月 5 日，直接输出 5 即可。2 月 5 日呢？输出 31 + 5 的值即可……

此外还需要考虑到 2 月的天数计算，2 月的天数可以先看成 28，天数累加完毕后要判断这一年是闰年还是平年，如果是闰年并且输入月份大于 2 月，则输出结果需要加 1。

2.3 循环结构

扫码看视频

使用循环结构的程序可以解决一些按一定规则重复执行的问题而无须重复书写代码，这是程序设计中最能发挥计算机特长的程序结构之一。

while 语句用于实现“当型”循环结构，其一般形式如下。

```
while( 表达式 )
{
    循环语句 ;
}
```

即当表达式的值为真时，执行 while 语句中的内嵌循环语句。其流程如图 2.10 所示。

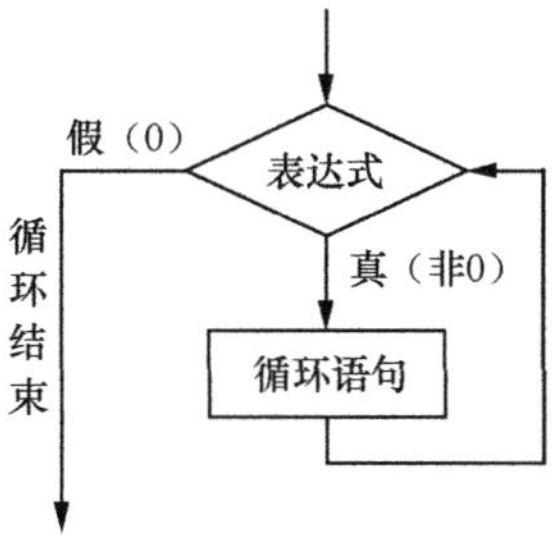

图 2.10

例如计算 1+2+3+…+100 的值的程序如下。

```
// 计算 1+2+3+…+100 的值
#include <bits/stdc++.h>
using namespace std;

int main()
{
  int i=1,sum=0;
  while (i<=100)                  // 当 i<=100 时，则执行循环体内的语句
  {
    sum+=i;                       // 累加 1,2,3…到 sum
    i++;
  }
  cout<<sum<<endl;
  return 0;
}
```

□2.3.1 计算 *n* 的阶乘 (factorial)

【题目描述】

自然数 *n* 的阶乘写作 *n*!，例如 15! = 1×2×3×4×⋯×15，试计算 *n* 的阶乘。

【输入格式】

输入一个整数 *n*（1 < n < 21）。

【输出格式】

输出 *n*! 的结果。

【输入样例】

5

【输出样例】

120

【笔试测验】请手动算出程序的执行结果。

```
#include <bits/stdc++.h>
using namespace std;

int main()
{
  int p=1,d=5;
  while (d>1)
  {
    p=2*(p+1);
    d--;
  }
  cout<<p<<endl;
  return 0;
}
```

□2.3.2　电文保密（message）

【题目描述】

电文保密的规律是将每个英文字母变成其后的第 4 个字母，例如 A 变成 E、a 变成 e，最后的 4 个大写字母 W、X、Y、Z 分别变为 A、B、C、D，小写字母 w、x、y、z 分别变为 a、b、c、d，非字母字符不变。输入一行字符，要求输出相应的密文。

【输入格式】

输入一行字符。

【输出格式】

输出相应的密文。

【输入样例】

W

【输出样例】

A

参考程序如下所示。

```
1   //电文保密
2   #include <bits/stdc++.h>
3   using namespace std;
4   
5   int main()
6   {
7     char c;
8     while ((c=getchar())!='\n')          //getchar：从键盘获取一个字符
9     {
10      if ((c>='a' && c<='z') || (c>='A' && c<='Z')) //当字符为英文字母时
11      {
12        c+=4;
13        if (c>'Z' && c<='Z'+4 || c>'z')//参照ASCII码对照表，考虑为何这样写
14          c-=26;
15      }
16      cout<<c;
17    }
18    return 0;
19  }
```

第 8 行的语句并不是从终端输入一个字符马上就输出一个字符，而是一直输入直到按 Enter 键后将所有字符送入内存缓冲区，然后执行循环语句——每次从内存缓冲区读取一个字符加密后再输出。

□2.3.3 求数的总和（power）

【题目描述】

用键盘输入 N 个数，试求全部数的总和。当用户输入 0 时，程序结束。

【输入格式】

输入 N（$N < 100$）个数，以空格间隔，最后以 0 结束。

【输出格式】

输出数的总和。

【输入样例】

1 2 3 0

【输出样例】

6

```
//求数的总和
#include <bits/stdc++.h>
using namespace std;

int main()
{
  int sum=0,n;
  while (true)          //表示永远为真，即永远循环，也可以用 while(1)
  {
    cout<<"输入一个整数（0表示结束）";//正式提交程序时不用写此句
    cin>>n;
    if (n==0)
      break;            //跳出该层循环
    sum+=n;
  }
  cout<<sum<<endl;
  return 0;
}
```

□2.3.4 整数猜想（guess）

【题目描述】

整数猜想是指对于任意给定的大于 1 的正整数，如果它是偶数则将其除以 2，如果它是奇数则将其乘以 3 加 1，其运算结果如果不是 1，则重复上述操作。这样经过若干步操作后，总会得到结果 1。

【输入格式】

输入一个大于 1 的正整数。

【输出格式】

输出该数运算过程中的数，数与数之间以空格间隔，最后一个数无空格，以换行结束。

【输入样例】

5

【输出样例】

5 16 8 4 2 1

由于事先无法知道要经过多少步操作才能得到结果 1，因此用 while 语句是比较合适的。

接下来按题意模拟运算即可。

□2.3.5　数字反转（rererse）

【题目描述】

给定一个整数 n，请将该数各位上的数字反转得到一个新数。输出的新数不应有前导 0。

【输入格式】

输入一个整数 n（$-1\,000\,000\,000 \leqslant n \leqslant 1\,000\,000\,000$）。

【输出格式】

输出反转后的新数。

【输入样例】

-380

【输出样例】

-83

【算法分析】

因为不知道整数 n 的位数是多少，所以不知道需要多少步操作才可以把 n 的每一位数取出来，这种情况下用 while 语句是比较合适的。

当执行 while 语句时，每次取 n 最右边的一位数（n%10 即可以实现）后删除这一位数（n/=10 即可以实现），显然 while 语句结束的条件是 n 最后删除到只剩下 0。

每次取出 n 的最右边的一位数后不要马上输出，这样无法解决前导 0 的问题，而是应该设一个整数变量例如 T 为最终要输出的反转后的新数，T 初始时为 0，每次取 n 的最右边的一位数，通过 T = T*10 + n%10 的方式不断合并取出的数到 T，最终 T 的值即答案。

□2.3.6　级数求和（sum）

【题目描述】

已知：$S_n=1+1/2+1/3+\cdots+1/n$。现用键盘输入一个整数 K，要求输出一个最小的 n，使得 $S_n > K$。

【输入格式】

输入一个整数 K。

【输出格式】

输出一个最小的 n，使得 $S_n > K$。

【输入样例】

2

【输出样例】

4

初学者常常会因为没有注意到 1 除以整数的结果仍然是整数而导致结果错误。一个显然易见的调试方法是在循环语句中插入输出语句，观察程序运行时输出每次循环后的 S_n 的值即可迅速发现问题所在。

通过 Dev-C++ 的调试功能可以方便地查看程序运行到某代码行时某变量值的变化。调试之前需先设置某代码行的断点，断点一般设置在要检查的程序段之前，如图 2.11 所示。

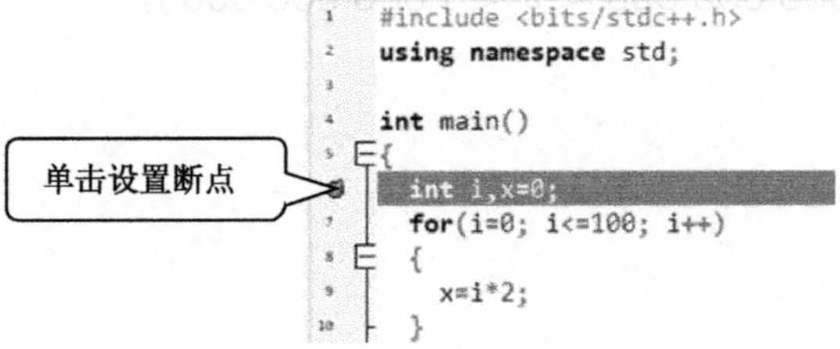

图 2.11

单击功能区的“调试”选项卡，再单击“调试”按钮即进入调试模式（若进入调试模式成功，当前执行语句底色将变色），如图 2.12 所示。在此模式中，程序会运行到断点处停止，此时可单击“下一步”等按钮进行调试。

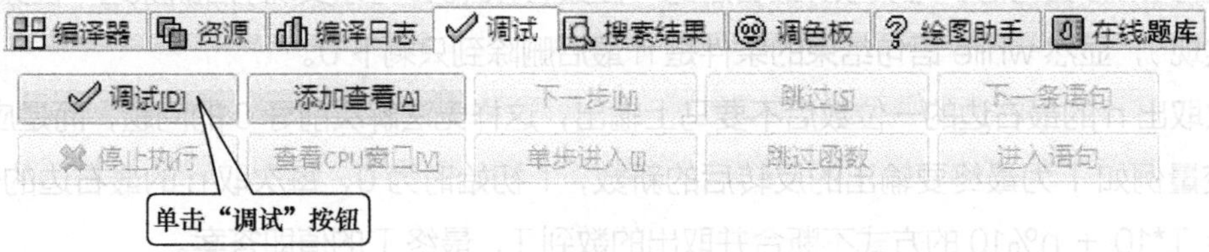

图 2.12

若想动态地观察某个变量在程序运行中的变化，可单击“添加查看”按钮添加变量，如图 2.13 所示。

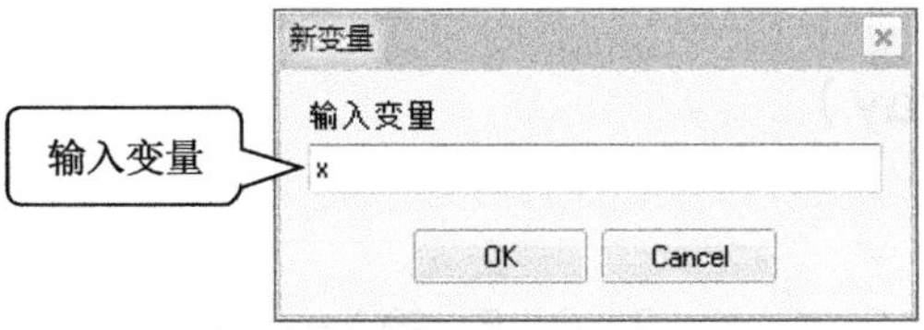

图 2.13

在右侧的变量观察窗口，将显示该变量的值，并且其值随着程序的运行而发生相应变化，如图 2.14 所示。

图 2.14

□2.3.7　投资收益 (investment)

【题目描述】

输入初始资金 m、年利率 r 及期望收益 W，试求要投资多少年，所有资金才会超过 W?

【输入格式】

输入 3 个整数，即 m（$100 \leqslant m \leqslant 1\,000\,000$）、$r$（$1 \leqslant r \leqslant 20$）及 W。

【输出格式】

输出一个整数，即需要投资的年数 (1 ～ 400)。

【输入样例】

5000 5 5788

【输出样例】

3

假设初始资金为 5 000 元，年利率为 5%，则：

第 1 年后资金总额为 1.05×5 000 元＝ 5 250 元；

第 2 年后资金总额为 1.05×5 250 元＝ 5 512.5 元；

第 3 年后资金总额为 1.05×5 512.5 元＝ 5 788.125 元；

……

□2.3.8　找规律 1（array）

【题目描述】

已知数列前 6 个数字为 2、1、4、3、6、5，输入一个整数 n，试输出数列前 n 项。

【输入格式】

输入一个整数 n（$1 \leqslant n \leqslant 200$）。

【输出格式】

输出数列前 n 项（数与数之间有空格，行末无空格，有换行）。

【输入样例】

6

【输出样例】

2 1 4 3 6 5

因为 n 是用键盘输入的，所以必须控制 while 语句循环输出 n 项后就结束。可以在循环开始前设一个变量充当计数器，每循环一次，计数器自身加 1，直到计数器等于 n 时，退出循环即可。

□2.3.9　找规律 2(array)

【题目描述】

已知数列前 10 个数字为 1、1、1、2、3、4、6、9、13、19，现用键盘输入一个整数 n，试找出规律输出该数列的前 n 项。

【输入格式】

输入一个整数 n（$4 \leqslant n \leqslant 100$）。

【输出格式】

输出该数列的前 n 项（数与数之间有空格，行末无空格，有换行）。

【输入样例】

6

【输出样例】

1 1 1 2 3 4

□2.3.10　求圆周率(pi)

【题目描述】

圆周率（π）为圆形的周长与直径之比。如图 2.15 所示，古代数学家祖冲之第一次将圆周率的值计算到小数点后 7 位。现用 π/4=1-1/3+1/5-1/7+…

公式求 π 的近似值，直到某一项的绝对值小于10^{-6}为止。

【输入格式】

无输入。

【输出格式】

输出圆周率的值，保留小数点后 5 位（不用四舍五入）。

图 2.15
使用“内容市场”
App 扫描看视频

【输入样例】

无输入。

【输出样例】

略。

由公式 π/4=1−1/3+1/5−1/7+… 可推出 π=(1−1/3+1/5−1/7+…)×4，那么 1−1/3+1/5−1/7+… 的值怎么计算呢？

可以设变量 ans 为输出的最终答案，初始值为 0，使用 while 语句进行逐项累加直到某一项的绝对值小于 10^{-6} 为止。

但是累加每一项的时候，分母在不断地递增（每次多 2），所以需要定义一个变量来保存分母的值。此外，每一项的正负号也在不断变换，这可能也需要一个变量来表示，例如 s=-s 即可完成正负号的转变。

伪代码如下所示。

```
double n=1.0, s=1              //n 表示分母，初始值为 1.0,s 表示分子
double t=1,ans=0               //t 为循环中要累加的每一项，第一项为 1
当 (t 的绝对值 >1e − 6) 时      //1e − 6 即 1 乘以 10 的 -6 次方
{
  ans=ans+t                    // 累加
  更新下一项分母的值
  改变正负号
  更新 t 的值
}
输出 ans*4 的值
```

□2.3.11　求最大公约数和最小公倍数（euclid）

【题目描述】

输入两个正整数 a 和 b，求其最大公约数和最小公倍数。

【输入格式】

输入两个正整数 a 和 b。

【输出格式】

输出两个正整数，即 a 和 b 的最大公约数和最小公倍数，以空格间隔。

【输入样例】

153 123

【输出样例】

3 6273

【算法分析】

可以使用辗转相除法（欧几里得算法）来求最大公约数，即将大的数 a 除以小的数 b，得余数 c，设 $a=b$、$b=c$，继续求余数，如此反复直到余数为 0，此时的 b 为最大公约数。

例如 a=24、b=10，则 c=24%10=4;

由 a=b、b=c 得 a=10、b=4，则 c=10%4=2;

由 a=b、b=c 得 a=4、b=2，则 c=4%2=0，故最大公约数为 b=2。

求最小公倍数的公式为初始数 a× 初始数 b/ 最大公约数。

注意两数先乘会产生很大的数，可能会超过数据类型的取值范围，所以把计算顺序修改为初始数 a/ 最大公约数 × 初始数 b 即可。

核心伪代码如下所示。

```
如果 a<b
  交换 a 和 b 的值                              //考虑不交换是否可行?
当（b!=0）                                       //考虑为什么是 b 不等于 0
{
  c=a%b;
  a=b;
  b=c;
}
输出最大公约数和最小公倍数
```

□2.3.12 求 S_n 的值 (sn)

【题目描述】

有公式 $S_n=a+aa+aaa+aaaa+\cdots$，其中 a 是一个数字。例如 a=3、n=4 时，S_n 的值为 3+33+333+3333。现用键盘输入两个整数 a 和 n，试求 S_n 的值。

【输入格式】

输入两个整数 a 和 n。

【输出格式】

输出 S_n 的值，保证输出结果不超过整数的取值范围。

【输入样例】

1 2

【输出样例】

12

□2.3.13　找规律 3(array)

【题目描述】

已知数列前 7 个数字为 1、6、18、40、75、126、196，现用键盘输入一个整数 n（$1 \leqslant n \leqslant 100$），试找出规律输出数列的前 n 项。

【输入格式】

输入一个整数 n。

【输出格式】

输出前 n 项（数与数之间有空格，行末无空格，有换行）。

【输入样例】

4

【输出样例】

1 6 18 40

do...while 语句的特点是先执行一次循环体内的内嵌循环语句，然后判断表达式的值是否为真，如果为真则继续执行循环，如果为假则循环结束。其一般形式如下。

```
do
{
   循环语句;
}while(表达式);          //注意行末有分号
```

其流程如图 2.16 所示。

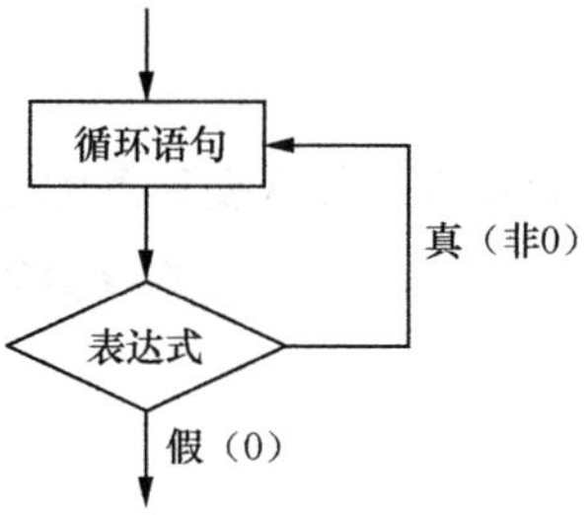

图 2.16

例如计算 1+2+3+…+100 的值的程序如下。

```
//计算1+2+3+…+100的值
#include <bits/stdc++.h>
using namespace std;

int main()
{
```

```
    int i=1,sum=0;
    do
    {
      sum+=i;
      i++;
    } while(i<=100);              //注意行末有分号
    cout<<sum<<endl;
    return 0;
}
```

while 与 do...while 的区别如下。

while 先判断表达式的值是否为真，如果为真则执行循环，如果为假则不执行循环。

do...while 先执行一次循环体内的内嵌循环语句，之后就和 while 语句一样，判断表达式的值是否为真，以决定是否执行循环。

【笔试测验】请手动算出程序的执行结果。

```
#include <bits/stdc++.h>
using namespace std;

int main()
{
    int m=9;
    do
    {
      cout<<(m-=2)<<" ";
    } while(--m);
    cout<<endl;
    return 0;
}
```

□2.3.14 计算皮球的弹跳高度(ball)

【题目描述】

输入一个整数 h，表示皮球的初始高度，每次皮球落地后弹跳回原来高度的一半，编程计算皮球在第 10 次落地时，共经过多少米？第 10 次反弹有多高？

【输入格式】

输入一个整数 h。

【输出格式】

输出两行数据，第一行数据为经过多少米，第二行数据为第 10 次反弹有多高，保留 3 位小数。

【输入样例】

10

【输出样例】

29.961

0.010

for 语句是 C++ 语言里使用最为灵活的语句之一，它可以代替 while 语句。其一般形式如下。

```
for（只执行一次的表达式 1；循环条件的表达式 2；循环过程的表达式 3）
{
   循环语句；
}
```

它的执行过程如下。

（1）执行表达式 1，该语句一般为循环变量赋初始值。

（2）执行表达式 2，若其值为真即满足循环条件，则执行 for 循环体内的循环语句，然后执行第（3）步；若其值为假，则结束循环，转到第（5）步。

（3）执行表达式 3，该语句一般为增加或减少循环变量，每次增加或减少的量也称为循环变量的步长。

（4）转到第（2）步继续执行。

（5）循环结束，执行 for 语句下面的语句。

例如计算 1+2+3+…+100 的值的程序如下。

```
// 计算 1+2+3+…+100 的值
#include <bits/stdc++.h>
using namespace std;

int main()
{
  int sum=0,i;                  //在 for 循环体外定义循环变量 i
  for (i=1; i<=100; i++)        //i 赋初始值; i<=100 为循环条件;i 每次自增 1
    sum+=i;                     //sum=sum+i，即 sum 依次累加 1,2,3…
  cout<<sum<<endl;              // 若此时输出 i 值，则 i 值为 101
  return 0;
}
```

其流程如图 2.17 所示。

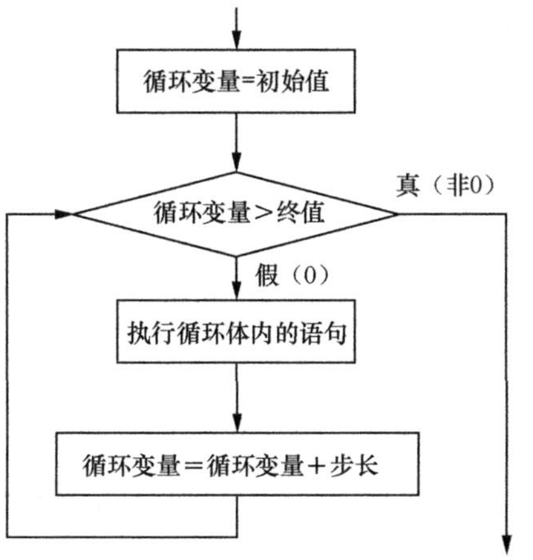

图 2.17

for 语句是很简单和方便的，使用该语句可以替代其他的循环语句。

表达式 1、2、3 可以根据实际情况省略（注意不可省略分号），但应另外设法保证循环能正常结束。以下几个程序和前文程序的结果是一样的。

程序 1。

```
// 计算 1+2+3+…+100 的值
#include <bits/stdc++.h>
using namespace std;

int main()
{
  int sum=0,i=1;                                // 此处循环变量 i 赋初始值
  for (; i<=100; i++)
    sum+=i;
  cout<<sum<<endl;
  return 0;
}
```

程序 2。

```
// 计算 1+2+3+…+100 的值
#include <bits/stdc++.h>
using namespace std;

int main()
{
  int sum=0,i=1;
  for (; i<=100;)
  {
    sum+=i;
    i++;                                        // 循环变量递增写在此处
  }
  cout<<sum<<endl;
  return 0;
}
```

程序 3。

```
// 计算 1+2+3+…+100 的值
#include <bits/stdc++.h>
using namespace std;

int main()
{
  int sum=0,i=1;
  for(; ;)
  {
    if (i>100)                                  // 此处进行判断
      break;
    sum+=i;
    i++;                                        // 循环变量递增写在此处
  }
  cout<<sum<<endl;
  return 0;
}
```

□2.3.15　显示 ASCII 码值对应的字符（ASCII）

【题目描述】

目前计算机中广泛应用的字符集及其编码，是由美国国家标准协会制定的 ASCII。请编写一个程序，显示 ASCII 码值为 15 ～ 127 的字符。

【输入格式】

无输入。

【输出格式】

显示的每个字符占用的空间为 4 个字符，右靠齐，每行输出 10 个字符后换行。

【输入样例】

无。

【输出样例】

略。

参考程序如下所示。

```
// 显示 ASCII 码值对应的字符
#include <bits/stdc++.h>
using namespace std;

int main()
{
  int n=0;
  for (int i=15; i<128; i++) // 循环体内定义 i，则 i 只能在该循环体内使用
  {
    cout<<setw(4)<<i<<":"<<char(i)<<" ";
    if (!(++n%10))
      cout<<endl;              // 每显示 10 个字符换一行
  }
  cout<<endl;                  //for 循环体外若想输出 i 的值会编译报错
  return 0;
}
```

□2.3.16　兔子“永生”（rabbit）

【题目描述】

如图 2.18 所示，兔子在出生两个月后就有繁殖能力。

第一个月小兔子没有繁殖能力，所以还是一对兔子；

两个月后，生下一对小兔子后总共有两对兔子；

3 个月后，老兔子又生下一对小兔子，因为小兔子还没有繁殖能力，所以总共是 3 对兔子

……

假设所有兔子不死，那么 40 个月后可以繁殖多少对兔子？

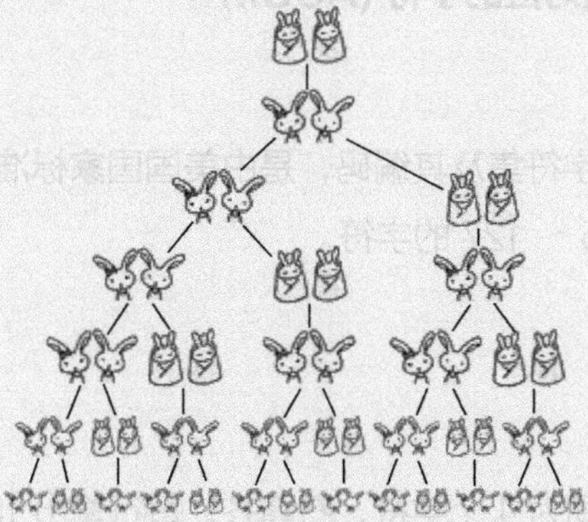

图 2.18

【输入格式】

无输入。

【输出格式】

输出 40 个数，每个数后面以一个空格间隔（行末无空格），每 4 个数占一行。

【输入样例】

无。

【输出样例】

1 1 2 3

5 8 13 21

……

这就是有名的斐波那契数列（Fibonacci Sequence），其特点为第 1、2 个数为 1，从第 3 个数开始，该数是其前面两个数之和，即 1,1,2,3,5,8,13,…。

参考程序如下所示。

```
//兔子“永生”
#include <bits/stdc++.h>
using namespace std;

int main()
{
  int f1=1,f2=1,i;
  for (i=1; i<=20; i++)
  {
    cout<<f1<<' '<<f2<<' ';
    if (i%2==0)    //当一行输出两次 f1 和 f2（4 个数）的值后另起一行
      cout<<'\n';
    f1=f1+f2;     //滚动向前计算
    f2=f2+f1;
  }
```

```
    return 0;
}
```

□2.3.17　计算平均分 (average)

【题目描述】

输入一个整数 n，表示有 n 个学生，随后输入这 n 个学生的成绩，试计算平均分。

【输入格式】

输入一个整数 n 和 n 个学生的成绩。

【输出格式】

输出结果即平均分，保留小数点后两位。

【输入样例】

2

100 100

【输出样例】

100.00

□2.3.18　计算数列和 (drug)

【题目描述】

试编程计算 $1^2+2^2+3^2+\cdots+N^2$ 的和。

【输入格式】

输入一个数 N，N 不超过 51。

【输出格式】

输出 N 个数的平方和。

【输入样例】

2

【输出样例】

5

□2.3.19　奇数求和 (odd)

【题目描述】

输入两个整数 n 和 m，试计算 n 和 m 之间所有的奇数的和。例如 n=3、m=8，则奇数和为 3+5+7=15。

【输入格式】

输入两个整数 n 和 m。

【输出格式】

输出一个整数，即 n 和 m 之间所有的奇数的和。

【输入样例】

3 8

【输出样例】

15

□2.3.20　求水仙花数 (flower)

【题目描述】

“水仙花数”是指一个三位数，其各位数字的立方和等于该数本身。

例如 $153 = 1^3+5^3+3^3$，153 是一个水仙花数。请输出 1 000 以内所有的水仙花数。

【输入格式】

无输入。

【输出格式】

输出 1 000 以内所有的水仙花数，每个数占一行。

【输入样例】

无。

【输出样例】

略。

□2.3.21　求最大跨度值 (Max)

【题目描述】

输入一个整数 n，表示有 n 个整数，随后输入 n 个整数的值，计算这 n 个整数的最大跨度值（最大跨度值 = 最大值 − 最小值）。

【输入格式】

第一行为一个整数 n，第二行为 n 个整数的值。

【输出格式】

输出这 n 个整数的最大跨度值。

【输入样例】

10

1 2 3 4 5 6 7 8 9 10

【输出样例】

9

□2.3.22　求 *e* 的近似值 (e)

【题目描述】

已知公式 e=1+1/1!+1/2!+1/3!+…，试计算前 100 项相加的结果。

【输入格式】

无输入。

【输出格式】

输出 e 的近似值，保留小数点后 3 位（无须四舍五入）。

【输入样例】

无。

【输出样例】

2.7??

【样例说明】

一个“?”代表一位数，请将“?”转为具体的数值输出。

【算法分析】

计算阶乘可以利用前一项已算好的值递推出下一项的值，例如当计算出 5! 后，计算 6! 即 6×5!。

假设某项值为 t=1/n!，则下一项为 1/n!/(n+1)，即 t/(n+1)。

□2.3.23　求分子序列和 (sum)

【题目描述】

有分子序列 2/1,3/2,5/3,8/5,13/8,21/13,…，试求该数列的前 N 项之和。

【输入格式】

输入一个整数 N（N＜100），表示求前 N 项之和。

【输出格式】

输出这个数列的前 N 项之和，保留小数点后两位（无须四舍五入）。

【输入样例】

2

【输出样例】

3.50

伪代码如下所示。

```
定义浮点数 a = 2,b = 1,ans = 0                    // 其中 a 为分子，b 为分母
for( 循环 20 次 )
```

```
{
  ans=ans+a/b
  更新分子 a 和分母 b 的值
}
输出 ans 的值
```

□2.3.24 计算圆面积 (square)

【题目描述】

试依次计算半径 *r*=1 到 *r*=10 时的圆面积，直到面积 *area* 大于 100 为止。

【输入格式】

无输入。

【输出格式】

依次输出圆面积，格式见输出样例，保留小数点后两位（无须四舍五入）。

【输入样例】

无。

【输出样例】

```
1:area=3.14
2:area=12.56
......
```

参考程序如下所示。

```
//计算圆面积
#include <bits/stdc++.h>
using namespace std;

int main()
{
  for (int r=1;r<=10;r++)
  {
    double area=3.14*r*r;
    if (area>100)
      break;                //跳出当前 for 循环体，即彻底结束循环
    cout<<r<<":area="<<setprecision(2)<<fixed<<area<<endl;
  }
  return 0;
}
```

break 语句可以用来从最近的循环体内跳出，即提前结束当前循环。break 语句不能用于循环语句和 switch 语句之外的任何其他语句中。

□2.3.25 不能被 3 整除的数 (sacred)

【题目描述】

试将 100 ～ 200 不能被 3 整除的数输出。

【输入格式】

无输入。

【输出格式】

输出符合题意的数，两数之间以一个空格间隔，最后一个数后面无空格，有换行。

【输入样例】

无。

【输出样例】

略。

参考程序如下所示。

```
// 将 100 ～ 200 不能被 3 整除的数输出
#include <bits/stdc++.h>
using namespace std;

int main()
{
  for (int n=100;n<=200;n++)
  {
    if (n%3==0)
      continue;            // 强行结束本次循环，后面的循环还可能继续
    cout<<n<<' ';          // 请自行完善输出格式
  }
  return 0;
}
```

continue 语句与 break 语句的区别是：continue 语句只强行结束本次循环，接着执行下一次循环（如果循环条件仍然满足），而不是结束整个循环；break 语句则是彻底结束整个循环。

□2.3.26 火柴游戏

【题目描述】

有 21 根火柴，两个人轮流取，每人可取 1 ～ 4 根，不可多取，也不可不取，谁取最后一根谁输。假设小光先取，琪儿后取，试编程让琪儿赢。

这是一道简单的博弈题，取胜策略：只需让后取者取的火柴数量与先取者取的火柴数量之和等于 5 即可。

伪代码如下所示。

```
设变量 num=21，即火柴数
设变量 man 表示小光取的火柴数
while(游戏未结束时)          //想想游戏结束的条件是什么？应该怎么编写代码？
{
     输出现在的火柴数   //用于提示玩家的信息
     输入本次小光取的火柴数即变量 man
     如果小光取的火柴数违反规定
       continue                //无效重取，即本次循环无效，继续下一轮循环
     否则输出琪儿取的火柴数(即 5-man)和剩余的火柴数(即 num-5)
     更新火柴数
}
输出"你输了!"
```

□2.3.27 九九乘法表 1

【题目描述】

九九乘法表又称九九乘法歌诀，在《荀子》等古书中就能找到“三九二十七”“六八四十八”“四八三十二”“六六三十六”等与九九乘法表相关的句子。

试编程输出九九乘法表。

【输入格式】

无输入。

【输出格式】

见输出样例。

【输入样例】

无。

【输出样例】

1*1=1

1*2=2

1*3=3

1*4=4

1*5=5

1*6=6

1*7=7

1*8=8

1*9=9

2*1=2

2*2=4

……

9*9=81

这道题需要两层 for 循环语句嵌套完成，具体如下。

```
for(int i=1;i<=9;i++)
    for(int j=1;j<=9;j++)
      cout<<i<<'*'<<j<<"="<<i*j<<' ';
```

注意两层 for 循环语句的循环变量应分别定义为不同的变量，例如定义循环变量为 i 和 j。其执行顺序是执行外循环到内循环时，要先把内循环的所有循环执行完后再转换到外循环。

```
//九九乘法表 1
#include <bits/stdc++.h>
using namespace std;

int main()
{
  for (int i=1;i<=9;i++)   //循环变量 i 和 j 可以在 for 循环体内直接定义
    for (int j=1;j<=9;j++) //作用范围仅在 for 循环体内，循环结束即“消失”
      cout<<i<<'*'<<j<<"="<<i*j<<endl;
  return 0;
}
```

□2.3.28　九九乘法表 2(99)

【题目描述】

试使用两层 for 循环语句输出如下的九九乘法表。

1*1=1

1*2=2　2*2=4

1*3=3　2*3=6　3*3=9

1*4=4　2*4=8　3*4=12　4*4=16

1*5=5　2*5=10　3*5=15　4*5=20　5*5=25

1*6=6　2*6=12　3*6=18　4*6=24　5*6=30　6*6=36

1*7=7　2*7=14　3*7=21　4*7=28　5*7=35　6*7=42　7*7=49

1*8=8　2*8=16　3*8=24　4*8=32　5*8=40　6*8=48　7*8=56　8*8=64

1*9=9　2*9=18　3*9=27　4*9=36　5*9=45　6*9=54　7*9=63　8*9=72　9*9=81

【输入格式】

无输入。

【输出格式】

输出格式见题目描述，注意为了保持格式整齐，乘积值输出宽度为 4，左靠齐。

【输入样例】

无。

【输出样例】

略。

程序只能从上往下逐行输出，可以用外循环控制行数，内循环控制每行输出的式子数。根据第 1 行输出 1 个式子，第 2 行输出 2 个式子，第 3 行输出 3 个式子……第 9 行输出 9 个式子，现在知道外循环和内循环相关语句应该怎么写了吧。

□2.3.29 执行任务

【题目描述】

在 A、B、C、D、E、F 这 6 个人中尽可能多地挑选若干人去执行任务，限制条件如下：

（1）A 和 B 两个人中至少去一人；

（2）A 和 D 不能一起去；

（3）A、E 及 F 这 3 人中要派两个人去；

（4）B 和 C 都去或都不去；

（5）C 和 D 两个人中去一人；

（6）若 D 不去，则 E 也不去。

问应当让哪几个人去？

【输入格式】

无输入。

【输出格式】

去的人以 1 表示，不去的人以 0 表示。例如 a、b、c 去，d、e、f 不去，则输出格式如下。

```
a:1
b:1
c:1
d:0
e:0
f:0
```

【输入样例】

无。

【输出样例】

略。

用 a、b、c、d、e、f 这 6 个变量表示 6 个人是否去执行任务的状态，变量的值为 1，表示此人去；变量的值为 0，表示此人不去。由题意可写出如下表达式。

a+b ＞ =1 //A 和 B 两个人中至少去一人

a+d!=2 //A 和 D 不能一起去

a+e+f==2 //A、E 及 F 这 3 人中要派两个人去

b+c==0 或 b+c==2 //B 和 C 都去或都不去

c+d==1　　　//C 和 D 两个人中去一人

d+e==0 或 d==1　// 若 D 不去，则 E 也不去 (都不去，或 D 去 E 随便)

上述各表达式之间的关系为“与”关系。枚举每个人去或不去的各种可能情况，代入上述表达式中进行推理运算，使上述表达式均为“真”就是正确的结果。

参考程序如下所示。

```
// 执行任务
#include <bits/stdc++.h>
using namespace std;

int main()
{
  for (int a=1; a>=0; a--)                    // 枚举每个人是否去的所有情况
    for (int b=1; b>=0; b--)                  //1 表示去，0 表示不去
      for (int c=1; c>=0; c--)
        for (int d=1; d>=0; d--)
          for (int e=1; e>=0; e--)
            for (int f=1; f>=0; f--)
              if (a+b>=1 && a+d!=2 && a+e+f==2 &&
                  (b+c==0||b+c==2) && c+d==1 && (d+e==0||d==1))
              {
                cout<<"a:"<<a<<endl;
                cout<<"b:"<<b<<endl;
                cout<<"c:"<<c<<endl;
                cout<<"d:"<<d<<endl;
                cout<<"e:"<<e<<endl;
                cout<<"f:"<<f<<endl;
              }
  return 0;
}
```

□2.3.30　谁是小偷 (thief)

【题目描述】

A、B、C、D 这 4 个人中有一个人是小偷，已知 4 个人中有一个人说了假话，请根据 4 个人的供词编程来判断谁是小偷。4 个人的供词如下。

A：我不是小偷。

B：C 是小偷。

C：D 是小偷。

D：我不是小偷。

使用“内容市场”App 扫描看视频

【输入格式】

无输入。

【输出格式】

输出谁是小偷，若 A 是小偷，则输出“A”。

【输入样例】

无。

【输出样例】

略。

□2.3.31 绘制矩形（draw）

【题目描述】

输入两个整数 a、b 和一个字符 c，a 和 b 代表矩形的宽度和高度，c 代表绘制矩形的符号，输出一个由字符 c 围起来的空心矩形。

【输入格式】

输入两个整数 a、b 和一个字符 c。

【输出格式】

输出一个由字符 c 围起来的空心矩形。

【输入样例】

5 4 *

【输出样例】

```
*****
*   *
*   *
*****
```

□2.3.32 不定方程的解 (equation)

【题目描述】

输入正整数 a、b、c，满足不定方程 $ax+by=c$，试求关于未知数 x 和 y 的所有非负整数解有多少个。

【输入格式】

输入正整数 a、b、c。

【输出格式】

输出关于未知数 x 和 y 的所有非负整数解有多少个。

【输入样例】

2 3 18

【输出样例】

4

□2.3.33　1 的次数（sum1）

【题目描述】

输入一个正整数 n，试计算 1 ～ n 的所有整数中，出现 1 的次数为多少？例如当 n=12 时，有 1、2、3、4、5、6、7、8、9、10、11、12，一共出现了 5 个 1。

【输入格式】

输入一个正整数 n（$1 \leqslant n \leqslant 10\,000$）。

【输出格式】

输出一个整数，即出现 1 的次数。

【输入样例】

12

【输出样例】

5

□2.3.34　算式成立 1（formula）

【题目描述】

试编程求出 a、b、c、d 的值各为多少时，下面的算式成立。

$$\begin{array}{r} a\,b\,c\,d \\ \times\ \ 9 \\ \hline d\,c\,b\,a \end{array}$$

【输入格式】

无输入。

【输出格式】

输出一行 4 个数，即 a、b、c、d 的值，数与数之间以空格间隔，末尾无空格，有换行。

【输入样例】

无。

【输出样例】

略。

□2.3.35　算式成立 2（formula2）

【题目描述】

下面的乘法竖式中，每个汉字代表一个数字，不同的汉字代表不同的数字，请编程计算出每个汉字代表的数字是多少。

```
   学习再学习
×          学
─────────────
 优优优优优优
```

【输入格式】

无输入。

【输出格式】

输出 4 行，输出格式参见输出样例。

【输入样例】

无。

【输出样例】

学 :?
习 :?
再 :?
优 :?

【样例说明】

“?”代表一个数字，请将“?”换成具体的数字输出。

□2.3.36 算式成立 3（formula3）

【题目描述】

试编程算出下面算式中的被除数和除数。

```
         8 0 9
      ─────────
  □□ / □□□□
       □□
      ─────────
        □□□
        □□□
      ─────────
            1
```

【输入格式】

无输入。

【输出格式】

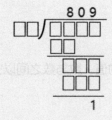

输出两个整数，即被除数和除数。

【输入样例】

无。

【输出样例】

略。

设 x 是被除数、y 是除数，则 x 的取值范围为 1 000 ～ 9 999、y 的取值范围为 10 ～ 99。枚举 x 和 y，如果 x/y=809 并且 x%y=1，则 x 和 y 就有可能是我们想要的答案。但是程序实际运行时会输出很多无效的答案，所以还需要再仔细观察算式，找出更多的限制条件，例如 9*y ＞ =100……

□2.3.37　同构数 (num)

【题目描述】

正整数 *n* 若是它的平方数的尾部，则称 *n* 为同构数。例如 5 是 25 右边的数，25 是 625 右边的数，5 和 25 都是同构数。请找出 2 ～ 10 000 的全部同构数。

【输入格式】

无输入。

【输出格式】

输出 2 ～ 10 000 的全部同构数，从小到大依次排列，每行一个数。

【输入样例】

略。

【输出样例】

5
6
……

伪代码如下所示。

```
枚举 2 ～ 10000 的每一个数 i
{
  s=i*i                          //i 的平方数赋值给 s
  j=i                            //i 用于执行循环，不能修改，所以赋值给 j
  当 (s 与 j 的末位数的值相等 )  // 循环，从个位开始，依次比较两数对应位的值
  {
     j=j/10                      // 消去最末位的数
     s=s/10                      // 消去最末位的数
  }
  如果 (j==0)
     则 i 是同构数，输出
}
```

□2.3.38 判断质数（prime）

【题目描述】

质数又称素数，是指在一个大于 1 的自然数中，除了 1 和此整数自身外，无法被其他自然数整除的数。比 1 大但不是质数的数称为合数。1 和 0 既非质数也非合数。合数是由若干个质数相乘而得到的。所以，质数是合数的基础，没有质数就没有合数。

用键盘输入一个整数，试判断该数是不是质数。

100以内的质数

1	2	3	4	5	6	7	8	9	10
11	12	13	14	15	16	17	18	19	20
21	22	23	24	25	26	27	28	29	30
31	12	33	34	35	36	37	38	39	40
41	42	43	44	45	46	47	48	49	50
51	52	53	54	55	56	57	58	59	60
61	62	63	64	65	66	67	68	69	70
71	72	73	74	75	76	77	78	79	80
81	82	83	84	85	86	87	88	89	90
91	92	93	94	95	96	97	98	99	100

【输入格式】

输入一个整数。

【输出格式】

若该整数为质数则输出“Yes”，否则输出“No”。

【输入样例】

2

【输出样例】

Yes

```
//判断质数
#include <bits/stdc++.h>
using namespace std;

int main()
{
  int number,i;
  cin>>number;
  int k=sqrt(number);        //k为输入的数的平方根，想一下为什么
  for (i=2; i<=k; i++)       //枚举数2～k
    if (number%i==0)
      break;                 //只要能被整除，就不是质数，跳出for循环
  cout<<(i>k?"Yes\n":"No\n");
  return 0;
}
```

数学家欧几里得在《几何原本》中证明了质数有无穷多个。

假设只有有限个质数 P_1，P_2，P_3，…，P_n，令 $N=P_1\times P_2\times P_3\times\cdots\times P_n$，那么，$N+1$ 是质数或者是合数。

如果 $N+1$ 是质数，则 $N+1$ 要大于 P_1，P_2，P_3，…，P_n，所以它不在假设的质数集合中。

如果 $N+1$ 是合数，因为任何一个合数都可以分解为几个质数的积，而 N 和 $N+1$ 的最大公约数是 1，$N+1$ 不可能被 $P_1, P_2, P_3,\cdots,P_n$ 整除，所以该合数分解得到的质因数肯定不在假设的质数集合中。

因此无论该数是质数还是合数，都意味着在假设的有限个质数之外还存在着其他质数。

所以原先的假设不成立。也就是说，质数有无穷多个。

□2.3.39　质因数分解 (factor)

【题目描述】

已知输入的正整数 n 是两个不同质数的乘积，试求出较大的质数。

【输入格式】

输入一个正整数 n（$6 \leqslant n \leqslant 200\,000\,000$）。

【输出格式】

输出一个数，即较大的质数。

【输入样例】

21

【输出样例】

7

□2.3.40　完美数 (perfect)

【题目描述】

一个数如果恰好等于它的因子之和，则被称为“完美数”。例如 6 的因子为 1、2、3，而 6=1+2+3，因此 6 是完美数。目前发现的完美数都以 6 或 28 结尾。试编程找出 1 000 以内的所有完美数。

【输入格式】

无输入。

【输出格式】

每个完美数占一行，后面为冒号，由小到大输出它的因子，两数间以空格间隔，末尾无空格。

【输入样例】

无。

【输出样例】

6:1 2 3

……

□2.3.41 防护罩 (safe)

【题目描述】

如图 2.19 所示，所有街区整齐地排列，均为边长为 1 千米的正方形，半径为 r 千米的圆形防护罩以中心 4 个街区的交点为圆心，试计算圆形防护罩所能保护的完整街区数 N。

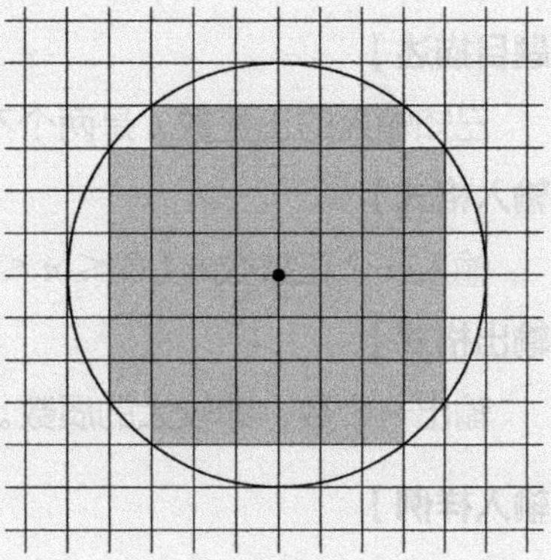

图 2.19

【输入格式】

输入一个单精度浮点数 r（$\sqrt{2}\leqslant r\leqslant 1\,000$）。

【输出格式】

输出 N 的值。

【输入样例】

5

【输出样例】

60

【算法分析】

由于圆的对称性，因此只需要计算 1/4 圆中所包含的完整街区数 N。将其中所包含的完整街区数以纵列划分为组，设 K 表示 1/4 圆中共有 K 组完整街区，显然 K 为不超过半径 r 的最大整数，如图 2.20 所示。

则 N=4×(第 1 组内的完整街区数 + 第 2 组内的完整街区数 + ⋯ + 第 K 组内的完整街区数)，但每组内的完整街区数如何计算呢？

以第 4 组为例，作一直角三角形如图 2.21 所示，可知斜边为 r，底边为组数。根据勾股定理，当组数为 a 时，则第 a 组内的完整街区数为不大于 $\sqrt{r^2-a^2}$ 的整数。

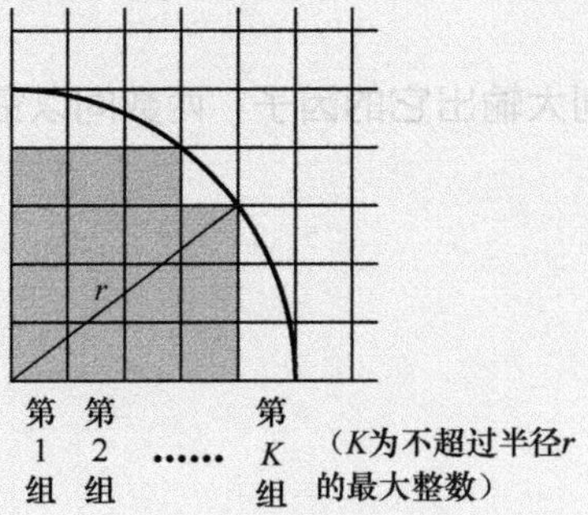

图 2.20

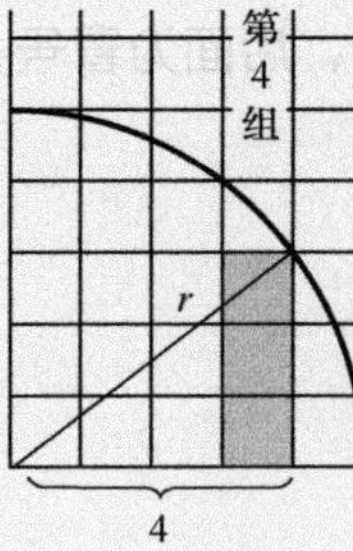

图 2.21

题目中需要用到对实数取整的操作，除用 int() 强制取整的方法外，C++ 语言还有如下几个取整函数：

（1）floor() 为向下取整函数，会取不大于自变量的最大整数，例如 floor(3.1)=floor(3.9)=3， floor(−5.1)=floor(−5.9)=−6；

（2）ceil() 为向上取整函数，会取不小于自变量的最大整数，例如 ceil(3.1)=ceil(3.9)=4，ceil(−2.1)=ceil(−2.9)=−2；

（3）round() 为四舍五入函数，它会返回与自变量最接近的整数，例如 round(10.5)=11，round(10.4)=10。

□2.3.42 换零钱 1（money）

【题目描述】

把 100 元换成 10 元、5 元、1 元的零钱，求每种零钱都至少各有一张的情况下，共有多少种兑换方案？

设 100 元可以换 10 元 x 张、5 元 y 张、1 元 z 张，则有：

$100=10x+5y+z$（$x \geqslant 1$，$y \geqslant 1$，$z \geqslant 1$）

初步分析上面的等式可以发现：$1 \leqslant x \leqslant 9$，$1 \leqslant y \leqslant 19$，$1 \leqslant z \leqslant 99$。

进一步优化可以发现：因为 $x \geqslant 1$、$z \geqslant 1$，所以 $5y$ 的取值范围变成 $5 \leqslant 5y \leqslant 100-10\times1-1\times1$，解得 $1 \leqslant y \leqslant 17$；同理，$z$ 的取值范围为 $1 \leqslant z \leqslant 100-10\times1-5\times1$，解得 $1 \leqslant z \leqslant 85$。这样使得循环体执行的次数由原来的 9×19×99=16 929 次缩小到 9×17×85=13 005 次，循环次数减少了 3 924 次。

```
// 换零钱 —— 基本算法
#include <bits/stdc++.h>
using namespace std;

int main()
{
  int Count=0;
  for (int x=1; x<=9; x++)
    for (int y=1; y<=17; y++)
      for (int z=1; z<=85; z++)
        if ((10*x+5*y+z)==100)
          Count++;
  cout<<Count<<endl;
  return 0;
}
```

还可以利用不等式减少循环次数。

在已经确定 10 元有 x 张、5 元有 y 张的情况下，其实无须知道 1 元的张数，只要剩下的钱数大于 0 就可以组成一个方案，这样只需二重循环，即共循环 9×17=153 次，效率比之前提高了 80 多倍。

```
// 换零钱 —— 利用不等式优化算法
#include <bits/stdc++.h>
using namespace std;

```

```
int main()
{
  int Count=0;
  for (int x=1; x<=9; x++)
    for (int y=1; y<=17; y++)
      if (10*x+5*y<100)
        Count++;
  cout<<Count<<endl;
  return 0;
}
```

取1张10元的，则剩下的90元可以用1~17张5元和若干张1元相加得到，故共有17种方案；

取2张10元的，则剩下的80元可以用1~15张5元和若干张1元相加得到，故共有15种方案；

……

取8张10元的，则剩下的20元可以用1~3张5元和若干张1元相加得到，故共有3种方案；

取9张10元的，则剩下的10元可以用1张5元和5张1元相加得到，故共有1种方案。

综上可得，总方案数为1+3+5+…+17=81（种），则问题就变成了求9个数的和，用一重循环运算9次即可，效率比用不等式运算提高了17倍。

```
//换零钱 —— 利用排列组合优化
#include <bits/stdc++.h>
using namespace std;

int main()
{
  int i,Count=0;
  for (i=1; i<=9; i++)
    Count+=2*i-1;
  cout<<Count<<endl;
  return 0;
}
```

观察数字序列1,3,5,7,9,11,…，可以发现相邻两个数的差恒为2，这显然是等差数列。记第一项为a_1，相邻两个数之间的差为公差，记为d，记第n项为a_n，容易推导出$n=(a_n-a_1)\div d+1$和$a_n=a_1+(n-1)\times d$。

求前n项和的公式如下。

$$S_n=((a_1+a_n)\times n)/2 \quad (2\text{-}1)$$

$$S_n=na_1+(n\times(n-1))/2\times d \quad (2\text{-}2)$$

$$S_n=na_n-(n\times(n-1))/2\times d \quad (2\text{-}3)$$

公式（2-1）用于求知道首项、末项及项数的等差数列的前n项和。

公式（2-2）用于求知道首项、公差及项数的等差数列的前n项和。

公式（2-3）用于求知道末项、公差及项数的等差数列的前n项和。

所以程序无须循环，直接用任何一个公式就可求出和为81。

```
// 换零钱 —— 利用等差数列求和公式
#include <bits/stdc++.h>
using namespace std;

int main()
{
  cout<<(1+17)*9/2<<endl;
  return 0;
}
```

□2.3.43 换零钱 2(money)

【题目描述】

把 N 元换成 10 元、5 元、1 元的零钱，求每种零钱都至少各有一张的情况下，共有多少种兑换方案?

【输入格式】

输入一个整数 N（$16 \leqslant N \leqslant 10^6$）。

【输出格式】

输出方案数。

【输入样例】

100

【输出样例】

81

【算法分析】

数据规模过大，请考虑使用等差数列求和公式计算。

□2.3.44 埃及分数(Egypt)

【题目描述】

一个老人将 11 匹马分给 3 个儿子，老大分 1/2，老二分 1/4，老三分 1/6。在 3 个儿子无奈之际，邻居把自己家的马牵来，老大分 1/2，牵走了 6 匹马；老二分 1/4，牵走了 3 匹马；老三分 1/6，牵走了 2 匹马。分完后，邻居把自己的马牵了回去。即 11/12=1/2+1/4+1/6。这种分子是 1 的分数叫作埃及分数，因为古埃及人只使用分子是 1 的分数进行分数运算。

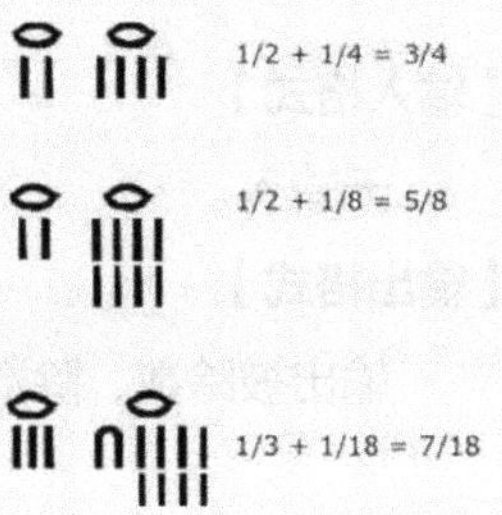

现输入一个真分数，请将该分数分解为埃及分数。

【输入格式】

输入两个整数，表示分子和分母。

【输出格式】

输出分解后的埃及分数。

【输入样例】

8 11

【输出样例】

1/2+1/5+1/55+1/110

若真分数 a/b 中的分子 a 能整除分母 b，则真分数经过化简直接就可以得到埃及分数；若真分数 a/b 中的分子 a 不能整除分母 b，则可以从原来的分数中分解出一个分母为 $c=b/a+1$ 的埃及分数。

分解后剩下的部分形成一个新的分数 a_1/b_1、即 $a_1=a\times c-b$、$b_1=b\times c$。继续用这种方法将剩余部分反复分解，最后可得到结果。

以样例来说，8/11 分解出来的分母 $c=b/a+1=2$，所以第一项为 1/2，剩下的部分形成一个新的分数 a_1/b_1，即分子 $a_1=a\times c-b=5$、分母 $b_1=b\times c=22$，5/22 继续分解为 1/5……

□2.3.45 除式还原(div1)

【题目描述】

石碑上有一个除式如图 2.22 所示，试解开此除式。

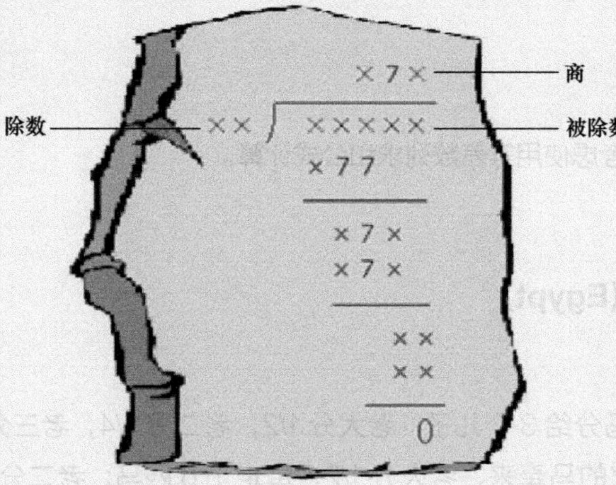

图 2.22

【输入格式】

无输入。

【输出格式】

输出被除数、除数及商，输出格式见输出样例，如果有多组答案，每组答案占一行。

【输入样例】

无。

【输出样例】

12/6=2

【样例说明】

输出样例仅为举例，并非正确答案。

由除式本身尽可能多地推出已知条件：

（1）被除数和除数的取值范围分别为 10 000 ～ 99 999 和 10 ～ 99，且可以整除；

（2）商的取值范围为 100 ～ 999，且十位数为 7；

（3）商的第 1 位与除数的积为三位数，且后两位为 77；

（4）被除数的第 3 位一定为 4；

（5）7 乘以除数的积为三位数，且第 2 位为 7；

（6）商的最后一位不能为 0，且与除数的积为两位数。

由已知条件就可以采用枚举的方法找出结果。

第 03 章　竞赛模拟

学完了 C++ 语言的 3 种基本结构后，就应该尝试做一些简单的竞赛题了，因为真实的比赛环境和规则与平常练习的情况略有不同。

扫码看视频

3.1 文件读写

正式比赛中，一道题会用多组测试数据来评测，只有全部测试数据都通过评测，该题才能得满分。试想一下，如果在评测时，每道题都是评卷老师人工输入测试数据再人工检查结果是否正确，那一定是非常麻烦的事情。所以比赛要求选手编写的代码必须能自行读取指定文件中的测试数据进行处理，并将输出答案写入指定的文件中，之后评卷老师会对所有选手提交的源代码用专业评测软件例如 Arbiter、Cena 等自动评测计分。

现以比赛环境下的一道简单模拟题来说明。

□ 3.1.1　求中间数（mid）

【题目描述】

从任意输入的 3 个整数中，找出按大小顺序排序处于中间位置的数。

【输入格式】

输入文件为 mid.in，共一行，即 3 个整数，以空格间隔。

【输出格式】

输出文件为 mid.out，共一行，即中间数。

【输入样例】

1 2 3

【输出样例】

2

【时间限制】

1 秒

按照 NOIP 系列比赛的规则，对于这道题，C++ 选手需提交名为 mid.cpp 的源代码，不能提交编译好的 EXE 文件。选手提交的代码要实现从名为 mid.in 的文件中读取到输入数据，并将输出答案写入名为 mid.out 的文件里的功能。

每组测试数据必须在 1 秒内运行出解。

读写文件数据有多种方法，此处只介绍利用 freopen() 函数将输入、输出重定向到文件中的方法。参考程序如下所示。可以看到，只需在原有代码中加入第 7 和第 8 行语句，即可很方便地实现读写文件数据的功能。

```
1   // 求中间数——此处使用数学方法判断，更简单的其他方法请读者自行发挥
2   #include <bits/stdc++.h>
3   using namespace std;
4
5   int main()
6   {
7     freopen("mid.in","r",stdin);  // 从文件 mid.in 里读取数据
8     freopen("mid.out","w",stdout);// 程序运行会创建文件 mid.out 并将结果写入其中
9     int a,b,c;
10    cin>>a>>b>>c;
11    if ((a-b)*(b-c)>=0)
12      cout<<b<<endl;
13    else if ((b-a)*(a-c)>=0)
14      cout<<a<<endl;
15    else
16      cout<<c<<endl;
17    return 0;
18  }
```

要成功运行该程序，必须在程序的同一文件目录下用记事本等纯文本编辑软件建立一个名为“mid.in”的文件，并且根据题意，该文件里应该有 3 个以空格间隔的整数，否则程序运行时会因无法找到输入文件和数据而报错。

如图 3.1 所示，当计算机操作系统默认设置为隐藏文件扩展名时，完全文件名为 mid.txt 的文件在显示器上仅显示该文件名为 mid，这往往会导致在修改文件名时，看似将文件名修改成了 mid.in，但实则修改成了 mid.in.txt。

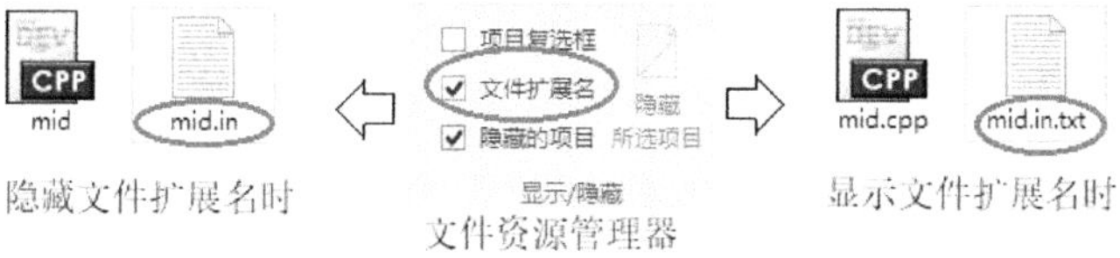

图 3.1

上例已知输入文件中的数据个数，那么在不知道文件中有多少个数据的情况下，如何正确读取全部数据并输出呢？请看以下程序。

```
// 读取文件中所有数据到文件末尾
#include <bits/stdc++.h>
using namespace std;

```

```
5  int main()
6  {
7    freopen("sum.in","r",stdin);   //必须有名为 sum.in 的文件在同一文件目录下
8    freopen("sum.out","w",stdout);// 重定向语句要放在 main() 函数的最前面
9    int x,i,n;
10   for (i=0; cin>>x; i++) // 读取文件中的所有数据，当无数据可读取时退出循环
11     cout<<x<<" ";
12   cout<<" 共有 "<<i<<" 个数据 \n";
13   return 0;
14 }
```

这种读取文件中所有数据到文件末尾的代码，必须要有读取文件数据的语句才可以正确运行。换句话说，如果删除了代码中的第7和第8行，按之前用键盘输入的方式读取数据的话，程序将无法正常结束，因为程序并不知道用键盘输入的数据什么时候会结束，这样就永远无法触发读取文件中所有数据到文件末尾的结束条件。

□3.1.2 修改作文（word）

【题目描述】

小光写的作文总是在单词与单词之间插入多余的空格，试编程删除多余的空格。

【输入格式】

输入一个长度不超过 300 的字符串组成的句子，句首与句尾不含空格。

【输出格式】

输出删除多余空格的字符串。

【输入样例】

I   am   back.

【输出样例】

I am back.

伪代码如下所示。

```
重定向输入文件 word.in
重定向输出到文件 word.out
定义字符串 t 和 v
当文件 word.in 里还有下一个单词时，读取下一个单词赋值给字符串 v
    字符串 v 后面加一个空格后连接到字符串 t 后面
删除字符串 t 后的最后一个空格
输出字符串 t
```

扫码看视频

3.2 制作测试数据

并不是只要通过题目的测试数据就能保证代码是正确的，一般要自制多组不同的测试数据自测。自制的测试数据文件应与可执行文件保存在同一目录下，如图 3.2 所示。

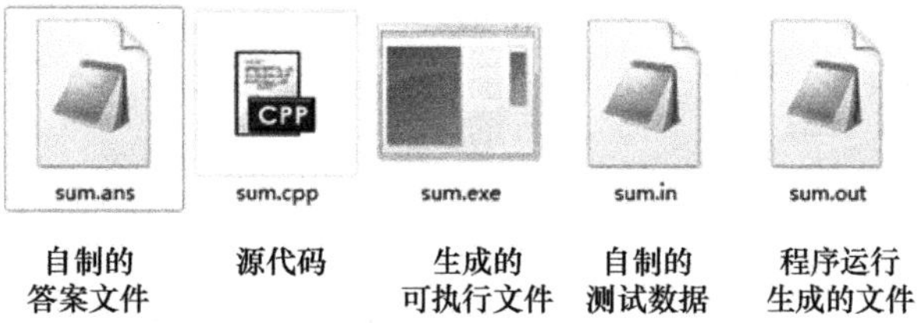

图 3.2

例如某道题为求两数之和，文件名为 sum，则可自制多组测试数据 sum1.in,sum2.in,sum3.in,…，再自制与之相对应的答案文件 sum1.ans,sum2.ans,sum3.ans,…。必须保证答案文件是正确的，例如 sum1.in 和 sum1.ans 的内容可能与如图 3.3 所示的内容相似。

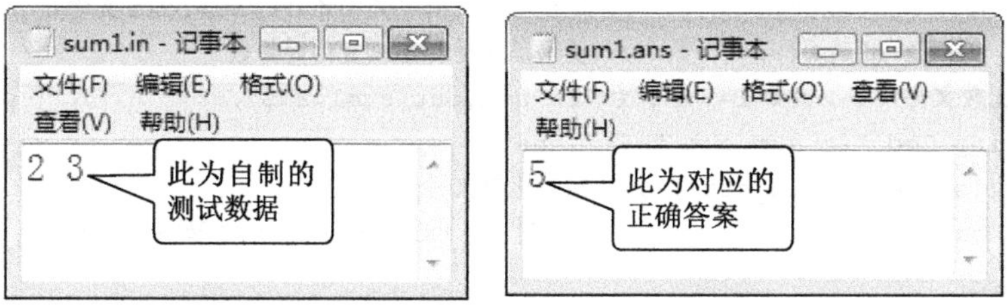

图 3.3

写好的 sum.cpp 的代码内容可能如下所示。

```
//求两数之和
#include <bits/stdc++.h>
using namespace std;

int main()
{
  freopen("sum.in","r",stdin);          //注意输入文件名为 sum.in
  freopen("sum.out","w",stdout);        //注意输出文件名为 sum.out
  int a,b;
  cin>>a>>b;
  cout<<a+b<<endl;
  return 0;
}
```

程序中输入 / 输出语句的格式必须严格匹配题目要求的输入 / 输出文件的格式。同理，自制的若干组测试数据文件和答案文件，其数据格式也必须严格匹配题目要求的格式，否则程序无法正确评测。

在平时的训练中，有现成的各类测试软件如 Arbiter、Cena 等，可以批量测试程序是否正确。但是在正式比赛环境中，不可能给选手提供测试软件和正式测试数据，因此需要选手现场编写测试程序来自测所有的自制测试数据。例如有名为 sum.cpp 的源文件，编译生成名为 sum.exe 的可执行文件。自制了 5 组测试数据，输入数据文件分别为 sum1.in,sum2.in,…,sum5.in，输出答案文件分别为 sum1.ans,sum2.ans,…,sum5.ans，则可写测试程序如下所示。

```
1  //测试程序
2  #include <bits/stdc++.h>
3  using namespace std;
4
5  int main()
6  {
7    for (int i=1; i<=5; i++)       //5 组测试数据，所以循环 5 次
8    {
9      string F="sum";
10     F+=char(i+48);                 //整数 i 转为字符 i,"0" 的 ASCII 值为 48
11     //复制命令，例如 i=1 时，为 "copy sum1.in sum.in"
12     string s="copy "+ F+".in sum.in"; //注意 "copy" 后有一个空格
13     system(s.c_str());             //执行复制命令
14     int time1=clock();          //获取程序当前运行的时钟数
15     system("sum.exe");        //运行由源代码事先编译好的 sum.exe 文件
16     int time2=clock();        //获取程序运行结束后的时钟数
17     //比较文件命令，例如 i=1 时，为 "fc sum.out sum1.ans";
18     string Cmd="fc sum.out "+F+".ans";
19     if (!system(Cmd.c_str()))//执行比较文件命令
20        cout<<" 测试点 "<<i<<" 通过，用时 "<<time2-time1<<" 毫秒 \n\n";
21   }
22   return 0;
23 }
```

第 12 行将外部指令保存在 string 中，它会将输入数据文件依次复制为 sum.in 文件。例如当循环变量 i 为 1 时，将文件 sum1.in 复制为 sum.in，即“copy sum1.in sum.in”。

第 13 行的 system() 函数用于调用 Windows 操作系统上的指令，例如 system("cls") 可以实现清屏操作；system("pause") 可以冻结窗口，便于观察程序的执行结果等（调试程序时，经常使用该命令暂停程序运行，以观察程序的执行结果）。因为该函数的形参为字符数组，所以需要使用 c_str() 函数将字符串（string）类型数据转换为字符数组后再使用。

第 14 行的 clock() 函数用于获取程序从开始运行到该函数出现时所运行的时钟数，单位为毫秒（1 000 毫秒 = 1 秒）。

第 15 行通过 system() 函数运行之前已编译好的 sum.exe 文件，sum.exe 文件运行时，将读取 sum.in 文件的数据进行处理，最后将运行结果输出到 sum.out 文件里。

第 18 行字符串 Cmd 中的字符串是用来比较两个类似文件的不同之处的外部指令。具体来说，就是当 i = 1 时，比较 sum.out 和 sum1.ans 两个文件的异同；当 i = 2 时，比较 sum.out 和 sum2.ans 两个文件的异同……

第 19 和第 20 行表示若两个文件的内容无差异，则输出测试结果和运行时间。

写好后编译该源程序，例如设文件名为 Check.cpp，则编译好的可执行文件为 Check.exe。注意所有文件都应保存在同一目录下，如图 3.4 所示。

图 3.4

双击运行 Check.exe，程序将运行并测试比较每一组测试数据，如图 3.5 所示。

正式比赛中，只允许选手提交源文件，不允许提交自制的测试数据和可执行文件，且每个源文件需分别保存在一个单独文件夹中。例如有选手考号为 zj_123，所提交的 3 道题的程序名分别为 proble1、proble2、proble3，则一般提交的格式如图 3.6 所示。

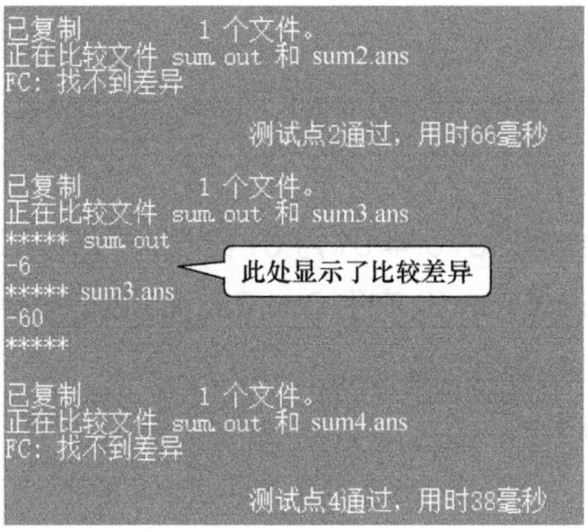

图 3.5

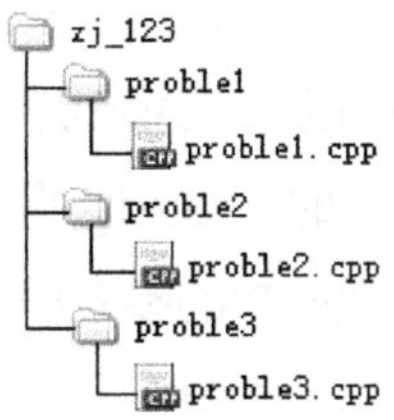

图 3.6

扫码看视频

3.3 随机数据与对拍

部分特殊测试数据和极限测试数据必须手动生成，但除此之外的多数测试数据显然可以随机生成，这就需要随机数函数帮忙了。

例如趣味摇奖机的游戏规则如下：计算机在 0～9 这 10 个数中随机取出 1 个数，由学生去猜，猜中的获特等奖，相差 1 的获一等奖，相差 2 的获二等奖，相差 3 的获三等奖，其余的没有奖。

参考程序如下所示。

```
//趣味摇奖机
#include <bits/stdc++.h>
using namespace std;

int main()
{
```

```
7      srand(time(0));     //srand() 取当前时间作为随机数种子
8      int t=rand()%10;  //rand() 产生 0 ～ 32767 的随机数，随后对 10 取余
9      cout<<"     *** 趣味摇奖机 ***   \n\n";
10     cout<<"请任选一个数字 (0 ～ 9):  ";
11     int j;
12     cin>>j;
13     if (j<0 || j>9)     //如果输入的数字不符合游戏规则
14       return 0;
15     if (j==t)
16       cout<<"\n哇，特等奖！你真厉害！";
17     else if (abs(j-t)<=1)
18       cout<<"\n一等奖！很不错呀！";
19     else if (abs(j-t)<=2)
20       cout<<"\n二等奖！也可以啦...";
21     else if (abs(j-t)<=3)
22       cout<<"\n三等奖！还要努力哦...";
23     else
24       cout<<"\n真可惜！什么都没有...";
25     return 0;
26   }
```

第 7 行代码中的 time(0) 获取格林尼治时间 1970 年 01 月 01 日 00 时 00 分 00 秒起至现在的总秒数，srand() 以此作为随机数种子，通过 rand() 产生 0 ～ 32 767 的随机数。如果没有这一句，每次运行程序时，rand() 得到的随机数是相同的。

产生 0 ～ 1 的随机数的参考程序如下所示。

```
//产生 0 ～ 1 的随机数
#include <bits/stdc++.h>
using namespace std;

int main()
{
  srand(time(0));                      //srand() 取当前时间作为随机数种子
  for (int i=1; i<=5000; i++)
    cout<<rand()%(2)<< "  ";
  return 0;
}
```

产生 low 和 hight 范围内的随机数的参考程序如下所示。

```
//产生指定范围内的随机数
#include <bits/stdc++.h>
using namespace std;

int main()
{
  int low,hight;
  srand(time(0));                        //srand() 取当前时间作为随机数种子
  cin>>low>>hight;                          //输入 low、hight 值，大小不得颠倒
  for (int i=1; i<=5000; i++)
```

```
    cout<<rand()%(hight-low+1)+low<<" ";
  return 0;
}
```

产生随机字符串的参考程序如下所示。

```
//产生指定长度的随机字符串
#include <bits/stdc++.h>
using namespace std;

int main()
{
  int i,n,m;                              //输出n行m个字符的随机字符串
  string str;
  cin>>n>>m;
  srand(time(0));
  for (i=1; i<=n; i++)
  {
    str="";                               //清空字符串
    for (int j=1; j<=m; j++)
    {
      int temp=rand()%2;                  //随机决定输出大写字母或小写字母
      if (temp)                           //相当于temp==1
        str+=(char)(rand()%(26)+1+64);//随机生成大写字母加到str末尾
      else
        str+=(char)(rand()%(26)+1+96);//随机生成小写字母加到str末尾
    }
    cout<<str<<endl;
  }
  return 0;
}
```

□3.3.1 模拟骰子

【题目描述】

游戏中的骰子类似一个正立方体，上面分别有 1 ～ 6 个孔（或数字），其相对两面的孔数（或数字）之和必为 7。试编程模拟使用骰子产生的随机数。

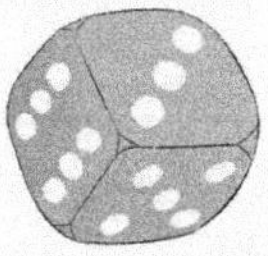

在比赛中，有时对于一道题写好了相关代码却不知道正确与否怎么办？

例如，对于输入 a、b、c 的值，输出（a*b）%c 的值这一道题，为了防止计算过程中数据过大而导致“溢出”，可以使用（a%c*b%c）%c 这个公式。但是如何验证用这个公式写的代码是否正确呢？具体操作步骤如下所示。

首先根据题目要求写一个名为 CreatRand.cpp 的随机生成测试数据的程序。

```
1   //随机生成测试数据的程序
2   #include<bits/stdc++.h>
3   using namespace std;
4
5   int main()
6   {
7     freopen("test.in","r",stdin);     //若使用 Dev-C++ 智能开发平台则此行代码必写
8     freopen("test.in","w",stdout);    //生成的随机数据写入 test.in 文件
9     srand(time(0));
10    int a=rand();                     //设为整数（int）类型，在小范围内验证即可
11    int b=rand();
12    int c=rand();
13    cout<<a<<" "<<b<<" "<<c<<endl;    //输出的值将写入 test.in 文件
14    return 0;
15  }
```

如果用 Dev-C++ 智能开发平台编写代码，那么在 CreatRand.cpp 中，若不添加第 7 行代码（因为实际上并没有读取任何文件的数据，所以读取文件的名称可以任意写），自检程序就无法自动循环运行下去。使用其他编译器则无须添加此行代码。

再写两个不同算法的程序来“对拍”检验。先写一个名为 program1.cpp 的普通程序。

```
//program1.cpp —— 普通写法
#include <bits/stdc++.h>
using namespace std;

int main()
{
  freopen("test.in","r",stdin);           //从 test.in 中读取数据
  freopen("test1.out","w",stdout);        //注意输出文件为 test1.out
  long long a,b,c;
  cin>>a>>b>>c;
  cout<<a*b%c<<endl;
  return 0;
}
```

第 2 个程序是使用公式改进后准备最终上交的程序，名为 program2.cpp，我们将验证该程序是否正确。

```
//program2.cpp —— 公式法
#include <bits/stdc++.h>
using namespace std;

int main()
{
  freopen("test.in","r",stdin);       //注意读取的文件也是 test.in
  freopen("test2.out","w",stdout);    //注意输出文件不同，为 test2.out
  long long a,b,c;
  cin>>a>>b>>c;
  cout<<(a%c*b%c)%c<<endl;
  return 0;
}
```

将这 3 个源程序均编译成可执行文件，并放在同一文件夹下。在该文件夹下编写一个名为 Check.cpp 的对拍程序，并将其编译成名为 Check.exe 的可执行文件。

```
// 对拍程序
#include<bits/stdc++.h>
using namespace std;

int main()
{
  freopen("test.in","r",stdin); // 若使用 Dev-C++ 智能开发平台则需加此行代码以保持程序运行
  do
  {
    system("CreatRand.exe");     // 运行 CreatRand.exe 产生随机测试数据
    system("program1.exe");      // 运行 program1.exe 生成 test1.out
    system("program2.exe");      // 运行 program2.exe 生成 test2.out
  } while(system("fc test1.out test2.out")==0);// 比较两个答案文件的异同
  return 0;
}
```

如图 3.7 所示，双击运行 Check.exe 即可自动评测。一旦发现文件差异，程序即结束循环并退出运行，此时就可以打开 test.in、test1.out 及 test2.out 文件来查错。

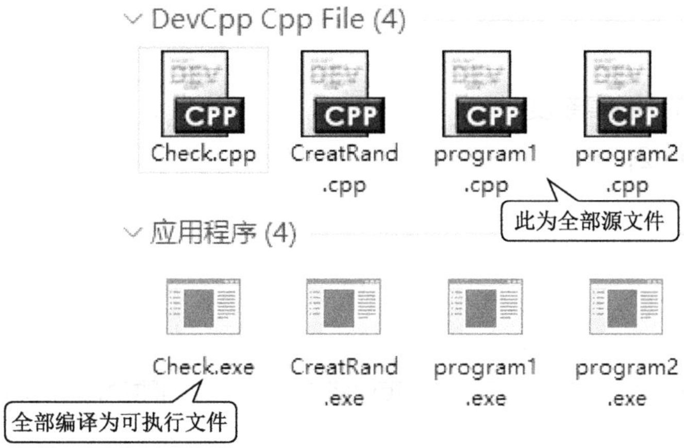

图 3.7

3.4 效率分析及简单优化

扫码看视频

每个程序的运行次数称为该程序的“时间复杂度”。

例如，有一个程序段如下所示，其时间复杂度为 $O(n)$。

```
for (int i=0; i<n; i++)              // 循环了 n 次
   x=x+2;
```

例如，有一个程序段如下所示，其时间复杂度为 $O(n^3)$。

```
for (int i=0; i<n; i++)          //本层循环了n次
  for (int j=i; j<n; j++)        //本层循环了n次
    for (int k=j; k<n; k++)      //本层循环了n次，共循环了n×n×n次
      x+=2;
```

例如，有一个程序段如下所示，其时间复杂度为 $O(\log_2 n)$。这是因为 i 的值每次循环均增大到原先的一倍，所以每次循环后，循环次数降低为原先的一半。设循环次数为 x，有 $2^x=n$，则 $x=\log_2 n$，故该算法的时间复杂度为 $O(\log_2 n)$，通常记为 $O(\log n)$。如果一个 for 循环（n 次）里套一个此类算法，那么时间复杂度为 $O(n\log n)$。

```
int i = 1, n = 1024;
while (i<n)
  i=i*2;
```

例如，有一个程序段如下所示，其代码的运行次数为 n^2+n+1。但当 n 足够大，例如 $n=10^6$ 时，可以看到代码的运行时间主要取决于多项式的第一项，后面的基本可以忽略不计，所以其时间复杂度应为 $O(n^2)$。

```
for (int i=0; i<n; i++)
  for (int j=0; j<n; j++)
    k++;
for (int i=0; i<n; i++)
  t++;
p++;
```

试判断下列式子的时间复杂度：

（1）$3n^4+8n^2+n+2$；

（2）$2^{n+1}+n^{100}+5$；

（3）$1^2+\cdots+n^2$；

（4）$1^k+\cdots+n^k$；

（5）$\sum_{i=1}^{n}\sum_{j=1}^{n}(j-i+1)$（Σ 为数学求和符号，英语名称为 sigma，例如 $\sum_{i=1}^{T}i$，即求 $1+2+\cdots+T$ 的值）。

答案如下：

（1）$O(n^4)$；

（2）$O(2^{n+1})$，因为 2^{n+1} 是指数级别，增长速度远大于多项式级别的 n^{100}；

（3）$O(n^3)$，因为 $1^2+\cdots+n^2=n(n+1)(2n+1)/6$；

（4）$O(n^{k+1})$，类似（3）；

（5）$O(n^2)$，两层循环，外循环从 1 到 n 变化，内循环也从 1 到 n 变化。

设某算法的时间复杂度函数的递推方程是 $T(n)=T(n-1)+n$（n 为正整数）和 $T(0)=1$，则该算法的时间复杂度为（　　）。

A.$O(\log n)$　　B.$O(n\log n)$　　C.$O(n)$　　D.$O(n^2)$

【解析】$T(n) = T(n-1)+n = T(n-2)+n-1+n = T(n-3)+n-2+n-1+n = \cdots$

$$= T(0)+(1+2+3+\cdots+n)$$

$$= \frac{n\times(n+1)}{2}+1$$

故答案选 D。

“空间复杂度”是程序运行所需要额外消耗的存储空间，也用 $O()$ 来表示，它是判断算法优劣的重要度量指标。

程序的复杂程度称为“程序复杂度”。显然，程序写得越简单、复杂度越低越好。

编程竞赛必须要考虑到程序的运行效率，对输入 / 输出进行优化是提高程序运行效率最普遍的方法之一。

C++ 语言的标准输入 / 输出流 cin 和 cout 使用非常方便，但在涉及大量数据输入 / 输出时，因为需要花费时间自动判断输入 / 输出数据的类型并转换为相应的格式输入 / 输出，所以运行效率并不是最高。因此需要大量读写数据时，一般使用 C++ 语言的 scanf() 函数读取数据和 printf() 函数输出数据效率会更高。

printf() 函数可以向终端输出任意类型的多个数据。它的一般格式如下。

```
printf(格式控制，输出表列)
```

例如 printf("%d,%c\n ",i,c); 表示将变量 i 以整数形式输出，变量 c 以字符形式输出，两个变量间以逗号间隔。

格式控制是指用双引号标注的字符串，它包括两种信息：一种为普通字符，即需要原样输出的字符；一种为格式说明，由“%”和格式字符组成，例如“%d”“%f”等。它的作用是将输出的数据转换为指定的格式输出。如表 3.1 所示为 printf() 函数可用的格式字符。

表 3.1

格式字符	说明
%d	以带符号十进制数形式输出整数
%lld	以超长整数形式输出
%c	以字符形式输出，只输出一个字符
%s	以字符串形式输出
%f	以小数形式输出单精度浮点数，隐含输出 6 位小数
%lf	以小数形式输出双精度浮点数，隐含输出 6 位小数
%o	以八进制数的形式输出
%x	以十六进制数的形式输出

请务必注意数据类型应与上述格式字符说明匹配，否则可能会发生错误。部分使用示例如下所示。

```
//printf()函数的使用示例
#include <bits/stdc++.h>
using namespace std;

int main()
{
  //输出整数，即输出a=123
  printf("a=%d\n",123);
  //输出整数宽度为5，默认右对齐，即输出a=  123
  printf("a=%5d\n",123);
  //输出整数宽度为5，负号表示左对齐，即输出1    ,2
  printf("%-5d,%d\n",1,2);
  long long x=1234567890000;
  //输出超长整数，即输出1234567890000
  printf("%lld\n",x);

  float y=123.456;
  //输出单精度浮点数，即输出y=123.456001。注意此处有误差
  printf("y=%f\n",y);
  //输出数据宽度为12，默认右对齐，即输出y=  123.456001
  printf("y=%12f\n",y);
  //输出数据宽度为12，负号表示左对齐，即输出y=123.456001  ,OK
  printf("y=%-12f,OK\n",y);
  //输出数据总宽度为10，小数部分取2位，即输出y=    123.46。注意此处有误差
  printf("y=%10.2f\n",y);
  //输出数据总宽度为1（过小无效），小数部分取2位，即输出123.46。注意此处有误差
  printf("%1.2f\n",y);

  double z=45.67;
  //输出双精度浮点数，即输出45.670000
  printf("%lf\n",z);
  //输出数据宽度为12，默认右对齐，即输出z=   45.670000
  printf("z=%12lf\n",z);
  //输出数据宽度为12，负号表示左对齐，即输出z=45.670000   ,OK
  printf("z=%-12lf,OK\n",z);
  //输出数据宽度为10，小数部分取2位，即输出z=     45.67
  printf("z=%10.2lf\n",z);
  //输出数据宽度为0（过小无效），小数部分取2位，即输出z=45.67
  printf("z=%0.2lf\n",z);

  char c='x';
  //输出单个字符
  printf("%c\n",c);
  //输出字符串，即输出s=abc
  printf("s=%s\n", "abc");
  //输出字符串宽度为8，右对齐，即输出s=     abc
  printf("s=%8s\n","abc");
  //输出字符串宽度为8，左对齐，即输出a       ,b
  printf("%-8s,%s\n","a","b");
  //输出字符串长度大于2，宽度限制无效，即输出s=abc
  printf("s=%2s\n","abc");
  //宽度为10，取左端4个字符，默认右对齐，即输出      abcd
```

```
    printf("%10.4s\n","abcdef");
    // 宽度为 8，取左端 3 个字符，负号表示左对齐，即输出 abc     ,OK
    printf("%-8.3s,OK\n","abcde");
    return 0;
}
```

scanf() 函数的作用是输入指定形式的数据。该函数的一般格式如下。

scanf（格式控制，地址表列）

格式控制的含义同 printf() 函数；地址表列是指由若干个地址组成的表列，可以是变量的地址，也可以是字符串的首地址。scanf() 函数格式字符的使用方法与 printf() 函数格式字符的使用方法类似。

下面是用 scanf() 函数、printf() 函数输入 / 输出数据的实例。

```
1   //使用 scanf() 函数、printf() 函数输入 / 输出数据
2   #include <bits/stdc++.h>
3   using namespace std;
4
5   int main()
6   {
7     int a,x,y;
8     float b;
9     long long c;
10    scanf("%d %f %lld",&a,&b,&c);   //输入整数、单精度浮点数、超长整数
11    printf("%d,%f,%lld\n",a,b,c);
12
13    scanf("%o %x",&x,&y);           //以八进制数、十六进制数形式输入 x、y
14    printf("%d %d\n",x,y);          //以十进制数形式输出 x、y
15
16    char ch;
17    getchar();                      //用 getchar() 函数消去之前输入的换行符
18    scanf("%c",&ch);                //否则字符变量 ch 就会接收到换行符
19    printf("%c\n",ch);
20    return 0;
21  }
```

例程第 10 行中的地址表列的表示方法为 &a,&b,&c，& 是 C++ 语言中的取地址符，意思是取 a 这个变量的地址，取 b 这个变量的地址，取 c 这个变量的地址。通俗的解释即找到 a、b、c 所在的内存地址，将用键盘输入的值放入其中，即 a、b、c 被赋值。

scanf() 函数需要加入“&”这个取地址符，printf() 函数不需要加入“&”这个取地址符，注意不要混淆。

getchar() 函数表示从键盘获得一个字符，因为第 13 行输入完数据后需要按 Enter 键确定，此换行符要用 getchar() 函数消去，否则第 18 行的输入字符 ch 将无法正确赋值。

如果在格式控制中除了格式说明以外还有其他字符，则在输入数据时在对应位置应输入与这些字符相同的字符。

例如：

```
scanf("%d,%d",&a,&b);
```

输入时应用如下形式。

3,4

注意 3 后面是逗号，因为要与该 scanf() 函数中格式控制中的逗号相对应。如果输入时不严格一一对应而用空格或其他字符，则会发生错误。

例如：

scanf("%d %d",&a,&b);　　　// 中间有 2 个空格

程序运行输入 2 个数据时应有 2 个或更多的空格。

例如：

scanf("%d:%d:%d",&h,&m,&s);

程序运行输入数据时应该用类似于 12:23:34 的格式。

scanf() 函数输入有一个不可忽视的优势——过滤不想读取的字符。

例如：

scanf("%d+%d+%d",&a,&b,&c);　// 输入 1 + 2 + 3

这样就把“+”忽略了，直接把 1、2、3 分别赋值给 a、b、c。

例如：

scanf("%d %*d %d",&m,&n);　// 输入 113 118 69

113、69 分别被赋值给 m、n，因为“*”表示跳过它相应的数据，所以 118 不赋值给任何变量。

事实上，可以通过两条语句使 cin/cout 的执行效率达到甚至超过 scanf() 函数 /printf() 函数，其语句分别如下。

ios::sync_with_stdio(false)；，取消 cin 与 stdin 的同步，使 cin 与 cout 拥有与 scanf() 函数和 printf() 函数相近的执行效率。注意使用该语句后，cin 和 cout 不可与 scanf() 函数和 printf() 函数等混合使用！

cin.tie(0);，解除 cin 与 cout 的绑定，进一步加快执行效率。

简单代码示意如下。

```
#include <bits/stdc++.h>
using namespace std;

int main()
{
   ios::sync_with_stdio(false);
   cin.tie(0);
   for(int i=0,x; i<1e7; i++)//1e7 后的执行效率超过 scanf() 函数 /printf() 函数
   {
     cin>>x;
     cout<<x<<'\n';           //用 endl 会降速，应替换为 '\n'
   }
   return 0;
}
```

□3.4.1　排行榜（list）

【题目描述】

试将成绩排行榜中成绩超过 10 000 000（十进制数）的学员的信息输出。

【输入格式】

输入文件为 list.in，第一行是整数 n，表示有 n 个学员，随后 n 行为每个学员的代号（1 个英文字符，代号各不相同）、测试时间、成绩（为八进制数形式，保证至少有一个值超过十进制数 10 000 000）及评价分数（双精度浮点数）。数据与数据之间的分隔符见输入样例。

【输出格式】

输出文件为 list.out，输出满足条件的学员信息：编号左对齐，输出宽度为 3 个字符；学员代号右对齐，输出宽度为 2 个字符；成绩以十进制数形式输出，右对齐，输出宽度为 12 个字符；评价分数右对齐，输出宽度为 6 个字符，保留小数点后 1 位（四舍五入）；评价分数与测试时间以两个空格间隔，测试时间的年、月、日以“-”间隔，行末无多余空格。

【输入样例】

```
3
Z  1990/8/2,46113200,80.2
L 2017/7/2,   55615400,     81.50123
W 2123/6/4,   61456500,     83.89123
```

【输出样例】

```
1   L     12000000  81.5  2017-7-2
2   W     13000000  83.9  2123-6-4
```

第 04 章　数组

数组可以把相同类型的若干变量按照有序的形式组织起来。合理地使用数组，会使程序的结构比较整齐，而且可以把较为复杂的运算转化成简单的数组来表示。

扫码看视频

4.1 一维数组

如果有无数个相同类型的数据需要存储和运算，难道需要逐个定义变量名吗？当然不用，使用 C++ 语言中的数组可以很方便地把相同类型的若干变量按照有序的形式组织起来。

数组和变量一样，必须先定义再使用。例如定义一维数组 int a[10]。

它表示数组名为 a 的数组共有 10 个 int 类型的整数（数组元素），分别为 a[0],a[1],a[2],⋯,a[9]。可以看出，数组元素的标识方法为数组名 [下标]，且下标从 0 开始，如图 4.1 所示。

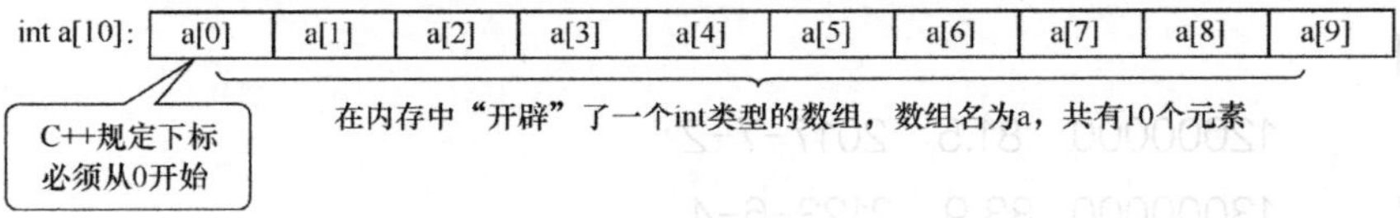

图 4.1

又如定义一维数组 double b[5]。这表示 b 数组有 5 个 double 类型的数组元素，分别为 b[0]，b[1]，b[2]，b[3]，b[4]。同理，定义一维数组 bool x[n]，表示 x 数组包含 n 个数组元素，分别为 x[0]，x[1]，⋯，x[n − 1]，且均为布尔类型。

定义数组时可以同时对数组元素赋值，有以下方法可以实现。

（1）在定义数组时对数组元素赋初始值。例如 int a[10]={0,1,2,3,4,5,6,7,8,9}。

（2）可以只给一部分数组元素赋初始值。例如 int a[10]={0,1,2,3,4} 只给前 5 个数组元素赋了初始值，后 5 个数组元素自动初始化为 0。

（3）在对全部数组元素赋初始值时，可以不指定数组元素的数量，系统会根据赋值的数组元素个数自动定义数组元素的数量。例如 int a[ ]={1,2,3,4,5} 相当于 int a[5]={1,2,3,4,5}。

定义数组元素数量时要注意内存空间的限制，例如竞赛规定仅允许使用不超过 256 MB 的内存空间，那么程序大约可以定义数组元素数量为 60 000 000 的整型数组（60 000 000×4 B/1 024/1 024≈228 MB）。超出内存空间限制会导致程序运行失败。

下面是逆序输出数组元素值的程序，可以看出，只能逐个引用数组元素而不能一次引用整个数组。例如 cin>>a[0]>>a[1]>>a[2] 是正确的，而 cin>>a、cin>>a[n] 或 cout<<a 这种试图一次性输入或输出全部数组元素的操作是错误的。

```
//逆序输出数组元素值
#include <bits/stdc++.h>
using namespace std;

int main()
{
  int a[10];                    //此时数组里的各数组元素值未知，不是0
  for (int i=0; i<=9; i++)      //数组元素必须逐个赋值
    cin>>a[i];                  //输入a[i]的值
  for (int i=9; i>=0; i--)      //逆序输出
    cout<<a[i]<<" ";            //数组元素必须逐个输出
  return 0;
}
```

□4.1.1 上楼梯（stairs）

【题目描述】

小光要上楼梯，他每次能向上走 1 阶、2 阶或 3 阶楼梯，问 n 阶楼梯有几种不同的走法?

【输入格式】

输入文件为 stairs.in，有多组数据，每组一个整数 n（$n \leqslant 73$），表示楼梯阶数。

【输出格式】

输出文件为 stairs.out，每组输出一行，每行一个整数，即有几种不同的走法。

【输入样例】

1

4

【输出样例】

1

7

【算法分析】

如果楼梯只有 1 阶，有 1 种走法；

如果楼梯有 2 阶，有 2 种走法；

如果楼梯有 3 阶，有 4 种走法；

如果楼梯有 4 阶，有 7 种走法；

如果楼梯有 5 阶，有 13 种走法……

其规律是：从第 4 个数开始，走到当前阶梯的走法数是由走到前 3 个阶梯的走法数相加而来的。

设 F[i] 表示走到当前阶梯的走法数，则有：

F[1]=1

F[2]=2

F[3]=4

F[i]=F[i-3]+F[i-2]+F[i-1] (i ≥ 4)

参考程序如下所示。

```
//上楼梯
#include <bits/stdc++.h>
using namespace std;

int main()
{
  freopen("stairs.in","r",stdin);
  freopen("stairs.out","w",stdout);
  unsigned long long F[75]={0,1,2,4};//注意n=73的结果会非常大
  for (int i=4; i<=73; i++)
    F[i]=F[i-3]+F[i-2]+F[i-1];         //预处理出所有结果
  for (int n; scanf("%d",&n)!=EOF;)    //C++中的EOF表示文件结束
    printf("%llu\n",F[n]);             //unsigned long long的格式控制
  return 0;
}
```

□4.1.2　逆序输出数组元素（reverse）

【题目描述】

有一个由整数组成的数组，数组元素为 n 个，其中 a[0] = 2,a[1] = 4,…,a[n] = 2×a[n-1]，试编程逆序输出各数组元素。

【输入格式】

输入一个整数 n（$2 \leqslant n \leqslant 50$）。

【输出格式】

逆序输出各数组元素，每个数组元素占一行。

【输入样例】

3

【输出样例】

8

4

2

□4.1.3　数组元素前移（move）

【题目描述】

有一个由整数组成的数组，数组元素为 n 个，用键盘输入，试将数组中第一个数组元素移到数组末尾，其余数组元素依次前移一个位置后顺序输出。

【输入格式】

第一行为整数 n（$n<100$），表示有 n 个数组元素，第二行为 n 个数组元素。

【输出格式】

依次输出前移位置后的数组元素，每行一个数组元素。

【输入样例】

3

1 2 3

【输出样例】

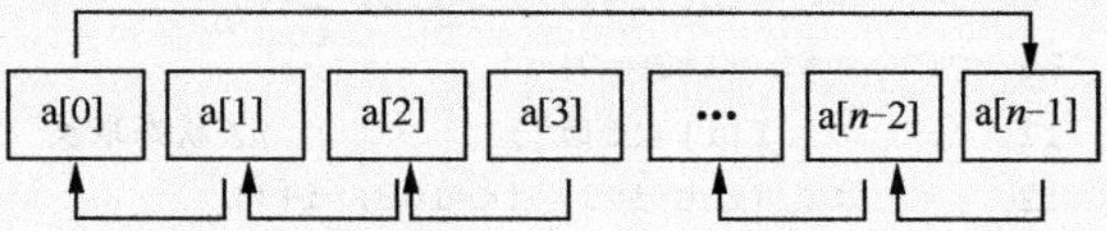

2

3

1

□4.1.4　分糖（candy）

【题目描述】

100 个人围成一圈分糖，初始时每人手中的糖的个数分别为 3、5、7、9……由第一个人开始，每人将一半的糖分给下一个人，多余的自己吃掉（例如某人手中有 5 块糖，分给下一个人 5/2 = 2 块糖后，多余的 1 块自己吃掉）。问经过一轮操作后，每人手中还有多少块糖？

【输入格式】

无输入。

【输出格式】

从第一个人开始依次输出每人手中的糖的个数，每人一行数据。

【输入样例】

略。

【输出样例】

略。

□4.1.5　开关灯 1（light1）

【题目描述】

有 100 个排成一行的灯，编号为 1 ～ 100。初始时所有灯是关闭的，第一个人对所有编号为 2 的倍数的灯改变状态（所谓改变状态就是将原先亮着的灯关闭，将原先未亮的灯点亮），第二个人对所有编号为 3 的倍数的灯改变状态，两人操作完毕后，依次输出各灯的状态（以 1 表示打开，0 表示关闭）。

参考程序如下所示。

```
//开关灯1
#include <bits/stdc++.h>
using namespace std;

int main()
{
  int f[101];                //没赋初始值的情况下，数组 f[] 内的各元素值未知
  memset(f,0,sizeof(f));     //将数组 f[] 内的数组元素全部赋值为 0
  for (int i=1; i<=100; i++)
    if (i%2==0)
      f[i]=!f[i];            //状态取反
  for (int i=1; i<=100; i++)
    if (i%3==0)
      f[i]=!f[i];
  for (int i=1; i<=100; i++)
    printf("%d",f[i]);
  return 0;
}
```

memset(f,0,sizeof(f)) 的作用是将数组 f[] 内的数组元素全部赋值为 0，memset(f,-1,sizeof(f)) 的作用是将数组 f[] 内的数组元素全部赋值为 -1，那么 memset(f,1,sizeof(f)) 的作用是将数组 f[] 内的数组元素全部赋值为 1 吗？

memset() 函数的作用是将数字以单个字节逐个复制的方式放到指定的内存中，int 类型占用 4 字节，对每个字节赋值 1 就变成了二进制数 00000001 00000001 00000001 00000001，转化为十进制数为 16 843 009。

memset(f,127,sizeof(f)) 在内存中存放的内容是 01111111 01111111 01111111 01111111，即十进制数 2 139 062 143，这就实现了将数组中所有数组元素初始化为一个很大的数的目的。

memset(f,128,sizeof(f)) 在内存中存放的内容是 10000000 10000000 10000000 10000000，即十进制数 -2 139 062 144，这就实现了将数组中所有数组元素初始化为一个很小的数的目的。

□4.1.6 开关灯 2（light2）

【题目描述】

将 n 个灯编号为 1,2,3,…,n，开始时灯全不亮。

现有 n 个人去拉开关，第 1 个人把编号为 1 的倍数的灯的开关都拉一下，第 2 个人把编号为 2 的倍数的灯的开关都拉一下，第 3 个人把编号为 3 的倍数的灯的开关都拉一下……直到第 n 个人把编号为 n 的倍数的灯的开关都拉一下。请问这 n 个人全拉完灯的开关后，有多少个灯是亮的？

【输入格式】

输入一个整数 n（$1 < n \leqslant 1\,000\,000\,000$）。

【输出格式】

输出一个整数，表示有多少个灯是亮的。

【输入样例】

100

【输出样例】

10

【算法分析】

因为数据规模大，一般的模拟算法可能会超时。

□4.1.7　放花炮（fire）

【题目描述】

n 个小伙伴一起放花炮，他们先同时放响了第一个花炮，随后 n 个人分别以 $A_1,A_2,A_3,\cdots,A_n$ 秒的间隔继续放花炮，到最后每个人都放了 b 个花炮（包括第一个）。请问总共可听到多少声花炮响？

【输入格式】

用键盘输入 3 行数据，第 1 行仅一个整数 n（$n \leqslant 10$），第 2 行是 $A_1,A_2,A_3,\cdots,A_n$ 共 n 个整数（每个整数≤ 100，各整数间以空格相隔），第 3 行只有一个整数 b（$b \leqslant 100$）。

【输出格式】

输出仅一行，即一个整数（听到的花炮响声数）。

【输入样例】

3

1 2 3

4

【输出样例】

7

【算法分析】

因为最多不超过 10 个人，所以可定义数组 A[10] 存放每个人放花炮的时间间隔数。

因为每个人最多可能放 100 个花炮，时间间隔最多可能为 100 秒，所以全部人放完花炮的时间最多不超过 10 000 秒。为此定义 bool 数组 a[10005] 用于标记每 1 秒是否有放花炮。例如，初始时同时放了一个花炮，则 a[1]=1；第 3 秒某个人放了一个花炮，则 a[3]=1。枚举模拟每个人放花炮的过程，最后统计数组 a 里 1 的个数即可。

□4.1.8　冒泡排序法（sort）

【题目描述】

对无序的 N 个整数按从小到大的顺序输出。

【输入格式】

输入 $N+1$ 个数，第 1 行输入整数 N（$N \leqslant 10\,000$），第 2 行输入 N 个整数，表示待排序数。

【输出格式】

输出从小到大排好序的整数，以空格间隔，最后一个数末尾无空格，有换行。

【输入样例】

5

3 2 3 1 5

【输出样例】

1 2 3 3 5

【算法分析】

对一组数排序可以使用冒泡排序法，其思路是：将相邻两个数比较，将小的数交换到前面，好像轻的气泡上浮、重的石头沉到水底一样。冒泡排序需要两层循环，设外层循环为大循环、内层循环为小循环，5 个数 9、8、5、4、2 的排序方法如图 4.2 所示。

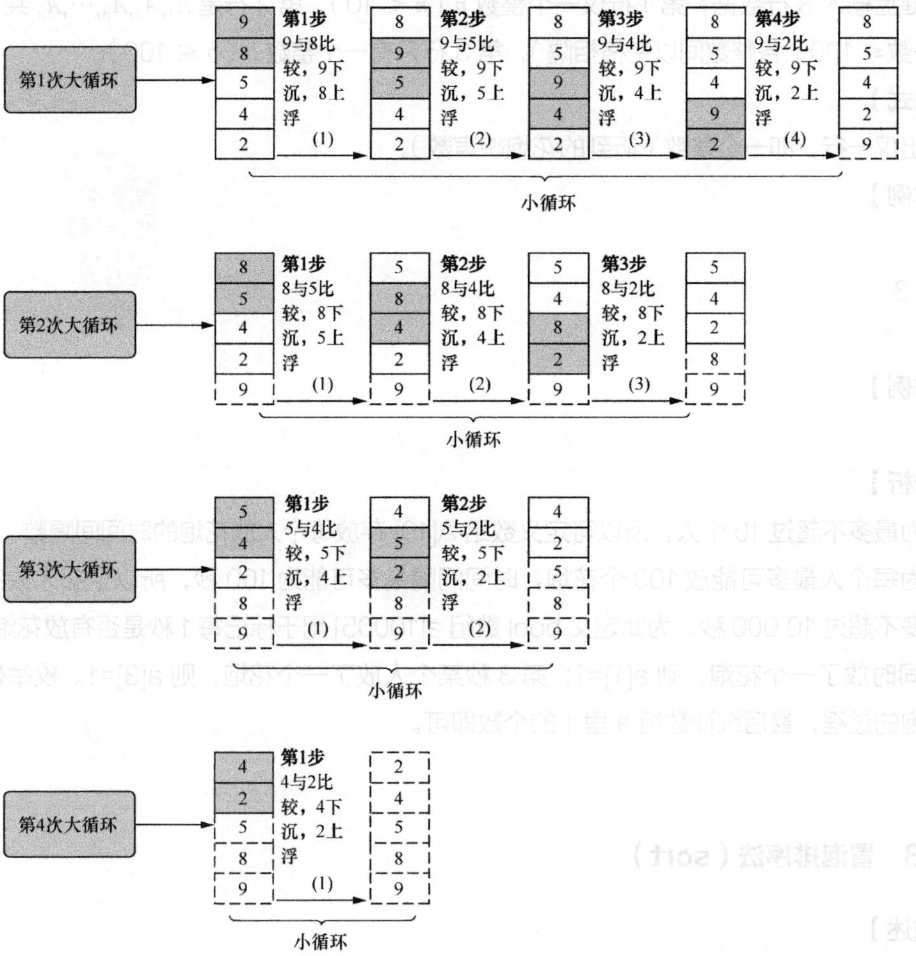

图 4.2

假设有 n 个元素，则大循环的循环次数为 $n-1$，而每个大循环内的小循环的循环次数依次减1，初始小循环的循环次数为 $n-1$。请将下面对 10 个数由小到大排序的例程改写为对 N 个数由小到大排序的程序。

```
//用冒泡排序法对 10 个数排序（由小到大）的例程，请自行修改为对 N 个数排序的程序
#include <bits/stdc++.h>
using namespace std;

int i,j;                //在 main() 函数之上定义，为全局变量，初始值自动为 0
int a[11];              //在 main() 函数之上定义，为全局数组，所有元素值均为 0

int main()
{
  for (i=1; i<11; i++)              //从 a[1] 开始，a[0] 不参与运算
    scanf("%d",&a[i]);
  for (j=1; j<=10-1; j++)           //大循环的循环次数为 9 次
    for (i=1; i<=10-j; i++)         //每个小循环的循环次数逐次递减
      if (a[i]>a[i+1])              //比较两个数，例如前面的数大于后面的数
        swap(a[i],a[i+1]);          //则交换，即小数上浮，大数下沉
  for (i=1; i<11; i++)
    printf("%d ",a[i]);             //最后输出已排好序的数组
  return 0;
}
```

冒泡排序法可以做进一步的改进，学有余力的读者可自行思考。

□4.1.9　车厢重组（train）

【题目描述】

老火车站旁有一座桥，桥的长度最多能容纳两节车厢，其桥面可以绕河中心的桥墩水平旋转。如果将桥旋转 180 度，则可以交换相邻两节车厢的位置，用这种方法可以重新排列车厢的顺序。问输入初始的车厢顺序，最少旋转多少次能将车厢从小到大排序。

【输入格式】

第一行是车厢总数 N（$N \leqslant 50\,000$），第二行是 N 个不同的数，表示初始车厢顺序。

【输出格式】

输出一个数，即最少的旋转次数。

【输入样例】

4

4 3 2 1

【输出样例】

6

□4.1.10 统计各数据的个数（number）

【题目描述】

有 0 ～ 20 的整数 N 个，统计 N 的个数和每个数的个数。

【输入格式】

输入 N（$N \leqslant 100\,000$）个整数，以空格间隔。

【输出格式】

输出第一行为一个整数 N，即数的个数，第二行为每个数的个数。

【输入样例】

32315

【输出样例】

5

011201000000000000000

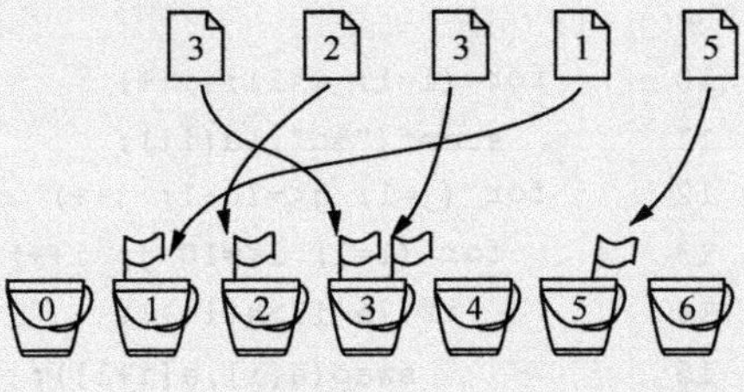

最容易想到的方法是把这 N 个数存到数组里，然后一遍一遍地扫描统计。但其实可以只定义一个包含 21 个元素的数组例如 b[21]，初始值均为 0。当读取 5 时，b[5]++；当读取 8 时，b[8]++。

最后依次输出 b[0] ～ b[20] 的值即答案。这种方法称为“桶排序”。

```
1   //统计不同数据的个数的优化算法，利用下标
2   #include <bits/stdc++.h>
3   using namespace std;
4
5   int b[20+1];       //定义在 main() 函数之上的数组为全局数组，元素值均为 0
6   int i,temp,sum;    //定义在 main() 函数之上的变量为全局变量，初始值均为 0
7
8   int main()
9   {
10    while (scanf("%d",&temp)==1)            //scanf() 函数读取数据成功会返回 1
11    {
12      b[temp]++;
13      ++sum;
14    }
15    cout<<sum<<endl;
16    for (i=0; i<=20; i++)
17      printf("%d ",b[i]);
18    return 0;
19  }
```

第 10 行的 while(scanf("%d",&temp)==1) 执行时，若 scanf() 函数读取 temp 的值成功则会返回 1。例如 while(scanf("%d %d",&a,&b)==2) 的语句：如果 a 和 b 都被成功读取，则返回值为 2；如果只有 a 被成功读取，则返回值为 1；如果 a 和 b 都未被成功读取，则返回值为 -1。

□ 4.1.11 狼抓兔子（mystery）

【题目描述】

一只兔子躲进了 10 个环形分布的山洞中的一个。狼在第 1 个山洞中没有找到兔子，就隔一个山洞，到第 3 个山洞去找；也没有找到，就隔 2 个山洞，到第 6 个山洞去找；以后每次多隔一个山洞去找兔子……这样下去找了 1 000 次也没找到兔子，请问兔子可能躲在哪个山洞中?

【输入格式】

无输入。

【输出格式】

由小到大输出兔子可能躲的山洞的编号，每个数占一行。

使用“内容市场”
APP 扫描看视频

【输入样例】

无。

【输出样例】

2

……

可定义一个数组 cave[10]，cave[0] ～ cave[9] 依次对应第 1 ～第 10 个山洞，初始值均为 0，表示狼还没有进入过山洞。然后循环 1 000 次模拟狼进山洞的过程，凡是狼进过的山洞均标记为 1。当狼走到最后一个山洞的位置时，下一个位置应该是第 1 个山洞，这可以使用 if 语句判断，也可以通过取 10 的余数（值为 0 ～ 9）的方法实现。

最后输出标记仍为 0 的山洞的位置即可。

伪代码如下所示。

```
定义数组 cave[10] 表示 10 个山洞，初始值均为 0，表示狼还没进入过这些山洞
定义 pos 表示狼的位置，初始值为 0，表示狼先要进第 1 个山洞
尝试 1000 次
{
  cave[pos]=1，表示狼所在位置的山洞标记为 1，即该洞狼已进入过
  计算出狼在下一个山洞的位置（保证永远为 0 ～ 9），即更新 pos 的值
}
输出所有值为 0 的山洞的位置
```

□ 4.1.12 求分数精确值 1（exact）

【题目描述】

使用数组精确计算 M/N（$0 < M < N \leq 100$）的值，保留小数点后 100 位。

【输入格式】

输入两个整数，即分子和分母，中间用斜杠分隔。

【输出格式】

输出 *M/N* 的值，保留小数点后 100 位。

【输入样例 1】

27/29

【输出样例 1】

27/29=0.931034482758620689655172413793103448275862068965517241379310
3448275862068965517241379310344827586206

【输入样例 2】

1/25

【输出样例 2】

1/25=0.040000000000000000000000000000000000000000000000000000000000
0000000000000000000000000000000000000000

由于计算机字长的限制，常规的浮点运算都有精度限制，为了得到高精度的计算结果，必须自行设计实现方法。

为实现高精度的计算，可将商存放在一维数组中，数组的每个元素存放一位十进制数，即商的第一位存放在第一个元素中，商的第二位存放在第二个元素中……依次类推。这样就可以使用数组表示高精度的计算结果。例如 1/3 = 0.3333…333，保存到数组中如图 4.3 所示。

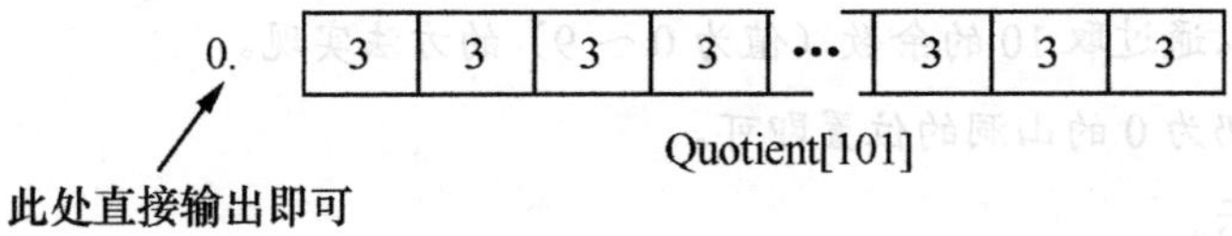

图 4.3

进行除法运算时可以模拟人的手动操作，即每次求出商的第一位后，将余数乘以 10，再计算商的下一位，重复以上过程。例如 1/3 的计算过程为：将余数即分子 1×10/3 = 3 余 1，将 3 存入 Quotient 数组后，余数 1 继续 1×10/3 = 3 余 1 的操作即可。

核心伪代码如下所示。

```
int Quotient[101];            //Quotient[] 依次存放商的每一位
循环 100 次
{
    余数（分子）扩大 10 倍
    将分子 / 分母得到的商依次存到 Quotient[] 中
    分子 / 分母的余数为新的分子
}
```

□4.1.13 求分数精确值 2（exact）

【题目描述】

使用数组精确计算 M/N（$0 < M < N \leqslant 100$）的值。如果 M/N 是无限循环小数，则计算并输出它的第一循环节，同时要求输出循环节的起止位置（小数位的序号）。

【输入格式】

输入两个整数，即分子和分母。

【输出格式】

输出结果，如果是无限循环小数，输出循环节的起始位置和结束位置。

【输入样例】

77 78

【输出样例】

0.9871794

from 2 to 7

【算法分析】

因为 M 和 N 不超过 100，所以 M/N 要么一定会被除尽，要么在小数点后 100 位内一定有循环节。分以下两种情况讨论。

（1）如果某次计算后的余数为 0，则表示 M/N 为有限不循环小数。

（2）如果是无限循环小数，如何判断循环节呢？显然是当某次计算后的余数与前面的某个余数相同，则 M/N 为无限循环小数，且从该余数第一次出现到目前循环所求得的每一位商就是小数的循环节。所以可以用数组 Remainder[101] 存放第几次循环出现了某余数，例如第 3 次循环出现了余数 17，则 Remainder[17] = 3，这样当第 i 次循环再次出现余数 17 时，循环节的起止位置即 from 3 to i。

参考伪代码如下所示。

```
定义 Remainder[101]，Remainder[x]=y 表示在第 y 次循环时出现了余数 x
循环 100 次
{
  余数存放在 Remainder[] 的相应位置上
  余数扩大 10 倍
  输出当前循环算出的商
  更新余数
  if(余数为 0)
     退出循环
  if(该余数对应的位在前面已经出现过)
  {
     输出循环节的起止位置
     退出循环
  }
}
```

□4.1.14 复杂除式还原（div2）

【题目描述】

如图 4.4 所示，除式中仅有一个数字 7 可见，其他画“×”的位置的数字全部被破坏了，请还原该除式。

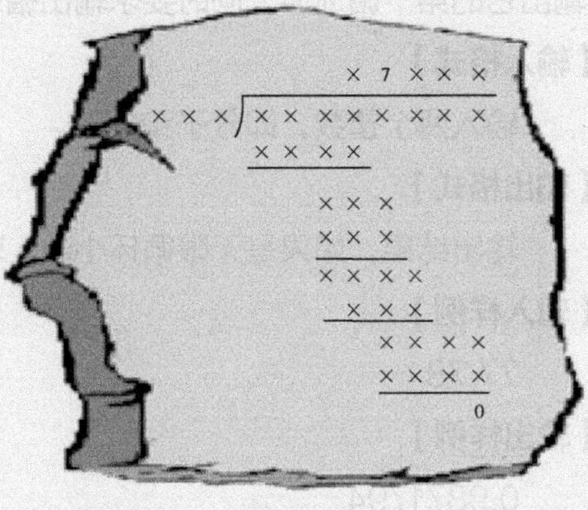

图 4.4

【输入格式】

无输入。

【输出格式】

标准输出，输出算式，即被除数 / 除数 = 商。

【输入样例】

无。

【输出样例】

24/2=12

【样例说明】

输出样例仅为示例，并非正确答案。

这道题不能用单纯的枚举法求解，一是因为计算时间太长，二是因为难以求出除式中各部分的值，所以需要对除式进行分析，尽可能多地发现限制条件。

分析除式，预处理如图 4.5 所示。

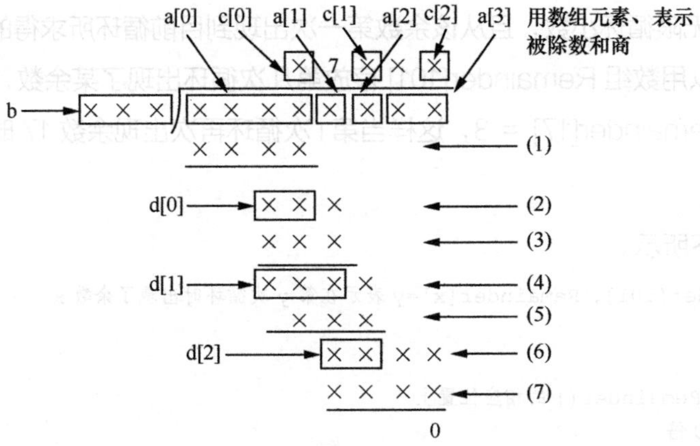

图 4.5

由（3）可以看出，商的第 2 位 7 乘除数得一个三位数，所以除数小于等于 142。

由除数乘商的第 1 位为四位数可知，商的第 1 位只能为 8 或 9，且除数大于等于 112。同时商的第 5 位也为 8 或 9，前 4 位一定小于等于 142×9+99 且大于等于 1 000+10。这是因为前 4 位最大可能是 142×9，但是又考虑到（2）中余下来一个两位数，所以还可以加上 99。又因为前 4 位一定是四位数，其大于等于 1 000，但同样考虑到（2），所以加上 10。

由（4）～（6）可以看出，(4) 的前 2 位一定为 10，（5）的第 1 位一定为 9，（6）的前 2 位一定为 10 ～ 99，商的第 4 位一定为 0。

由（5）的第 1 位一定为 9 和 112 ≤除数≤ 142 可知：商的第 3 位可能为 7 或 8。

由（1）可知：除数 × 商的第 1 位应当为四位数。

由（5）可知：除数 × 商的第 3 位应当为三位数。

编程时为了方便，将被除数分解：前 4 位用 a[0] 表示，第 5 位用 a[1] 表示，第 6 位用 a[2] 表示，第 7、8 位用 a[3] 表示。除数用变量 b 表示。将商分解：第 1 位用 c[0] 表示，第 3 位用 c[1] 表示，第 4 位是 0，第 5 位用 c[2] 表示。其他部分的商分别表示为：（2）的前 2 位用 d[0] 表示，（4）的前 3 位用 d[1] 表示，（6）的前 2 位用 d[2] 表示。将上述分析用数学的方法综合起来可以表示如下。

被除数：1 010 ≤ a[0] ≤ 1 377　0 ≤ a[1] ≤ 9

　　　0 ≤ a[2] ≤ 9　 0 ≤ a[3] ≤ 99

除数：112 ≤ b ≤ 142

商：8 ≤ c[0] ≤ 9　 7 ≤ c[1] ≤ 8　8 ≤ c[2] ≤ 9

（2）的前 2 位：10 ≤ d[0] ≤ 99

（4）的前 3 位：100 ≤ d[1] < b

（6）的前 2 位：10 ≤ d[2] ≤ 99

（1）式需满足：b × c[0] > 1 000

（5）式需满足：100 < b × c[1] < 1 000

□4.1.15　求质数（prime）

【题目描述】

质数是组成一切自然数的基本元素，例如 7 是由 1 个 2 和 1 个 5 组成的。试编程求出 100 000 以内的质数。

【输入格式】

无输入。

【输出格式】

输出 100 000 以内的质数，数与数之间以一个空格间隔，行末无空格，有换行。

【输入样例】

无。

【输出样例】

2 3 5 7 ……

【算法分析】

对于较大范围的质数的判断，可使用时间复杂度为 $O(n\log n)$ 的埃氏筛法。

方法是先把 N 个自然数按从小到大的顺序排列存入数组（实际编程以数组下标表示 N 个自然数）。1 不是质数也不是合数，要划去，如图 4.6 所示。

~~1~~	2	3	4	5	6	7	8	9	10	11	12	13	14	15	16	…

图 4.6

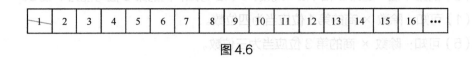

第二个数 2 是质数要留下来，把 2 后面所有能被 2 整除的数都划去，如图 4.7 所示。

~~1~~	2	3	~~4~~	5	~~6~~	7	~~8~~	9	~~10~~	11	~~12~~	13	~~14~~	15	~~16~~	…

图 4.7

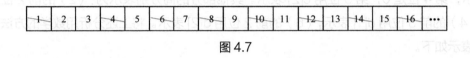

把 2 后面第一个没划去的数 3 留下来，从 9（因为 6 已经被划去了）开始，把所有能被 3 整除的数都划去，如图 4.8 所示。

~~1~~	2	3	~~4~~	5	~~6~~	7	~~8~~	~~9~~	~~10~~	11	~~12~~	13	~~14~~	~~15~~	~~16~~	…

图 4.8

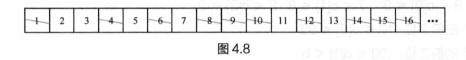

把 3 后面第一个没划去的数 5 留下来，从 25 开始，把所有能被 5 整除的数都划去……这样一直下去，就会把不超过 N 的全部合数都划掉，留下的就是不超过 N 的全部质数。

参考程序如下所示。

```
//求质数——埃氏筛法
#include <bits/stdc++.h>
using namespace std;
const int MAX=100001;

bool a[MAX+10];                      //全局数组，初始值均为 false 即 0
int prime[MAX/3],Count=0;            //prime[] 用于存质数，Count 用于统计质数个数

int main()
{
  for (int i=2,limit=sqrt(MAX); i<MAX; i++)
  {
    if (a[i]==0)                     //a[i]=0 表示 a[i] 是质数
      prime[Count++]=i;              //质数依次存入 prime[]
    if (limit>i)                     //限制，否则 i*i 可能会过大而溢出
      for (int j=i*i; j<MAX; j+=i)   //从 i*i 开始，因为 i*(2 ～ i-1) 已删除
        a[j]=1;                      //标记 a[j] 不是质数
  }
  for (int i=0; i<Count; i++)
    cout<<prime[i]<<' ';
  return 0;
}
```

可以发现某些数被筛选了多次，例如 12 被 2 和 3 各筛选了 1 次。继续优化的方法是使用时间复杂度为 $O(n)$ 的欧拉线性筛算法。

欧拉线性筛算法基于“整数唯一分解定理”，即任何一个大于 1 的自然数 N 可以分解成唯一的有限个质数的乘积，例如 12＝2×2×3、18＝2×3×3。并可以得出：任一合数＝最小质因数 × 最大因数（非自身）。欧拉线性筛算法由此在埃氏筛法的基础上，让每个合数只被它最小的质因数筛选一次，以达到不重复筛选的目的。

参考程序如下所示。

```
// 求质数——欧拉线性筛算法
#include <bits/stdc++.h>
using namespace std;
const int MAXN = 100001;

bool a[MAXN];                  //a[i]=0 表示 a[i] 是质数
int prime[MAXN/3], Count;      //prime[] 用于存质数，Count 用于统计质数个数

int main()
{
  for (int i=2; i<MAXN; i++)
  {
    if (a[i]==0)               // 如果 a[i] 是质数
      prime[Count++] = i;      // 将此质数按顺序存到 prime[]
    for (int j=0; j<Count && i*prime[j]<MAXN; j++)// 枚举筛出的质数
    {
      a[i*prime[j]]=1;         // 标记为合数
      if (i%prime[j]==0)        // 此处是优化的关键
        break;                 // 保证每个合数被它最小的质因数筛选一次
    }
  }
  for (int i=0; i<Count; i++)
    cout<<prime[i]<<' ';
  return 0;
}
```

该程序每次用已筛出来的质数乘 i 去删除合数，并筛出更大的质数。例如：

当 i=2 时，筛出质数 2，删除合数 4，即质数 2×2；

当 i=3 时，筛出质数 3，删除合数 6 和 9，即质数 2×3 和质数 3×3；

当 i=4 时，只删除合数 8 后即退出，因为 4 能被 2 整除，然后向下执行 i=5……

为什么不继续执行质数 3×4，并删除合数 12 呢？这是因为 4 能被 2 整除，说明后面凡是 4 乘以某个因数得到的合数的最小质因数都是 2，如果用后面更大的质数例如 3 去筛选，就不符合让每个合数只被它最小的质因数筛选一次，以达到不重复筛选的目的了。

那么 12 在什么时候被删除呢？答案是当 i=6 的时候，即质数 2×6，因为 2 是 12 的最小质因数。显然这种算法不会重复筛选，也不会漏选。

4.2 二维数组

扫码看视频

二维数组可以分解为多个一维数组。如图 4.9 所示，定义一个二维数组 a[3][4]，该数组名为 a，是一个 3 行 4 列的数组，可以将它看作由 3 个一维数组 a[0]、a[1]、a[2] 组成，每个一维数组又包含 4 个数组元素。

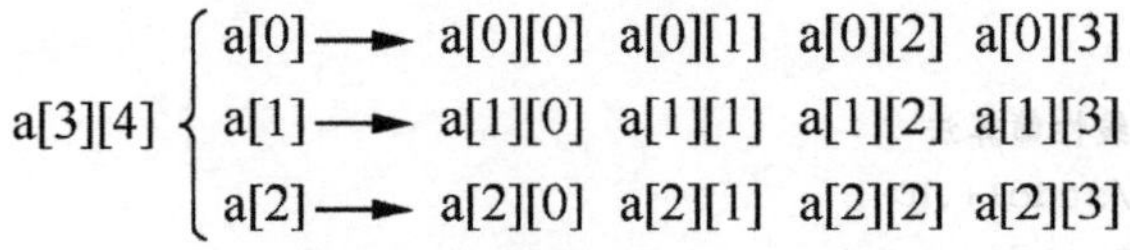

图 4.9

注意：a[0]、a[1]、a[2] 在二维数组里是一维数组名，而在之前学到的一维数组的相关内容中，a[0]、a[1]、a[2] 是单个的数组元素。

C ++ 语言中，二维数组中数组元素排列的顺序是按行存储的，即在内存中先顺序存储第一行的数组元素，再存储第二行的数组元素……如图 4.10 所示。

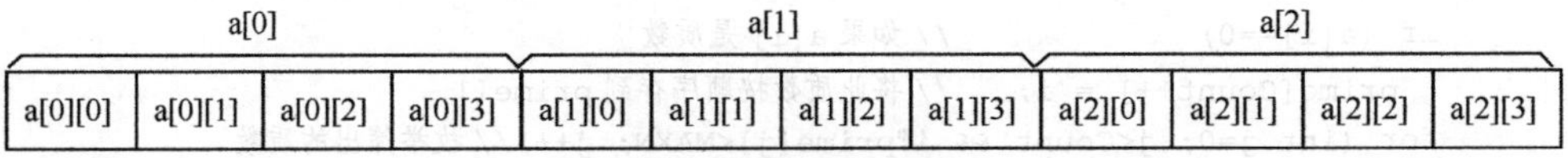

二维数组a[3][4]在内存中的存储

图 4.10

C ++ 语言中还可以定义多维数组，例如定义三维数组 a[2][3][4]，多维数组的数组元素在内存中的排列顺序为：第一维的下标变化最慢，最右边的下标变化最快。例如，a[2][3][4] 的数组元素排列顺序如图 4.11 所示。

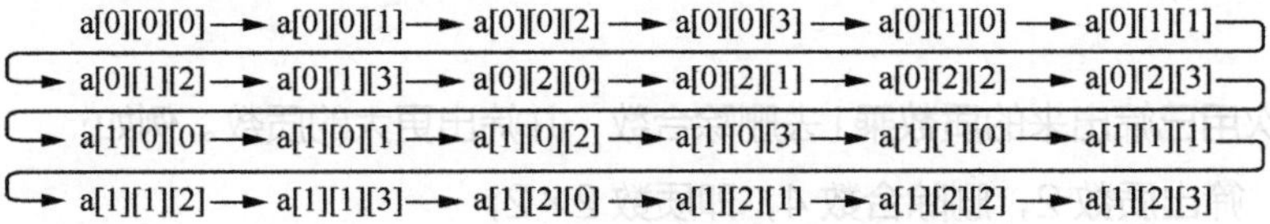

图 4.11

不管是一维数组还是多维数组，下标都是从 0 开始的。当我们定义 int a[3][4] 后，它可用的行下标值最大应为 2，列下标值最大应为 3，即最后一个数组元素为 a[2][3]。如果有类似 a[3][4]=3 这样的语句就是错误的，因为 a[3][4] 已经超过了数组的范围。

很多 C++ 编译器对数组下标的检查不是非常严格，即使数组元素下标值“越界”，仍然可以编译通过，这是 C++ 语言自由度较大的一个弊端。

可以对二维数组以如下方式赋值。

```
int a[3][4]={1,2,3,4,5,6,7,8,9,10,11,12};
```

int b[ ][4]={1,2,3,4,5,6,7,8,9,10,11,12}; // 第一维的下标值可省略，第二维的下标值不可省略

int c[ ][4]={{0,0,3},{ },{0,10}}; // 未赋值的数组元素均自动初始化为 0

□4.2.1 最强魔法师（powerful）

【题目描述】

$M \times N$ 个魔法师依次站在一个 M 行 N 列的矩阵中，已知他们的魔法力，试编程输出最强魔法师的魔法力和他所在的行号和列号。

【输入格式】

第一行两个数 M 和 N（$1 < M$，$N < 100$），即行号和列号。第一行以下为 M 行，每行有 N 个数，表示每个魔法师的魔法力，保证没有相同的数。

【输出格式】

输出最大值、最大值所在的行、最大值所在的列。

【输入样例】

2 2

1 2

3 4

【输出样例】

max=4 row=2 column=2

参考程序如下所示，请根据题目要求自行更改。

```
// 最强魔法师
#include <bits/stdc++.h>
using namespace std;

int main()
{
  int a[3][4]= {{1,2,3,4},{5,6,7,8},{-10,-3,-4,4}};
  int i,j,Row=0,Column=0,MAX=a[0][0];       // 假设 a[0][0] 为最大值
  for (i=0; i<=2; i++)                       // 必须两层循环，一层循环枚举行
    for (j=0; j<=3; j++)                     // 一层循环枚举列
      if (a[i][j]>MAX)
      {
        MAX=a[i][j];                         // 更新为更大值
        Row=i;                               // 更新为最大值所在的行
        Column=j;                             // 更新为最大值所在的列
      }
  printf("max=%d row=%d column=%d\n",MAX,Row+1,Column+1);
  return 0;
}
```

□4.2.2 矩阵加法（matrixl）

【题目描述】

由 $m \times n$ 个数 a_{ij}（$i = 1,2,\cdots,m$；$j = 1,2,\cdots,n$）排成的 m 行 n 列的数表，

例如 $\begin{bmatrix} a_{11} & a_{12} & \dots & a_{1n} \\ a_{21} & a_{22} & \dots & a_{2n} \\ \vdots & \vdots & & \vdots \\ a_{m1} & a_{m2} & \dots & a_{mn} \end{bmatrix}$ 称为 $m \times n$ 的矩阵，记作 $\boldsymbol{A} = \begin{bmatrix} a_{11} & a_{12} & \dots & a_{1n} \\ a_{21} & a_{22} & \dots & a_{2n} \\ \vdots & \vdots & & \vdots \\ a_{m1} & a_{m2} & \dots & a_{mn} \end{bmatrix}$。

例如：$\begin{bmatrix} 1 & 2 & 3 \\ 4 & 5 & 6 \end{bmatrix}$ 是 2 行 3 列的矩阵，或称为 2×3 矩阵。

两个矩阵的行数和列数分别相等时，可以相加、相减。两个矩阵相加、相减时，结果还是矩阵，它的各个元素等于两个矩阵对应元素相加、相减所得的值。例如：

$$\begin{bmatrix} 1 & 2 & 3 \\ 4 & 5 & 6 \\ 7 & 8 & 9 \end{bmatrix} + \begin{bmatrix} 1 & 2 & 3 \\ 3 & 2 & 1 \\ 1 & 2 & 4 \end{bmatrix} = \begin{bmatrix} 2 & 4 & 6 \\ 7 & 7 & 7 \\ 8 & 10 & 13 \end{bmatrix}$$

$$\begin{bmatrix} 1 & 2 & 3 \\ 4 & 5 & 6 \\ 7 & 8 & 9 \end{bmatrix} - \begin{bmatrix} 1 & 2 & 3 \\ 4 & 5 & 6 \\ 7 & 8 & 9 \end{bmatrix} = \begin{bmatrix} 0 & 0 & 0 \\ 0 & 0 & 0 \\ 0 & 0 & 0 \end{bmatrix}$$

现输入两个 m 行 n 列的矩阵 $\boldsymbol{A}$ 和 $\boldsymbol{B}$，输出它们的和 $\boldsymbol{A}+\boldsymbol{B}$。

【输入格式】

第一行包含两个整数 m 和 n（$1 \leqslant m$，$n \leqslant 100$），分别表示矩阵的行数和列数。

接下来 m 行，每行 n 个整数，表示矩阵 $\boldsymbol{A}$ 的元素。

接下来 m 行，每行 n 个整数，表示矩阵 $\boldsymbol{B}$ 的元素。

【输出格式】

输出 m 行 n 列的矩阵，表示 $\boldsymbol{A}+\boldsymbol{B}$ 的结果。

【输入样例】

```
2 3
1 2 3
4 5 6
1 2 3
4 5 6
```

【输出样例】

```
2 4 6
8 10 12
```

□4.2.3　杨辉三角（YangHui）

【题目描述】

图 4.12 所示的杨辉三角是二项式系数在三角形中的一种几何排列。你可以找出其排列规律并编程输出 N 行数字吗?

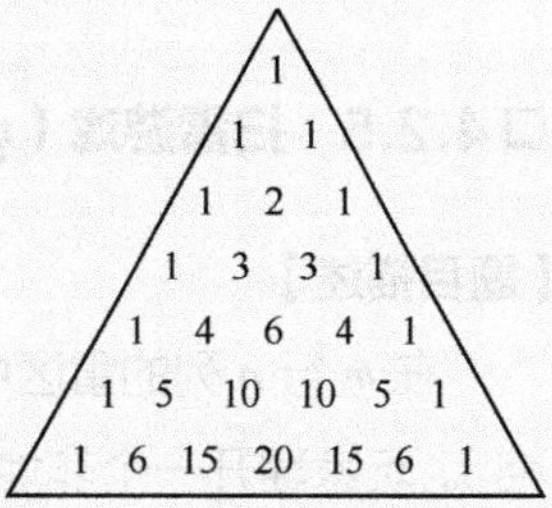

图 4.12

【输入格式】

输入一个整数 N（$1 < N < 15$）。

【输出格式】

输出 N 行的杨辉三角，两数间以空格间隔。

【输入样例】

3

【输出样例】

1

11

121

□4.2.4　矩阵转置（matrix3）

【题目描述】

将矩阵 $\boldsymbol{A}$ 的行和列进行调换，形成一个新的矩阵，记作转置矩阵 $\boldsymbol{A}^{\mathrm{T}}$。例如

$$\boldsymbol{A}=\begin{bmatrix}1 & 2 & 3\\4 & 5 & 6\end{bmatrix}，则\ \boldsymbol{A}^{\mathrm{T}}=\begin{bmatrix}1 & 4\\2 & 5\\3 & 6\end{bmatrix}。$$

试编程输入一个 m 行 n 列的矩阵 $\boldsymbol{A}$，输出它的转置矩阵。

【输入格式】

第一行为两个整数 m 和 n（$1 \leqslant m,\ n \leqslant 100$），表示矩阵 $\boldsymbol{A}$ 的行数和列数。

接下来为 m 行 n 列的矩阵 $\boldsymbol{A}$。

【输出格式】

输出矩阵 $\boldsymbol{A}$ 的转置矩阵。

【输入样例】

23

123

456

【输出样例】

14

25

36

□4.2.5 扫雷游戏（game）

【题目描述】

在 m 行 n 列的雷区中有一些格子含有地雷（称为地雷格），其他格子不含地雷（称为非地雷格）。玩家翻开一个非地雷格时，该格将会出现一个数字提示周围格子中有多少个是地雷格。游戏的目标是在不翻出任何地雷格的条件下，找出所有的非地雷格。

已知雷区的地雷分布，要求计算出每个非地雷格周围的地雷格数，一个格子的周围格子包括其上、下、左、右、左上、右上、左下、右下 8 个方向上与之直接相邻的格子。

【输入格式】

第一行输入两个整数 m 和 n（$1 \leqslant m$，$n \leqslant 100$），分别表示雷区的行数和列数。

接下来为 m 行，每行 n 个字符，描述了雷区中的地雷分布情况。字符“*”表示相应格子是地雷格，字符“?”表示相应格子是非地雷格。相邻字符之间无分隔符。

【输出格式】

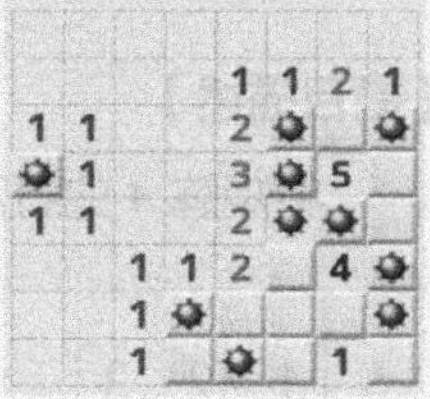

输出 m 行，每行 n 个字符，用以描述整个雷区。用字符“*”表示地雷格，用周围的地雷个数表示非地雷格。相邻字符之间无分隔符。

【输入样例】

```
3 3
*??
???
?*?
```

【输出样例】

```
*10
221
1*1
```

□4.2.6 矩阵乘法（matrix2）

【题目描述】

当第 1 个矩阵 A 的列数等于第 2 个矩阵 B 的行数时，这两个矩阵可以相乘，$n \times m$ 的矩阵与

$m\times k$的矩阵相乘变成$n\times k$的矩阵，其乘积矩阵$A\times B$的第i行第j列的元素为矩阵A第i行上的m个数与矩阵B第j列上的m个数对应相乘后所得的n个乘积数之和。如图4.13所示，C[1][1] = A[1][0] × B[0][1] + A[1][1] × B[1][1] + A[1][2] × B[2][1]。

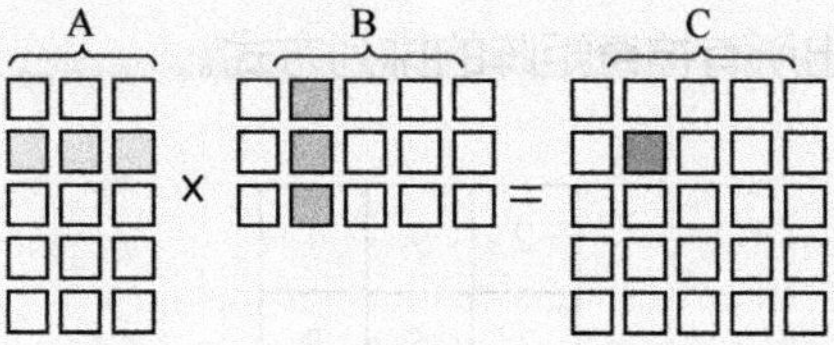

图 4.13

例如已知$A=\begin{bmatrix}1 & 4\\2 & 5\\3 & 6\end{bmatrix}$，$B=\begin{bmatrix}1 & 2 & 3\\4 & 5 & 6\end{bmatrix}$，则乘积矩阵$A\times B$的计算过程如下。

$$A\times B=\begin{bmatrix}1\times1+4\times4 & 1\times2+4\times5 & 1\times3+4\times6\\2\times1+5\times4 & 2\times2+5\times5 & 2\times3+5\times6\\3\times1+6\times4 & 3\times2+6\times5 & 3\times3+6\times6\end{bmatrix}=\begin{bmatrix}17 & 22 & 27\\22 & 29 & 36\\27 & 36 & 45\end{bmatrix}$$

现输入一个n行m列的矩阵A和一个m行k列的矩阵B，输出$A\times B$的矩阵。

【输入格式】

第一行输入 3 个整数，分别为n、m、k。

接下来输入A矩阵和B矩阵，矩阵中每个元素值的绝对值不超过 1 000。

【输出格式】

输出$A\times B$的矩阵，两数之间以空格间隔。

【输入样例】

```
3 2 3
1 4
2 5
3 6
1 2 3
4 5 6
```

【输出样例】

```
17 22 27
22 29 36
27 36 45
```

□4.2.7 神奇矩阵

【题目描述】

如图 4.14 所示，所谓神奇矩阵即将 1 ～ 9 这 9 个数排成 3 行 3 列，使其行、列、对角线上 3 个数之和均相同。试编程输出所有神奇矩阵的排列方式。

2	9	4
7	5	3
6	1	8

图 4.14

这道题最容易想到的算法是枚举法，但其时间复杂度高达 $O(n^3)$。

```
for(i=159;i<=951;i++)              //枚举第 1 行数
    for(j=159;j<=951;j++)          //枚举第 2 行数
     for(k=159;k<=951;k++)         //枚举第 3 行数
     {
       将 i、j、k 这 3 个三位数拆成 9 个一位数
       判断 3 行上的 3 个数之和是不是 15
       判断 3 列上的 3 个数之和是不是 15
       判断两个对角线上的 3 个数之和是不是 15
       判断 9 个数是否重复          //思考代码如何实现
     }
```

进一步的优化是将每一行看作一个三位数，首先找出所有三位上的数之和为 15，且三位上的数各不相同的三位数依次存入数组 ary[]。

再通过枚举的方法从 ary[] 中任取 3 个数，为方便起见，将放在第 1 行的数编号为 1，放在第 2 行的数编号为 2，放在第 3 行的数编号为 3，显然这 3 行数共有 6 种排列方式，分别为 (1,2,3)、(1,3,2)、(2,1,3)、(2,3,1)、(3,1,2) 及 (3,2,1)。

因为从 3 行数中取 1 行数放在第 1 行有 3 种方法，再取 1 行数放在第 2 行有 2 种方法，最后取 1 行数放在第 3 行有 1 种方法，由乘法原理得 3×2×1 = 6（种）方法。更进一步，记 A_n^m 表示从 n 个不同的元素中任取 m（$m \leqslant n$）个元素，计算公式为 $A_n^m = n(n-1)(n-2)\cdots(n-m+1)$。

参考程序如下所示。

```
//神奇矩阵
#include <bits/stdc++.h>
using namespace std;

```

```
int main()
{
  int a,b,c,n=0,ary[100];
  for (int i=159; i<=951; i++)// 找出所有三位上的数之和为 15 且各不相同的三位数
  {
    a=i/100;                                                    // 百位
    b=i/10%10;                                                  // 十位
    c=i%10;                                                     // 个位
    if ((a+b+c==15) && (a!=c) && (a!=b) && (b!=c) && (a*b*c!=0))
      ary[n++]=i;                        // 依次存入 ary[] 数组
  }
  int a1,b1,c1,a2,b2,c2,a3,b3,c3;
  for (int i=0; i<n; i++)                   // 枚举，i 的取值范围为 0 ～ n-1
    for (int j=i+1; j<n; j++)               //j 从 i+1 开始，保证 j 不等于 i
      for (int k=j+1; k<n; k++)             //k 从 j+1 开始，保证 k 不等于 i、j
      {
        a1=ary[i]/100;b1=ary[i]/10%10;c1=ary[i]%10;
        a2=ary[j]/100;b2=ary[j]/10%10;c2=ary[j]%10;
        a3=ary[k]/100;b3=ary[k]/10%10;c3=ary[k]%10;
        if ((a1+a2+a3==15) && (b1+b2+b3==15) && (c1+c2+c3==15) &&
            a1*b1*c1*a2*b2*c2*a3*b3*c3==362880)
        {                                         // 测试所有的行排列组合
          if ((a1+b2+c3)==15 && (c1+b2+a3==15))                 //123
            printf("%d\n%d\n%d\n\n",ary[i],ary[j],ary[k]);
          if ((a1+b3+c2)==15 && (c1+b3+a2==15))                 //132
            printf("%d\n%d\n%d\n\n",ary[i],ary[k],ary[j]);
          if ((a2+b1+c3)==15 && (c2+b1+a3==15))                 //213
            printf("%d\n%d\n%d\n\n",ary[j],ary[i],ary[k]);
          if ((a2+b3+c1)==15 && (c2+b3+a1==15))                 //231
            printf("%d\n%d\n%d\n\n",ary[j],ary[k],ary[i]);
          if ((a3+b2+c1)==15 && (c3+b2+a1==15))                 //321
            printf("%d\n%d\n%d\n\n",ary[k],ary[j],ary[i]);
          if ((a3+b1+c2)==15 && (c3+b1+a2==15))                 //312
            printf("%d\n%d\n%d\n\n",ary[k],ary[i],ary[j]);
        }
      }
  return 0;
}
```

继续深入，其实根据奇偶性质，满足条件的只有以下一种情况，如图 4.15 所示。

而偶数仅有 2、4、6、8 这 4 个数，正好占据了矩阵的 4 个角。分析到这里，完全可以根据现有的矩阵填充的数学规律，直接填写出满足条件的一个答案，如图 4.16 所示。

偶	奇	偶
奇	奇	奇
偶	奇	偶

图 4.15

8	1	6
3	5	7
4	9	2

图 4.16

图 4.16 的填充规律是：在第 1 行中间填 1，然后 1 的右上角即 2 的位置（行越界则移到最后一行），2 的右上角即 3 的位置（列越界则移到第 1 列）……依次类推。一直到碰到已经填好的数为止（例如 3 碰到了右上角的 1），此时数向下填。填好后将此序列进行图 4.17 所示的旋转 90 度和上下翻转即可。

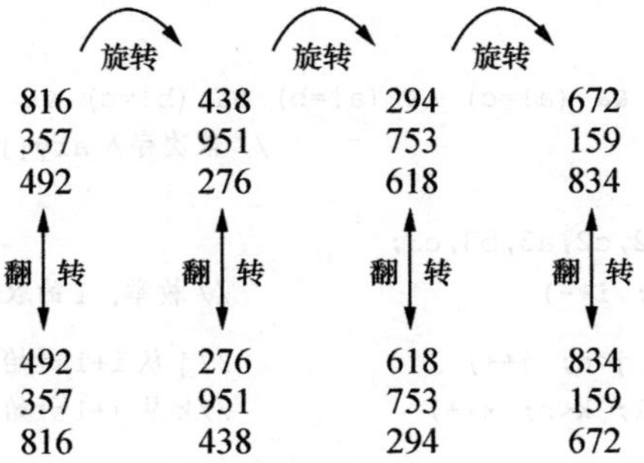

图 4.17

参考程序如下所示。

```
//神奇矩阵
#include <bits/stdc++.h>
using namespace std;

int a[3][3],b[3][3];                     //全局数组，值全部自动初始化为 0

int main()
{
  int x=0,y=1;
  a[0][1]=1;                                         //填入 1
  for (int i=2; i<=9; i++)                           //依次填入 2 ～ 9
  {
    int tx=(x+2)%3;
    int ty=(y+1)%3;
    if (a[tx][ty]==0)                                //如果当前位置为空
    {
      a[tx][ty]=i;                                   //填数
      x=tx;
      y=ty;
    }
    else                                             //当前位置已有数
    {
      x=(x+1)%3;                                     //向下放置
      a[x][y]=i;
    }
  }
  for (int i=0; i<=3; i++)
  {
    printf("%d%d%d\n",a[0][0],a[0][1],a[0][2]);
    printf("%d%d%d\n",a[1][0],a[1][1],a[1][2]);
    printf("%d%d%d\n\n",a[2][0],a[2][1],a[2][2]);
```

```
    printf("%d%d%d\n",a[2][0],a[2][1],a[2][2]);    //上下翻转
    printf("%d%d%d\n",a[1][0],a[1][1],a[1][2]);
    printf("%d%d%d\n\n",a[0][0],a[0][1],a[0][2]);
    for (int ii=0; ii<3; ii++)                     //旋转到辅助数组
      for (int jj=0; jj<3; jj++)
        b[jj][2-ii]=a[ii][jj];
    for (int ii=0; ii<3; ii++)
      for (int jj=0; jj<3; jj++)
        a[ii][jj]=b[ii][jj];
  }
  return 0;
}
```

□4.2.8　蛇形矩阵 1（snake1）

【题目描述】

在 $n \times n$ 方阵里逆时针填入 1、2、3、……，共 $n \times n$ 个数，构成一个蛇形矩阵。例如当 $n = 3$ 时，蛇形矩阵为：

```
7  8  1
6  9  2
5  4  3
```

【输入格式】

输入一个正整数 n（$1 < n < 100$）。

【输出格式】

输出 $n \times n$ 的蛇形矩阵，每个数的存储空间为 5 个字符，右对齐。

【输入样例】

```
3
```

【输出样例】

```
7  8  1
6  9  2
5  4  3
```

参考程序如下所示。

```
//蛇形矩阵 1
#include <bits/stdc++.h>
using namespace std;

int main()
{
  int x=1,y,n,num=1;
  int a[101][101]= {0};
  cin>>n;
  y=n;
```

```
    a[x][y]=num;                        //把1填入第一行最后一列
    while (num<n*n)                     //当矩阵未填满时
    {
      while (x+1<=n && !a[x+1][y])      //x+1未越界且下方未填充，则下移
        a[++x][y]=++num;
      while (y-1>0 && !a[x][y-1])       //y-1未越界且左方未填充，则左移
        a[x][--y]=++num;
      while (x-1>0 && !a[x-1][y])       //x-1未越界且上方未填充，则上移
        a[--x][y]=++num;
      while (y+1<=n && !a[x][y+1])      //y+1未越界且右方未填充，则右移
        a[x][++y]=++num;
    }
    for (int i=1; i<=n; ++i)            //输出矩阵
    {
      for (int j=1; j<=n; ++j)
        printf("%5d",a[i][j]);
      printf("\n");
    }
    return 0;
  }
```

【笔试测验】请手动计算程序运行的结果。

```
#include<bits/stdc++.h>
using namespace std;

int main()
{
  int a[6][6];
  for (int i=1; i<=5; i++)
    for (int j=1; j<=5; j++)
      a[i][j]=(i>=j?j:i);
  for (int i=1; i<=5; i++)
  {
    for (int j=1; j<=5; j++)
      cout<<a[i][j];
    cout<<endl;
  }
  return 0;
}
```

□4.2.9 回型方阵（matrix）

【题目描述】

输入一个正整数 n，输出 $n\times n$ 的回型方阵（行数与列数相等的矩阵）。例如当 $n=5$ 时，输出示例如下。

11111

12221

12321

12221
11111

【输入格式】

输入一个正整数 n（$2 \leqslant n \leqslant 9$）。

【输出格式】

输出 n 行，每行包含 n 个正整数，每个数的存储空间为 5 个字符，右对齐。

【输入样例】

4

【输出样例】

```
1 1 1 1
1 2 2 1
1 2 2 1
1 1 1 1
```

□4.2.10 蛇形矩阵 2（snake）

【题目描述】

输入一个正整数 n，输出 $n \times n$ 的蛇形矩阵。例如当 n = 5 时，输出示例如下。

```
15 7  6  2  1
16 14 8  5  3
22 17 13 9  4
23 21 18 12 10
25 24 20 19 11
```

【输入格式】

输入一个正整数 n（$2 \leqslant n \leqslant 50$）。

【输出格式】

输出 n 行，每行包含 n 个正整数，每个数的存储空间为 5 个字符，右对齐。

【输入样例】

4

【输出样例】

```
7  6  2  1
13 8  5  3
14 12 9  4
16 15 11 10
```

□4.2.11 蛇形矩阵 3（snake）

【题目描述】

取 *n* 行 *n* 列的蛇形矩阵（其中 *n* 为不超过 100 的奇数），在矩阵中心从 1 开始以逆时针方向绕行，逐圈扩大，直到 *n* 行 *n* 列填满数字。图 4.18 所示即 3 行 3 列的蛇形矩阵。请输出 *n* 行 *n* 列的蛇形矩阵和矩阵的对角线数字之和。

5	4	3
6	1	2
7	8	9

图 4.18

【输入格式】

输入一个正整数 *n*（*n* 行 *n* 列）。

【输出格式】

输出 *n* + 1 行，前 *n* 行为组成的蛇形矩阵，最后一行为对角线数字之和。

【输入样例】

3

【输出样例】

5 4 3
6 1 2
7 8 9
25

4.3 字符数组

扫码看视频

用于存放字符的数组是字符数组，例如 char c[5] 可存放 5 个字符，依次赋值如下。

```
c[0]='H';c[1]='E';c[2]='L';c[3]='L';c[4]='O'; // 单个字符要用单引号标注
```

则其在内存中的保存形式如图 4.19 所示。

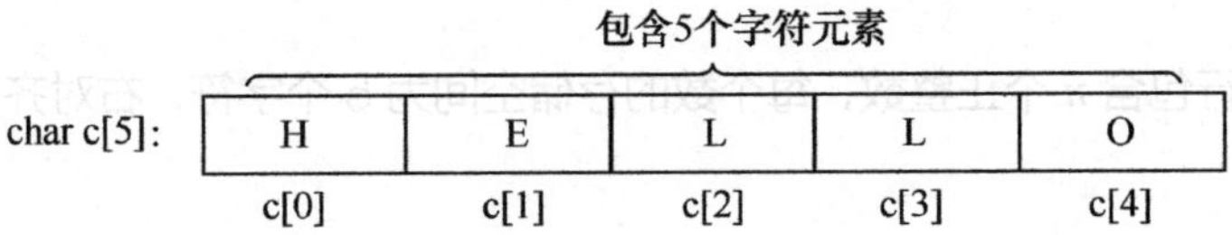

图 4.19

定义字符数组时，可同时对数组元素赋以初始值，例如 char c[5]={'H','E','L','L','O'};。

定义和初始化二维字符数组的示例如下。

```
char a[3][3]={{'a','b','c'},{'1','2','3'},{'*','',''}};
```

输出字符数组的程序如下所示。

```
// 输出字符数组
#include <bits/stdc++.h>
using namespace std;

int main()
{
  char c[5]= {'H','e','l','l','o'};
  for (int i=0; i<5; i++)
    cout<<c[i];                                    // 一个元素一个元素地输出
  return 0;
}
```

为方便起见，可以使用字符串常量初始化字符数组。例如：

char c[]={"I am ok"};// 定义字符数组时全部元素均赋值，数组大小定义可省略

也可以省略花括号，直接写成 char c[]="I am ok"；。

这两种初始化形式与下面的初始化形式等价。

char c[]={'I',' ','a','m',' ','o','k','\0'};//'\0' 为字符串结束标记

但不与 char c[]={'I',' ','a','m',' ','o','k'} 等价。

前者的字符长度为 8，后者的字符长度为 7。

由于系统在字符串常量的末尾自动添加隐含的 '\0' 表示字符串结束，因此为了使字符数组和字符串的处理方法一致，在字符数组中也常常人为地添加 '\0'。如 char c[]={'o','k','!','\0'};。

常用字符串处理函数介绍如下。

1. gets() 和 puts()

gets() 可以输入整行字符串（包含空格），而 cin() 或 scanf() 在输入时遇到空格就结束输入。puts() 的功能是输出字符串（行末自动换行）。例如有下面 3 行代码。

```
char str[30];
gets(str);
puts(str);                // 输出该行字符串后会自动换行
```

运行时用键盘输入“I am ok”，结果是将此字符序列的 7 个字符和 '\0' 字符共同存入 str 并输出（行末自动换行）。

gets() 不检查字符串 str 的大小，必须遇到换行符或在文件结尾处才会结束输入，因此如果输入的字符串长度超过了字符数组的长度，就会导致缓存溢出使程序崩溃。所以请谨慎使用该函数，C++11 标准里已将该函数废除。

2.cin.getline()

cin.getline() 可以接收带空格的字符串，它有 3 个参数，即 cin.getline(接收字符串的变量，接收字符个数，结束字符)，当第 3 个参数省略时，系统默认为 '\0'。

参考程序如下所示。

```
//cin.getline() 的使用
#include <bits/stdc++.h>
using namespace std;

int main()
{
  char a[40];               //实际只能输入 39 个字符，最后一位用于标记结束
  cin.getline(a,39);        //例如输入 a b c d e f g
  cout<<a<<endl;            //输出 a b c d e f g
  cin.getline(a,39,'e');//例如输入 a b c d e f g
  cout<<a<<endl;            //因为 'e' 为结束字符，所以输出 a b c d
  return 0;
}
```

3.strlen()

strlen(字符串) 的功能是返回字符串的长度，不包括字符串结束标记 '\0'。

参考程序如下所示。

```
//strlen() 的使用
#include <bits/stdc++.h>
using namespace std;

int main()
{
  char a[300];
  cin.getline(a,299);
  int n=strlen(a);
  for (int i=0; i<n; ++i)
    cout<<a[i];
  return 0;
}
```

□4.3.1　求逆序字符串（reverse）

【题目描述】

输入一行字符串，将它逆序赋值给另一个字符串后顺序输出。

【输入格式】

输入一行字符串（不超过 100 个字符）。

【输出格式】

输出它的逆序字符串。

【输入样例】

abc

【输出样例】

cba

```
//求逆序字符串
#include <bits/stdc++.h>
using namespace std;
const int N=100;                                    //定义常量N=100

int main()
{
  char s1[N],s2[N];
  cin.getline(s1,N-1);
  int len=strlen(s1);
  for (int i=len-1; i>=0; i--)
    s2[len-i-1]=s1[i];                              //反转字符串赋值
  s2[len]='\0';                                     //末尾添加字符串结束标记
  puts(s2);
  return 0;
}
```

□4.3.2　求数的和（sumN）

【题目描述】

输入一个整数 N，求各位上的数的和。

【输入格式】

输入一个整数 N，N 最多 200 位。

【输出格式】

输出一个整数，即整数 N 各位上的数的和。

【输入样例】

123450000000000000000000000000000000000000000000000000000000001

【输出样例】

16

【算法分析】

因为整数 N 的位数过多，所以只能使用一维字符数组读取、存储整数 N。

□4.3.3　查找子串（findchar）

【题目描述】

请编写一个程序，判定一个字符串是不是另一个字符串的一部分（即子串）。例如，图 4.20 所示的主字符串为 aababcabcdabcde，子串为 abcd，则位置为 6。

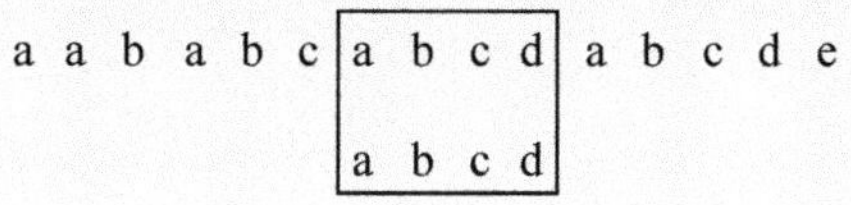

图 4.20

【输入格式】

输入两个字符串，各占一行，其中第一行为主字符串。

【输出格式】

输出子串所在的位置，若未找到则输出 -1。

【输入样例】

aababcabcdabcde

abcd

【输出样例】

6

□4.3.4 字符串游戏（string）

【题目描述】

有一个由小写字母构成的字符串和一堆卡片，每张卡片上写着一个字母，可以取出若干张卡片，覆盖黑板上的一些字母（也可以一张都不取）。

请编程找出覆盖黑板上的字母之后字典序最大的字符串。所谓字典序，就是基于字母顺序排列的单词按字母顺序排列的方法，例如 aa、ab、ba、bb、bc 就是按顺序从小到大排好的字典序。

【输入格式】

第一行输入由小写字母构成的字符串（字符串长度≤ 50），即黑板上的字符串。

第二行输入由小写字母构成的字符串（字符串长度≤ 50），即若干张卡片。

【输出格式】

输出一行，即覆盖黑板上的字母之后字典序最大的字符串。

【输入样例】

abcdefg

abc

【输出样例】

cbcdefg

【算法分析】

将卡片上的字母按 ASCII 值由大到小排好序后，从左到右依次比较黑板上的字母，若覆盖后得到的字符串的字典序更大，则覆盖黑板上的字母。

□4.3.5 柱状图（chart）

【题目描述】

读取 4 行字符，然后用柱状图输出每个字符出现的次数。

【输入格式】

输入 4 行字符，无小写字母，每行不超过 100 个字符。

【输出格式】

由若干行组成，前几行由空格和“*”组成，最后一行则由空格和字母组成。任何一行末尾无空格，有换行，不要打印任何空行。

【输入样例】

```
GREAT OAKS FROM LITTLE
ACORNS GROW.
THE FIRST WEALTH
IS HEALTH .
```

【输出样例】

```
                                      *
                                      *
*       *                         *   *
*       *     *       *     *     * * *
*       *     * *     *     *     * * *
*       * * * * *     *     *     * * *     *
*   *   * * * * *   * * * * *     * * *     *

A B C D E F G H I J K L M N O P Q R S T U V W X Y Z
```

4.strcmp()

两个字符数组不能直接比较大小，应使用 strcmp() 函数。strcmp(字符串 1, 字符串 2) 用于比较两个字符串，比较规则是从左到右依次按字符的 ASCII 值的大小比较，一旦某两个字符 ASCII 值大小不同，则立即结束比较，返回一个整数。若字符串 1 等于字符串 2，则返回 0；若字符串 1 小于字符串 2，则返回一个负整数；若字符串 1 大于字符串 2，则返回一个正整数。例如：

```
char str1[]="Hello!";
char str2[]="hello!";
cout<<strcmp(str1,str2);
```

□4.3.6 字符串排序（charsort）

【题目描述】

输入 10 个字符串（长度不超过 20 个字符），将所有小写字母转为大写字母后按 ASCII 值从小到大排序后输出。

参考程序如下所示。

```
//字符串排序
#include <bits/stdc++.h>
using namespace std;

int main()
{
  char a[10][21];
  for (int i=0; i<=9; ++i)
  {
    cin.getline(a[i],20);
    for (int j=0; j<strlen(a[i]); j++)
      if (a[i][j]>='a' && a[i][j]<='z')
        a[i][j]-=32;
  }
  for (int i=0; i<9; ++i)                                          //冒泡排序
    for (int j=0; j<9-i; ++j)
      if (strcmp(a[j],a[j+1])>0)
        swap(a[j],a[j+1]);
  for (int i=0; i<=9; ++i)
    puts(a[i]);
  return 0;
}
```

5.strcpy()

不能用赋值语句将字符串常量直接赋给字符数组，但可以使用 strcpy() 函数进行赋值。strcpy(字符数组 1, 字符串 2) 是将"字符串 2"复制到"字符数组 1"中。例如 str="abcde"; 是错误的，应改为 strcpy(str,"abcde");。

6.strcat()

strcat(字符数组 1, 字符数组 2) 是把"字符数组 2"连接到"字符数组 1"的后面，结果放在"字符数组 1"中。例如：

```
char a[]="12345", b[]="67890";
strcat(a,b);
cout<<a;                              //输出 1234567890
```

□4.3.7 最大整数（BigNum）

【题目描述】

设有 n 个正整数（不超过整数的取值范围），将它们连接成一排组成一个最大的多位正整数。

例如 $n=3$ 时，13、312、343 这 3 个正整数连接成的最大正整数为 34 331 213。

例如 $n=4$ 时，7、13、4、246 这 4 个正整数连接成的最大正整数为 7 424 613。

【输入格式】

第一行为一个正整数 n（$n \leqslant 20$）。

第二行为 n 个正整数。

【输出格式】

输出一个正整数，表示连接成的最大正整数。

【输入样例】

3

13 312 343

【输出样例】

34331213

【算法分析】

将 n 个数以字符串的方式进行处理。比较方法是以两个数连接后的大小来决定数的先后顺序。例如有两个数 a 和 b，如果 a + b > b + a，则 a 排在前面，否则 a 排在后面。

参考程序如下所示。

```
// 最大整数
#include <bits/stdc++.h>
using namespace std;

int main()
{
  char s[101][30],t1[65],t2[65];
  int n;
  scanf("%d",&n);
  for (int i=1; i<=n; i++)
    scanf("%s",&s[i]);
  for (int i=1; i<n; i++)                              // 冒泡排序
    for (int j=1; j<=n-i; j++)
    {
      strcpy(t1,s[j]);
      strcpy(t2,s[j+1]);
      strcat(t1,s[j+1]);                               //s[i]+s[j+1]
      strcat(t2,s[j]);                                 //s[j+1]+s[i]
      if (strcmp(t1,t2)<0)
        swap(s[j],s[j+1]);
    }
```

```
    for (int i=1; i<=n; ++i)
      printf("%s",s[i]);
    printf("\n");
    return 0;
  }
```

7.strstr()

strstr(str1,str2) 用于判断字符串 str2 是不是字符串 str1 的子串。如果是则该函数返回 str2 在 str1 中首次出现的地址，否则返回 0（空指针 NULL）。例如：

```
char c1[100],c2[100];
scanf("%s%s",c1,c2);
printf(" 十六进制地址值为 :0x%x",strstr(c1,c2));// 十六进制用 0x 标识，%x 表示输出十六进制数
```

□4.3.8 统计单词数（stat）

【题目描述】

给定一个单词，请输出它在给定的文章中出现的次数和第一次出现的位置。注意：匹配单词时，不区分大小写，但要求完全匹配，即给定的单词必须与文章中的某一独立单词完全相同。（题目来源：NOIP 2011 普及组）

【输入格式】

第一行为字符串，其中只含字母，表示给定的单词。

第二行为字符串，其中只可能包含字母和空格，表示给定的文章。

【输出格式】

如果在文章中找到给定的单词则输出两个整数，两个整数之间用一个空格隔开，分别表示单词在文章中出现的次数和第一次出现的位置（在文章中第一次出现时，单词首字母在文章中的位置，位置从 0 开始）；如果单词没有在文章中出现，则输出整数 -1（给定的单词仅是文章中某一单词的一部分不算匹配）。

【输入样例 1】

To
to be or not to be is a question

【输出样例 1】

2 0

【输入样例 2】

to
Did the Ottoman Empire lose its power at that time

【输出样例 2】

-1

【算法分析】

为便于查找，首先将两个字符串中的字母统一转为大写字母或小写字母。

使用 strstr(str1,str2) 在字符串 str1 中查找字符串 str2 的位置，获得的是地址值，将此地址值减去字符串的首地址值，即可知位于字符串 str1 的第几个字符。

每查找到一个匹配的位置，就将从字符串开头到匹配位置的内容删除（使用 strcpy() 实现，虽耗时但易理解），以便能再次使用 strstr(str1,str2) 查找下一个匹配的位置，但下一次查找到的位置并不是在之前完整的原始字符串中查找的，所以查找到的位置需要加上之前删除的字符串长度才是原始字符串中的真正位置。

参考程序如下所示（本程序仅为演示之前几个字符串函数的使用，并不是最优算法，部分大数据会超时，请自行考虑更简单的算法，后文会有针对 string 类操作的算法讲解）。

```
//统计单词数
#include <bits/stdc++.h>
using namespace std;
char str1[1000010],str2[21];

int main()
{
  cin.getline(str2,20);
  cin.getline(str1,1000000);
  int len1=strlen(str1);
  int len2=strlen(str2);
  for (int i=0; i<len1; i++) //全转为大写字母
    if (str1[i]>='a' && str1[i]<='z')
      str1[i]-=32;
  for (int i=0; i<len2; i++) //全转为大写字母
    if (str2[i]>='a' && str2[i]<='z')
      str2[i]-=32;
  strcat(str2," ");//后面加空格降低匹配难度（因为单词以空格间隔）
  strcat(str1," ");//后面加空格降低匹配难度
  int first=-1;//first:第一个匹配位置，-1 表示还没开始匹配
  int count=0, p=0,Len=0;//Len 统计前面已经删除了多少个字符
  while (strstr(str1,str2))//如果 str1 包含 str2，即可以匹配
  {
    p=strstr(str1,str2)-str1;//包含 str2 的地址 - 数组首地址，即偏移量
    if ((p==0 || str1[p-1]==' ') && first==-1)//第一次匹配的处理
      first=p+Len,count++;//first 要还原回初始的正确位置
    else  if(str1[p-1]==' ')//因为单词以空格间隔
      count++;
    strcpy(str1,str1+p+1);//将 str1 后面一段复制，即前面一段删除（耗时）
    Len+=p+1;//每次 str1 前面删除的字符串长度都累计到 Len
  }
  if (count==0)
    cout<<"-1\n";
  else
    cout<<count<<' '<<first<<endl;
  return 0;
}
```

实际上，之前提到的 string 类使用起来比字符数组更为方便。例如判断两个 string 类的字符串 s 和 s1 的子串问题，string 类提供的部分相关函数如下。

s.find(s1)：查找 s 中第一次出现 s1 的位置，如果找不到就返回 -1。

s.find(s1,p)：从 s 的第 p 个位置开始查找第一次出现 s1 的位置，找不到就返回 -1。

参考程序如下所示。

```
1   //统计单词数——用 string 类处理
2   #include <bits/stdc++.h>
3   using namespace std;
4
5   int main()
6   {
7     string a,b;              //string 不是基本数据类型，不能用 scanf() 读取
8     getline(cin,a);          //读取带空格的字符串到 string，推荐用 getline()
9     getline(cin,b);          //读取不带空格的字符串到 string，直接用 cin>>
10    for (int i=0; i<a.length(); ++i)
11      a[i]=tolower(a[i]); //转小写字母，转大写字母为 toupper
12    for (int i=0; i<b.length(); ++i)
13      b[i]=tolower(b[i]);
14    a=' '+a+' ';             //单词前后加空格，可以用运算符“+”实现
15    b=' '+b+' ';             //文章同步前后加空格
16    if (b.find(a)==-1)     //先测试是否有匹配位置，找不到值为 -1
17      cout<<-1<<endl;
18    else
19    {
20      int first=b.find(a),count=0;
21      for (int P=b.find(a); P<b.length(); P=b.find(a,P+1))
22        ++count;
23      cout<<count<<" "<<first<<endl;
24    }
25    return 0;
26  }
```

上面程序的第 14、15 行只用了操作符“+”就将字符串连接了起来。string 类的操作符如表 4.1 所示。

表 4.1

操作符	示例	注释
+	s+t	将字符串 s 和 t 连接成新字符串，注意先后顺序
=	s=t	用字符串 t 更新字符串 s
+=	s+=t	等价于 s=s+t
==	s==t	判断字符串 s 与字符串 t 是否相同
!=	s!=t	判断字符串 s 与字符串 t 是否不相同
<	s<t	判断字符串 s 是否小于字符串 t（按 ASCII 值比较）
<=	s<=t	判断字符串 s 是否小于等于字符串 t（按 ASCII 值比较）
>	s>t	判断字符串 s 是否大于字符串 t（按 ASCII 值比较）
>=	s>=t	判断字符串 s 是否大于等于字符串 t（按 ASCII 值比较）
[ ]	s[i]	访问字符串中下标为 i 的字符

使用了 string 类的部分操作符的参考程序如下所示。

```
//string 类的部分操作符的使用
#include <bits/stdc++.h>
using namespace std;

int main()
{
  string s1,s2="abc";                  //定义 s1 为空字符串，s2 赋值为 "abc"
  cin>>s1;
  cout<<(s1==s2 ? "s1==s2":"s1!=s2")<<endl;
  cout<<(s1>=s2 ? "s1>=s2":"s1<s2" )<<endl;
  s1="new";                            //s1 更新为 "new"
  s1=s1+'_';                           //s1 更新为 "new_"
  s1+=s2;                              //s2 连接到 s1 的后面，s1 为 "new_abc"
  for (int i=s1.length()-1; i>=0; i--)
    cout<<s1[i];                       //逆序逐个输出各元素即 "cba_wen"
  return 0;
}
```

string 类的用法还有很多，此处仅列出了一些常见的用法。需要注意的是：虽然 string 类使用起来非常方便，但是其在时间效率上是不如字符数组的。

【笔试测验】请手动算出下面程序执行时输入 I am a magician. 的结果。

```
#include <bits/stdc++.h>
using namespace std;

int main()
{
  string str;
  getline(cin, str);
  int len=str.size();   //size() 和 length() 一样，都是统计字符串的元素个数
  for (int i=0; i<len; i++)
    if(str[i]>='a' && str[i]<='z')
      str[i]=str[i]-'a'+'A';
  cout<<str<<endl;
  return 0;
}
```

□4.3.9 子串包含问题（substr）

【题目描述】

输入两个字符串 s1 和 s2，要求判断其中一个字符串是不是另一个字符串通过若干次循环移位后的新字符串的子串。循环移位是指将字符串的第一个字符移动到末尾形成新的字符串。例如 CDMA 是 MAUVCD 两次移位后产生的新字符串 UVCDMA 的子串，而 CDMA 与 AMCD 则无论如何移位也不可能实现。

【输入格式】

输入两个字符串。

【输出格式】

如果第一个字符串是第二个字符串通过若干次循环移位后的新字符串的子串，则输出“Yes”，否则输出“No”。

【输入样例】

CDMA
MAUVCD

【输出样例】

Yes

【算法分析】

将长字符串自身复制一次，例如“MAUVCD”变为“MAUVCDMAUVCD”后查找子串即可。

参考程序如下所示。

```
//子串包含问题
#include <bits/stdc++.h>
using namespace std;

int main()
{
  string s1,s2;
  cin>>s1>>s2;
  if (s1.size()<s2.size())     //比较两个字符串的长度，将长字符串放在前面
    swap(s1,s2);
  s1+=s1;                      //复制 s1
  cout<<(s1.find(s2)==-1?"No":"Yes")<<'\n';
  return 0;
}
```

□4.3.10　命名（namenum）

【题目描述】

母牛们都有手机了，它们将身上烙的编号按标准手机数字按键的排列转换成对应的字母后为彼此取名。手机按键的数字分别对应下面字母之一（除了“Q”和“Z”）。

2: A，B，C。　5: J，K，L。　8: T，U，V。

3: D，E，F。　6: M，N，O。　9: W，X，Y。

4: G，H，I。　7: P，R，S。

母牛们喜欢的名字都在一个按字典序排列的列表里，列表中所有名字均为大写，试从列表中找出编号对应的所有有效名字。例如编号 25 可以转换成 AJ、AK、AL、BJ、BK、BL、CJ、CK 及 CL。而列表中只能找到 AK 和 AL，所以有效的名字就是 AK 和 AL。

【输入格式】

第一行是给出的编号，第二行是列表的名字数量 *n*，随后为 *n* 行，每行一个大写的名字。

【输出格式】

按字典序输出有效名字的不重复列表，一行一个名字。如果没有则输出“NONE”。

【输入样例】

```
25
5
AB
AK
AL
BA
BB
```

【输出样例】

```
AK
AL
```

使用“内容市场”
APP 扫描看视频

□4.3.11 古风排版（typesetting）

【题目描述】

古人书写文字是从右向左竖向排版的。请编写程序，把一段文字按古风格式排版。

【输入格式】

第一行输入一个正整数 N（$N < 100$），表示每一列的字符数。第二行输入一个长度不超过 1 000 的非空字符串，以换行结束。

【输出格式】

按古风格式排版给定的字符串，每列 N 个字符（最后一列可能不足 N 个）。

【输入样例】

```
4
This is a test case
```

【输出样例】

```
asa T
st ih
e tsi
 ce s
```

【算法分析】

首先要计算出显示列数，再按照一定的规则将字符串依次存入二维字符数组的相应位置输出即可。

4.4 滚动数组

扫码看视频

□4.4.1 截铁丝（line）

【题目描述】

现有长度为 *total* 的铁丝，要将之截成 *n* 小段（$n > 2$），每段的长度不小于 1，如果其中任意 3 小段铁丝都不能拼成三角形，则 *n* 的最大值为多少？

【输入格式】

输入一个整数 *total*（$5 < total < 150\,000\,000$）。

【输出格式】

输出一个整数 *n*。

【输入样例】

144

【输出样例】

10

【算法分析】

只有任何两边之和大于第三边才可以构成一个三角形，因此无法构成三角形的条件就是任意两边之和不超过第三边。

题目要求截尽可能多的铁丝段，所以初始时应该是两个长度最小为 1 的铁丝段，而第三段铁丝的长度应该是 2（为了使得 *n* 最大，则要使剩下来的铁丝尽可能长，所以每一段铁丝的长度应该是前面的相邻两段铁丝的长度的和）。显然这是一个斐波那契数列，依次为 1、1、2、3、5、8、13、21、34、55，以上各数之和为 143，与 144 相差 1。因此如果铁丝长度为 144，则最后一段铁丝的长度可以取 56。

普通写法的参考代码如下所示。

```
//截铁丝——普通写法
#include <bits/stdc++.h>
using namespace std;

int main()
{
  long long d[100]= {1,1};
  int total,i,sum=2;                    //sum为已截的铁丝长度和，初始为2
  scanf("%d",&total);
  for (i=2; ; i++)
  {
    d[i]=d[i-1]+d[i-2];
    if (total-sum>=d[i])
```

```
        sum+=d[i];                          //已经截去的铁丝总长
      else
        break;
    }
    printf("%d\n",i);
    return 0;
}
```

d[] 数组使用了 100 个存储单元的空间，但其实程序运行时始终只有 d[i]、d[i−1] 及 d[i−2]3 个数组元素参与计算。因此可以定义一个只有 3 个数组元素的数组 d[3]，将 d[i] = d[i−1] + d[i−2] 改成 d[i%3] = d[(i−1)%3] + d[(i−2)%3] 滚动循环计算，因为对 3 取模的结果永远在 0、1、2 这 3 个数中循环。如图 4.21 所示，当 i=2 时，对应 d[2] = d[1] + d[0]；当 i=3 时，对应 d[0] = d[2] + d[1]……

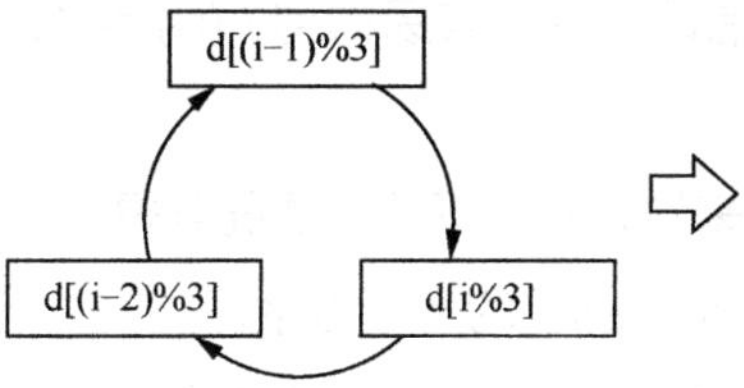

	d[i%3]=d[(i−1)%3]+d[(i−2)%3]				
i=2	d[2]	=	d[1]	+	d[0]
i=3	d[0]	=	d[2]	+	d[1]
i=4	d[1]	=	d[0]	+	d[2]
i=5	d[2]	=	d[1]	+	d[0]
i=6	d[0]	=	d[2]	+	d[1]
…	…		…		…

图 4.21

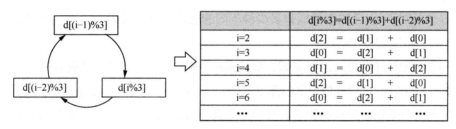

使用滚动数组的代码如下所示。可以看到，滚动数组节约了空间，但效率不高。

```
//截铁丝——滚动数组
#include <bits/stdc++.h>
using namespace std;

int main()
{
    long long d[3]= {1,1};
    int total,i,sum=2;                  //sum 为已截的铁丝长度和，初始为 2
    scanf("%d",&total);
    for (i=2; ; i++)
    {
      d[i%3]=d[(i-1)%3]+d[(i-2)%3];
      if (total-sum>=d[i%3])
        sum+=d[i%3];                    //更新已经截去的铁丝总长
      else
        break;
    }
    printf("%d\n",i);
    return 0;
}
```

□4.4.2　太阳能电池（battery）

【题目描述】

太空站需要将 1×1 和 2×2 两种规格的太阳能电池不重叠地铺满 n×3 的电池板，求有多少种不同的铺设方案。

【输入格式】

输入一个整数 n（$0 < n < 110\,000$）。

【输出格式】

输出一个整数，即铺设方案数 %12 345 的值。

【输入样例】

2

【输出样例】

3

【算法分析】

用 $f(n)$ 表示对于 $n\times3$ 的电池板有多少种不同的铺设方案，容易得到 $f(0) = 1$、$f(1) = 1$、$f(2) = 3$。那么 $f(3)$ 是多少呢？

显然，$f(3)$ 是由 $f(1)$ 和 $f(2)$ 的铺设方案数递推而来的，分以下两种情况考虑：

（1）由 $f(2)$ 推导时，只有将第 3 行用 3 块 1×1 的电池铺设的一个方案；

（2）由 $f(1)$ 推导时，只有将第 2 行和第 3 行用 1 块 2×2 的电池和 2 块 1×1 的电池铺设的两个方案（只用 1×1 的电池铺设的方案与 $f(2)$ 中的方案重复）。

根据加法原理和乘法原理，得递推关系式 $f(i) = f(i-1) + f(i-2)*2$。参考程序如下所示。

```
//太阳能电池
#include <bits/stdc++.h>
using namespace std;
#define F(i) f[(i)%3]    //定义程序中的 f[(i)%3] 用 F(i) 表示，i 为变量

int main()
{
  int n;
  int f[3]= {1,1};
  scanf("%d",&n);
  for (int i=2; i<=n; i++)
    F(i)=(F(i-1)+F(i-2)*2)%12345;
  printf("%d\n",F(n));
  return 0;
}
```

滚动数组更多地应用于二维数组，试观察下面的程序段。

```
for (int i=n-1; i>=1; i--)
  for (int j=1; j<=i; j++)
    f[i][j]+=max(f[i-1][j],f[i-1][j-1]); //max(a,b) 可得 a、b 的最大值
```

程序在运行时，始终只有两行数据参与计算，即下一行的值根据上一行的值来确定。因此，为节省程序运行空间，可以只定义一个由两个一维数组组成的二维数组，例如 f[2][n]，采取边读取边计算的方式。计算的时候，对数组下标 i 和 i−1 对 2 取模实现数组的滚动操作，即 f[i%2][j]=

max(f[(i-1)%2][j],f[(i-1)%2][j-1])。

为方便起见，也可以改成预处理指令：

```
#define F(i,j) f[(i)%2][j]    //定义程序中的 f[(i)%2][j] 用 F(i, j) 表示
```

则 F(i,j) = max(F(i-1,j), F(i-1,j-1))。

滚动数组的运行过程如图 4.22 所示。

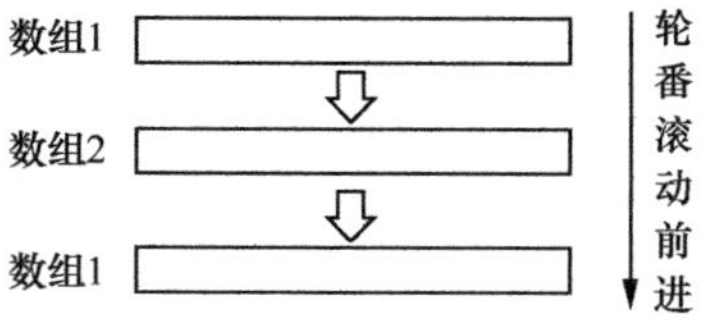

图 4.22

第 05 章　阶段检测 1

5.1 笔试检测

（1）请手动算出下面程序执行的结果。

```
#include <bits/stdc++.h>
using namespace std;

int main()
{
  int a[]= {1, 2, 3, 4, 5, 6, 7, 8},pa=0,pb=7;
  while (pa<pb)
  {
    int t=a[pa];
    a[pa]=a[pb];
    a[pb]=t;
    pa++,pb--;
  }
  do
    cout<<a[pa]<<' ';
  while(pa--);
  return 0;
}
```

（2）请手动算出下面程序执行时输入 5 2 94 -7 0 19 82 的结果。

```
#include <bits/stdc++.h>
using namespace std;

int main()
{
  int d[10], i, j, cnt, n, m;
  scanf("%d %d\n", &n, &m);
  for (i=1; i<=n; i++)
    scanf("%d", &d[i]);
  for (i=1; i<=n; i++)
  {
    cnt=0;
    for (j=1; j<=n; j++)
```

```
      if ((d[i]<d[j]) || (d[j]==d[i] && j<i))
        cnt++;
      if (cnt==m)
        printf("%d\n", d[i]);
  }
  return 0;
}
```

（3）请手动算出下面程序执行的结果。

```
#include <bits/stdc++.h>
using namespace std;

int main()
{
  int a[3],b[3]= {2,3,5};
  for (int i=0; i<3; ++i)
  {
    a[i]=0;
    for (int j=0; j<=i; ++j)
    {
      a[i]+=b[j];
      b[a[i]%3]+=a[j];
    }
  }
  int ans=1;
  for (int i=0; i<3; ++i)
  {
    a[i]%=10;
    b[i]%=10;
    ans*=a[i]+b[i];
  }
  cout << ans << endl;
  return 0;
}
```

（4）请手动算出下面程序执行时输入 Believe in yourself 的结果（提示：空格符的 ASCII 码值为 32，'0' 的 ASCII 码值为 48，'A' 的 ASCII 码值为 65，'a' 的 ASCII 码值为 97）。

```
#include <bits/stdc++.h>
using namespace std;

int main()
{
  string s;
  getline(cin, s);
  char m1 = ' ',m2 = ' ';
  for (int i=0; i<s.length(); i++)
    if (s[i]>m1)
    {
      m2=m1;
      m1=s[i];
    }
```

```
    else if (s[i]>m2)
      m2=s[i];
  cout<<int(m1)<<' '<<int(m2)<<endl;
  return 0;
}
```

（5）请手动算出下面程序执行的结果。

```
#include <bits/stdc++.h>
using namespace std;

int main()
{
  int a[4][4]={1,2,-3,-4,0,-12,-13,14,-21,23,0,-24,-31,32,-33,0};
  int i,j,s=0;
  for (i=1; i<4; i++)
    for (j=0; j<4; j++)
    {
      if (a[i][j]<0) continue;
      if (a[i][j]==0) break;
      s+=a[i][j];
    }
  cout<<s<<endl;
  return 0;
}
```

5.2 上机检测

扫码看视频

□5.2.1 猴子吃桃（peach）

【题目描述】

一只猴子第一天摘下若干个桃子，当即吃掉一半，还不过瘾，又多吃了一个。第二天早上猴子又将剩下的桃子吃掉一半，并又多吃了一个。以后每天早上猴子都吃掉前一天剩下的桃子的一半再多一个。到第 10 天早上猴子想再吃桃子时，只剩一个桃子了。求第一天共摘了多少桃子?

【输入格式】

无输入。

【输出格式】

输出桃子个数。

【输入样例】

无。

【输出样例】

略。

使用“内容市场”APP 扫描看视频

□5.2.2　卖宝石（stone）

【题目描述】

一堆宝石分 5 次出售，第 1 次卖出全部的一半加 1/2 个；第 2 次卖出余下的 1/3 加 1/3 个；第 3 次卖出余下的 1/4 加 1/4 个；第 4 次卖出余下的 1/5 加 1/5 个；最后卖出余下的 11 个。问原来共有多少宝石?

【输入格式】

无输入。

【输出格式】

输出宝石数。

【输入样例】

无。

【输出样例】

略。

□5.2.3　取石子游戏（stone）

【题目描述】

A 和 B 两人玩取石子游戏，一共有两堆石子，每次可以选择一堆取任意个石子，当一个人没有石子取时就输了。

A 和 B 都非常聪明，每次取石子都是按最优策略选择，假设 A 先取，问最后谁能赢。

【输入格式】

输入两个数 x、y 分别表示两堆石子的数量（$x \leqslant 100\ 000$，$y \leqslant 100\ 000$）。

【输出格式】

输出赢家的名字，即输出“A”或者“B”。

【输入样例】

1 2

【输出样例】

A

□5.2.4　打电话（telephone）

【题目描述】

通信公司规定通话时间小于等于 3 分钟话费都是 a 元，大于 3 分钟则每分钟按 b 元收费，小光有t元，问最多能打多少分钟电话。

【输入格式】

输入 3 个整数 a、b、t（$1 \leqslant a$，$b \leqslant 100$，$1 \leqslant t \leqslant 10\,000$）。

【输出格式】

输出一个整数，即最多分钟数。

【输入样例】

2 1 4

【输出样例】

6

□5.2.5 神秘字符串（ride）

【题目描述】

你需要将两个字符串均以下列方式转换成一个数字，最终数字就是字符串中所有字母的积，其中字母 A ～ Z 对应数字 1 ～ 26。例如，USACO 就是 21×19×1×3×15 = 17 955。如果两个字符串转换为数字后 % 47 的值相等则输出“GO”，否则输出“STAY”。

【输入格式】

第一行为长度为 1 ～ 6 的大写字母的字符串，第二行为长度为 1 ～ 6 的大写字母的字符串。

【输出格式】

输出“GO”或“STAY”。

【输入样例】

COMETQ
HVNGAT

【输出样例】

GO

□5.2.6 合法 C++ 标识符（c）

【题目描述】

给定一个不包含空格符的字符串，请判断其是否为 C++ 语言合法的标识符。

C++ 语言标识符的要求如下。

（1）非关键字（注：题目保证这些字符串一定不是 C++ 语言的关键字）。

（2）只包含字母、数字及下划线（_）。

（3）不以数字开头。

【输入格式】

输入一个字符串，字符串中不包含任何空格符，且长度不大于 20。

【输出格式】

如果它是 C++ 语言的合法标识符，则输出“yes”，否则输出“no”。

【输入样例】

123You

【输出样例】

no

□5.2.7　求立方根（cuberoot）

【题目描述】

输入一个正整数 a，求 a 的立方根。已知求立方根的迭代公式为 $x_{n+1} = x_n \times 2/3 + a/(3 \times x_n \times x_n)$，其中 $x_0 = a$。

【输入格式】

输入一个整数 a。

【输出格式】

输出 a 的立方根，保留小数点后 3 位。

【输入样例】

27

【输出样例】

3.000

迭代公式是这样使用的：例如求 18 的立方根，将 $x_0 = a$ 代入迭代公式得 $x_1 = 12.018\ 5$，再将 $x_1 = 12.018\ 5$ 代入迭代公式得 $x_2 = 8.053\ 88$, 如此循环，直到 x_{n+1} 和 x_n 的值无限逼近（例如差值小于 0.000 01）时，x_{n+1} 即所求的答案。

□5.2.8　插入排序（insert）

【题目描述】

如图 5.1 所示，插入排序类似于玩扑克时抓牌的过程，玩家每拿到一张牌都要插入手中已有的牌，使之从小到大排好序。

现使用排好序的数组模拟插入排序，即输入一个数时，要求按从小到大的排序规律将它插入数组中。

【输入格式】

输入共 3 行，第 1 行为一个数 N（$N \leqslant 10\ 000$），表示原数组元素的个数；第 2 行为 N 个数，即原数组的各元素值；第3行为一个数x，即输入的数。

图 5.1

【输出格式】

输出一行，即排好序的数组，以空格间隔，行末无空格，有换行。

【输入样例】

10

1 2 3 4 5 6 8 9 10 11

7

【输出样例】

1 2 3 4 5 6 7 8 9 10 11

【算法分析】

以输入样例来说，从左到右扫描已排好序的数组，找到第一个大于 7 的数 8，8 所在位置是 7 要插入的位置，但是插入之前必须要把 8 暂存到一个临时变量例如 t 中，否则 8 就会被 7 覆盖；7 插入后，8 变成了要插入的数，要把 8 插入后面 9 的位置……显然这是一个相似的操作过程，如图 5.2 所示。

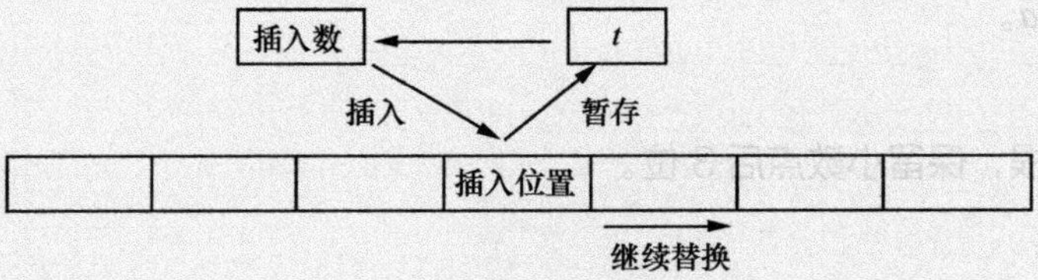

图 5.2

或者从右向左扫描数组中的每个元素，若数组中的元素大于要插入的数，则将该数组元素后移一位，否则将插入的数放入之前因数组元素后移而空出的位置。

□5.2.9 排名次（billing）

【题目描述】

对 N 个选手的成绩排名次，排名次需要考虑同分同名次的情况。

【输入格式】

第一行为数字 N（$N \leqslant 1\,500$），第二行为 N 个选手的分数，以空格间隔。

【输出格式】

输出共 N 行，每一行两个整数，分别为成绩和名次。

【输入样例】

5

90 90 100 88 72

【输出样例】

90 2

90 2

100 1

88 4

72 5

这道题可以使用逆向思维，即假设每位选手为第一名，然后用每一位选手的成绩与所有选手的成绩比较，如果有成绩比这位选手高的，成绩低的选手的名次加 1，最终可求出所有选手的名次，且同分的选手的名次相同。

□5.2.10　ISBN（isbn）

【题目描述】

某图书馆的检索号包括 9 位数字、1 位识别码和 3 位连接符，其格式如“x-xxx-xxxxx-x”，其中符号“-”是连接符（键盘上的减号），最后一位是识别码。例如 0-670-82162-4 就是一个标准的检索号。检索号的首位数字表示书籍的出版语言，例如 0 代表英语；第一个连接符“-”之后的 3 位数字代表出版社，例如 670 代表出版社；第二个连接“-”之后的 5 位数字代表该书在出版社的编号；最后一位为识别码。

识别码的计算方法如下。

首位数字乘以 1 加上次位数字乘以 2……以此类推，用所得的结果 % 11，所得的余数即识别码。如果余数为 10，则识别码为大写字母 X。例如检索号 0-670-82162-4 中的识别码 4 是这样得到的：对 067082162 这 9 个数字，从左至右分别乘以 1,2,…,9，再求和，即 $0\times1+6\times2+\cdots+2\times9=158$，然后取 158 % 11 的结果 4 作为识别码。

请编写程序判断输入的检索号中的识别码是否正确，如果正确，则仅输出“Right”；如果错误，则输出你认为是正确的检索号。

【输入格式】

输入一个字符序列，即一本书的检索号（保证符合检索号的格式要求）。

【输出格式】

输出共一行，假如输入的检索号的识别码正确，那么输出“Right”，否则按照规定的格式输出正确的检索号（包括连接符“-”）。

【输入样例】

0-670-82162-0

【输出样例】

0-670-82162-4

□5.2.11 救援顺序（rescue）

【题目描述】

N个人被困在了M（$1 \leqslant M \leqslant 1\ 000$）个山洞里，他们每个人都发送了一条信息告知了被困的山洞编号，救援人员的救援规则是：先去被困人数最多的山洞救援，若两个山洞被困人数相同，则优先去编号较小的山洞救援。

【输入格式】

第一行为一个整数N（$3 \leqslant N \leqslant 100\ 000$），表示被困人数。

第二行为N个数，表示N个人被困的山洞编号。

【输出格式】

输出救援人员的救援顺序。

【输入样例】

8
5 5 5 3 3 2 2 1

【输出样例】

5->2->3->1

□5.2.12 比例简化（ratio）

【题目描述】

为评出最佳选手进行了网络投票，例如对某一选手表示支持的有1 498人，表示反对的有902人，那么支持与反对的比例可以简单地记为1 498 : 902。

但是这个比例数值太大，很难一眼看出它们的关系，如果将比例记为5 : 3，虽然与真实结果有一定误差，但很直观，也能准确地反映调查结果。

现在给出支持人数A、反对人数B，以及上限L，请将A/B简化为A'/B'，要求在A'和B'均不大于上限L且A'和B'互质（两个整数的最大公约数为1）的前提下，$A'/B' \geqslant A/B$且$A'/B' - A/B$的值尽可能小。

【输入格式】

输入一行3个正整数A、B、L，每两个正整数之间用一个空格隔开，分别表示支持人数、反对人数以及上限。其中，$1 \leqslant A \leqslant 1\ 000\ 000$，$1 \leqslant B \leqslant 1\ 000\ 000$，$1 \leqslant L \leqslant 100$，$A/B \leqslant L$。

【输出格式】

输出一行两个正整数A'和B'，中间用一个空格隔开，表示简化后的比例。

【输入样例】

1498 902 10

【输出样例】

5 3

□5.2.13　黑色星期五（friday）

【题目描述】

传说若 13 日是星期五则不是一个“吉利”的日期。试编程计算从 1900 年 1 月 1 日起到 1900 + n-1 年 12 月 31 日为止，13 日为星期一、星期二、……、星期日的次数。

已知 1900 年 1 月 1 日是星期一，4、6、9 及 11 月有 30 天，其他月份除了 2 月都有 31 天。闰年 2 月有 29 天，平年 2 月有 28 天。

【输入格式】

输入一个整数 n，n 是一个非负数且不大于 400。

【输出格式】

输出 7 个整数，它们代表 13 日是星期六、星期日、星期一、……、星期五的次数。

【输入样例】

20

【输出样例】

36 33 34 33 35 35 34

□5.2.14　序列变换（change）

【题目描述】

有一个由 n 个 0 组成的数字序列需要通过两种操作将这个数字序列变换成目标序列 a。

操作 1：给 $a_i,a_{i+1},\cdots,a_n$ 都加上 1。

操作 2：给 $a_i,a_{i+1},\cdots,a_n$ 都减去 1。

试计算至少需要操作多少次可以把原数字序列变换成目标序列。

【输入格式】

第一行为一个整数 n（$1 \leqslant n \leqslant 200\,000$）。

第二行为 n 个整数，即目标序列 a（$-10^9 \leqslant a_i \leqslant 10^9$）。

【输出格式】

输出最少的操作次数。

【输入样例】

5

1 2 3 4 5

【输出样例】

5

□5.2.15 打猎（hunt）

【题目描述】

森林里有 $M \times N$ 棵树，组成一个 M 行 N 列的矩阵，水平或垂直相邻的两棵树的距离为 1，猎人和熊各在一棵树下。如果猎人与熊之间没有其他的树遮挡视线，猎人就可以开枪打到熊。

已知猎人和熊的位置，试判断熊所在的位置是否安全。

【输入格式】

第一行为 n，表示有 n（$n \leqslant 100\,000$）组数据，每组数据均为一行，分别为 4 个正整数，表示猎人和熊所在位置的 x 坐标和 y 坐标（$1 \leqslant x \leqslant 100\,000\,000$，$1 \leqslant y \leqslant 100\,000\,000$）。

【输出格式】

输出 n 行，每行为“yes”或“no”，表示熊的位置是否安全。

【输入样例】

1
1 1 2 3

【输出样例】

no

□5.2.16 矩阵排序（sort）

【题目描述】

有多组 $n \times m$ 的数字矩阵，需要将这个矩阵按行由小到大排序。矩阵的一行比另一行小，当且仅当这一行的字典序比另一行小。

【输入格式】

第一行两个整数 n 和 m（$1 \leqslant n$，$m \leqslant 500$）。

之后为 n 行，每行 m 个 0 ～ 100 的整数。

【输出格式】

输出一个矩阵。

【输入样例】

3 5
8 1 8 5 3
5 4 4 6 7

12383

【输出样例】

12383
54467
81853

□ 5.2.17 “语言之争”(language)

【题目描述】

Java 与 C++ 语言的最大区别之一在于标识符的命名。由多个单词组成的 Java 标识符的命名规则如下：第一个单词的首字母都是小写字母，接下来的其他单词都是大写字母开头，单词之间没有其他分隔符，例如 longAndMnemonicIdentifier、name、nEERC 都是符合规则的 Java 标识符。

C++ 标识符只用小写字母，单词之间用下划线分隔，例如 c_identifier、long_and_mnemonic_identifier、name、n_e_e_r_c 都是符合规则的 C++ 标识符。

【输入格式】

输入一行不超过 100 个字符的只含有英文字母（或含英文字母和下划线）的一个标识符。

【输出格式】

如果输入的是 Java 标识符，则输出对应的 C++ 标识符；如果输入的是 C++ 标识符，则输出对应的 Java 标识符；如果都不是（或者都是），则输出“Error!”

【输入样例】

whenIFirstMeetU

【输出样例】

when_i_first_meet_u

【注意事项】

对于 C++ 标识符：

（1）必须都是小写字母；

（2）注意“_”的位置；

（3）单词之间只能用“_”分隔。

对于 Java 标识符：

（1）第一个单词首字母小写；

（2）单词之间没有“_”分隔。

两种规则混在一起的输出“Error!”（不包括引号）：

（1）既有大写字母又有“_”；

（2）符合两种规则情况。

在符合规则的情况下，一定要注意正确转换。

可定义两个布尔变量 Upper 和 Under 标记字符串中是否有大写字母和下划线，这样就可以根据 Upper 和 Under 的值判断出字符串是否符合规则了，如果不符合规则，输出“Error!”退出程序，否则进行语言转换输出。

扫码看视频

5.3 头脑风暴

头脑风暴的目的是通过对题目的深入研究和讨论，使大家能够开拓思维、产生灵感，从而更自由地思考，以产生更好、更多的解决办法。

5.3.1 五位数

【题目描述】

有这样一些五位数，它的前两位和后两位能被 6 整除，中间一位也能被 6 整除，试编程计算这样的数有多少个?

【输入格式】

无输入。

【输出格式】

输出满足条件的数的个数。

【输入样例】

无。

【输出样例】

略。

这道题最简单的解答方法之一是枚举，但其实可以用更巧妙的方法来解答。

把五位数分成 3 个部分：前两位、中间一位及后面两位。

先分析前两位。由于首位不能为 0，只能从 1 开始，因此前两位的情况有 12,18,24,…,96。显然这是个等差数列，使用等差数列公式 $a_n = a_1+(n-1)\times d$，变形后求得 $n = (96-12)\div 6+1 = 15$。

再分析中间一位。中间一位能被 6 整除的数只能为 0 或 6，有两种。

最后分析后面两位。和前两位类似，求 0,6,12,…,96 的项数，为 $(96-0)\div 6+1=17$。所以根据排列组合的乘法公式，所有情况为 $15\times 2\times 17=510$（种）。

□5.3.2 六位数

【题目描述】

一个六位数的个位数为 7，现将个位数移至首位（十万位），而其余各位数顺序不变，均后移一位，得到一个新的六位数。假如新数为旧数的 4 倍，求原来的六位数。

这道题可以用数学方法求解。

设 x 为新数，y 为旧数，可知：

（1）$x = 4y$；

（2）$x = 7\times 100\,000+(y-7)/10$。

因此 $4y = 700\,000+(y-7)/10$，故 $y = 179\,487$。

□5.3.3 计算 S 的值（tower）

【题目描述】

输入正整数 n，计算 $S=1+(1+2)+(1+2+3)+\cdots+(1+2+3+\cdots+n)$。

【输入格式】

输入一个正整数 n（$n<80$）。

【输出格式】

输出 S 的值。

【输入样例】

5

【输出样例】

35

这道题可以用数学方法求解。

$$1+2+3+\cdots+n=\frac{(n+1)n}{2}=\frac{n^2}{2}+\frac{n}{2}$$

$$S=(\frac{1^2}{2}+\frac{2^2}{2}+\frac{3^2}{2}+\cdots+\frac{n^2}{2})+(\frac{1}{2}+\frac{2}{2}+\cdots+\frac{n}{2})$$

$$=\frac{1^2+2^2+3^2+\cdots+n^2}{2}+\frac{n(n+1)}{4} \quad (5\text{-}1)$$

$1^2+2^2+3^2+\cdots+n^2$可顺序排成左边的三角形（以 n=8 为例），根据左边的三角形可旋转得出右边的两个三角形。

现在我们发现 3 个三角形对应的每 3 个点相加的和均为（$2n$+1）。那么有多少个（$2n$+1）呢？显然根据等差数列公式即可求出，即 $n(n+1)/2$。

```
       1                 8                 8
      2 2               8 7               7 8
     3 3 3             8 7 6             6 7 8
    4 4 4 4           8 7 6 5           5 6 7 8
   5 5 5 5 5         8 7 6 5 4         4 5 6 7 8
  6 6 6 6 6 6       8 7 6 5 4 3       3 4 5 6 7 8
 7 7 7 7 7 7 7     8 7 6 5 4 3 2     2 3 4 5 6 7 8
8 8 8 8 8 8 8 8   8 7 6 5 4 3 2 1   1 2 3 4 5 6 7 8
```

则一个三角形的和应为：

$$1^2+2^2+3^2+\cdots+n^2=n(n+1)(2n+1)/6 \quad (5\text{-}2)$$

将式（5-2）代入式（5-1），化简得$S=n(n+1)(n+2)/6$。

□5.3.4 求 0 的个数（factorial）

【题目描述】

求1×2×3×⋯×N所得的数末尾有多少个 0。（1 ⩽ N ⩽ max，max 为无符号整数类型最大值 unsigned INT_MAX）

【输入格式】

输入共一行一个数，即N。

【输出格式】

输出共一行，即 0 的个数。

【输入样例】

5

【输出样例】

1

一般的方法是从 1 乘到 N，每乘一次判断一次，若数的末尾有 0 则去掉 0，并记下去掉的 0 的个数。并且为了不超出数的取值范围，去掉前面与 0 无关的数，只保留 3 位有效数。

```
//求 N！所得的数末尾的 0 的个数——方法 1
#include <bits/stdc++.h>
using namespace std;

int main()
{
  int ans=0,n,sum=1;
  scanf("%d",&n);
  for (int i=1; i<=n; i++)
  {
    sum*=i;
    while (sum%10==0)                     //若数的末尾有 0，则去掉 0 并计数
    {
      sum/=10;
      ans++;
    }
    sum%=1000;                            //保留 3 位有效数即可
  }
```

```
    printf("%d\n",ans);
    return 0;
}
```

进一步的优化：由于影响生成 0 的数只有 2 的倍数和 5 的倍数，这些数的分解数中含因子 2 的数多于含因子 5 的数，显然真正影响生成 0 的数是 5 的倍数。因此可以得出这样的结论：N！的分解数中有多少个因子 5，末尾就有多少个 0。这样可使外面的大循环的循环次数减少 4/5。

```
//求N！所得的数末尾的 0 的个数 —— 方法 2，需 N/5 次循环
#include <bits/stdc++.h>
using namespace std;

int main()
{
  int ans=0,n;
  scanf("%d",&n);
  for (int j=5; j<=n; j+=5)            //从 5 开始，步长为 5
    for (int i=j; i%5==0; ans++)       //i 能被 5 整除，就说明有因子 5
      i/=5;
  printf("%d\n",ans);
  return 0;
}
```

可以使用“层层剥皮法”直接求 5 的个数：先以 5 为步长，执行一次循环，进行第一次剥皮，求出含 5 的个数（个数为 $N/5$ 取整）；再以 25 为步长（因为有的数可以被 5 整除两次，例如 25），执行第二次循环，进行第二次剥皮，求出含 25 的个数；再以 125 为步长……直到步长大于或等于 N 则退出循环。例如当 $N=1\ 000$ 时，公式为 num=1 000/5+1 000/(5×5)+1 000/(5×5×5)+1 000/(5×5×5×5)。

```
//求N！所得的数末尾的 0 的个数——方法 3，仅需 log5(N) 次循环
#include <bits/stdc++.h>
using namespace std;

int main()
{
  int ans=0,n;
  scanf("%d",&n);
  for (int i=n; i>=5; ans+=i)
    i/=5;
  printf("%d\n",ans);
  return 0;
}
```

□5.3.5 多项式求值（poly）

【题目描述】

输入 x 和系数 $a_0,a_1,a_2,\cdots,a_n$，计算 $a_nx^n+a_{n-1}x^{n-1}+a_{n-2}x^{n-2}+\cdots+a_1x+a_0$ 的值。

【输入格式】

第一行两个整数 n（$1\leqslant n\leqslant 10$）和 x（$-5\leqslant x\leqslant 5$）。

第二行 $n+1$ 个整数，表示 $a_0,a_1,\cdots,a_n$（$-10\leqslant a_i\leqslant 10$）的值。

【输出格式】

输出一个整数，即多项式的值。

【输入样例】

3 2

1 2 3 4

【输出格式】

49

【算法分析】

一般地，一元 n 次多项式的求值需要经过 $[n(n+1)]\ /\ 2$ 次乘法和 n 次加法，而秦九韶公式只需要 n 次乘法和 n 次加法，大大简化了运算过程。推导过程如下。

$$f(x)=a_nx^n+a_{n-1}x^{n-1}+a_{n-2}x^{n-2}+\cdots+a_1x+a_0$$

$$\rightarrow f(x)=(a_nx^{n-1}+a_{n-1}x^{n-2}+a_{n-2}x^{n-3}+\cdots+a_1)x+a_0$$

$$\rightarrow f(x)=((a_nx^{n-2}+a_{n-1}x^{n-3}+a_{n-2}x^{n-4}+\cdots+a_2)x+a_1)x+a_0$$

…

$$\rightarrow f(x)=(\cdots((a_nx+a_{n-1})x+a_{n-2})x+\cdots+a_2)x+a_1)x+a_0$$

参考程序如下所示。

```
// 多项式求值
#include <bits/stdc++.h>
using namespace std;
int a[20];

int main()
{
  int n,x;
  cin>>n>>x;
  for (int i=0; i<=n; i++)
    cin>>a[i];
  int ans=a[n];
  for (int i=n-1; i>=0; i--)
    ans=ans*x+a[i];
  cout<<ans<<endl;
  return 0;
}
```

□5.3.6 二分法求方程的解（equation）

【题目描述】

假设有一组数据是按升序（降序同理）排序的，现查找给定值 x。一种方法是从数列的中间位置开始比较，如果当前位置值等于 x，则查找成功；若 x 小于当前位置值，则在数列的前半段中查找；若 x 大于当前位置值，则在数列的后半段中查找，直到找到为止。这就是所谓的二分法。

试用二分法原理求方程 $2x^3-4x^2+3x-6=0$ 的解，其中 x 的取值范围为（−10，10）。

【输入格式】

无输入。

【输出格式】

输出一个浮点数，保留小数点后两位（不考虑四舍五入）。

【输入样例】

无。

【输出样例】

略。

【算法分析】

二分法求方程采用的是逐步逼近法。如图 5.3 所示，将方程转为 $y = 2x^3-4x^2+3x-6$，绘制于坐标系上是一条连续的曲线，则问题变为了当 $y = 0$ 时，x 的值是多少，显然方程曲线与 x 轴相交处即方程的解。

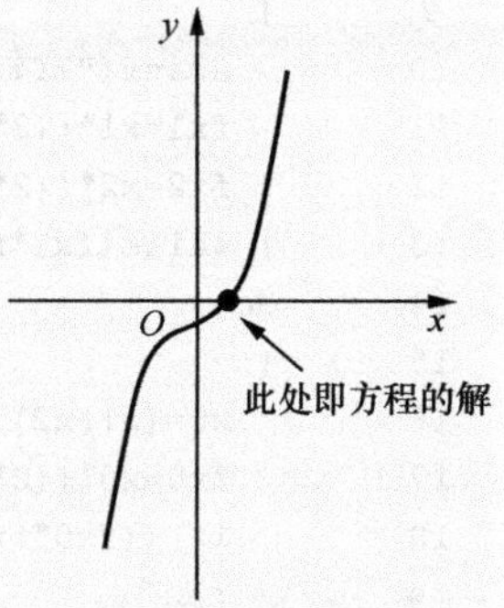

图 5.3

题目中 x 的取值范围为 (−10,10)，则取首尾两数 $x1 = 10$、$x2 = -10$，分别将 $x1$ 和 $x2$ 代入方程求解得 fx1，fx2。

再取 $x0=(x1+x2)/2$，将 $x0$ 代入方程得 fx0。此时分两种情况讨论，如图 5.4 所示。

如此反复循环直至 fx0 小于 1e−5（科学记数法 1×10^{-5}，即 0.000 01）为止。

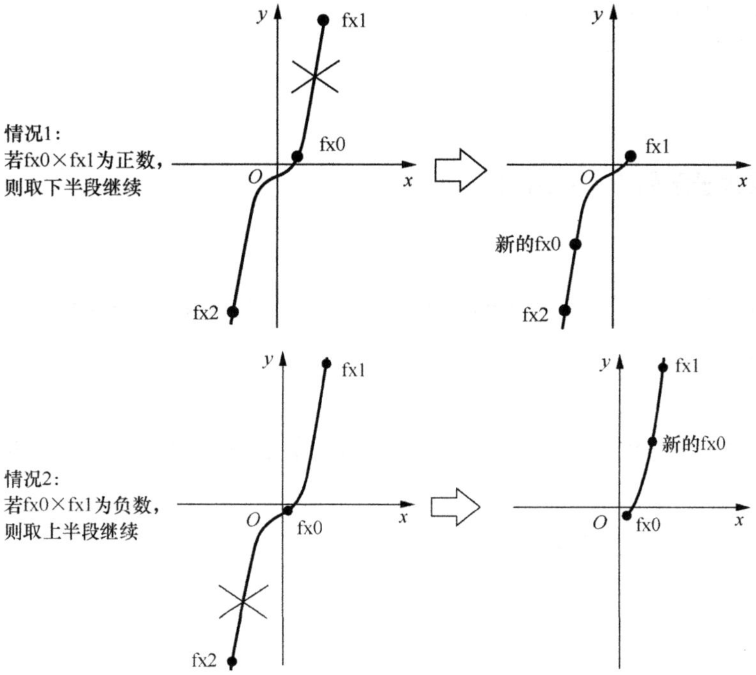

图 5.4

参考程序如下所示

```
// 二分法求方程的解
#include <bits/stdc++.h>
```

```
using namespace std;

int main()
{
  float x0,x1,x2,fx0,fx1,fx2;
  do
  {
    scanf("%f%f",&x1,&x2);
    fx1=x1*((2*x1-4)*x1+3)-6;
    fx2=x2*((2*x2-4)*x2+3)-6;
  } while(fx1*fx2>0);                                    //必须输入正确值
  do
  {
    x0=(x1+x2)/2;
    fx0=x0*((2*x0-4)*x0+3)-6;
    if ((fx0*fx1)<0)       //取互为相反数那一段，正数与负数间必有 0
    {
      x2=x0;
      fx2=fx0;
    }
    else
    {
      x1=x0;
      fx1=fx0;
    }
  } while(fabs(fx0)>=1e-5);
  printf("%0.2f\n",x0);
  return 0;
}
```

□5.3.7 求最大子序列和（sum）

【题目描述】

给一串整数 a[1],…,a[n]，求出它的最大子序列和，即找出 $1 \leqslant i \leqslant j \leqslant n$，使得 a[$i$]+a[$i$+1]+…+a[$j$] 最大。

【输入格式】

输入第一行为一个整数 n，表示有 n（$n \leqslant 35\,000$）个整数，第二行为 n 个整数。

【输出格式】

输出共一行，即最大子序列和。

【输入样例】

```
5
1 2 5 -10 7
```

【输出样例】

```
8
```

这道题可以用最朴素的算法，其时间复杂度为 $O(n^3)$。

试考虑能否优化。

参考程序如下所示。

```
// 求最大子序列和——方法 1
#include <bits/stdc++.h>
using namespace std;
const int MAX=35005;

int main()
{
  int n,sum,a[MAX]= {0};
  scanf("%d",&n);
  for (int i=1; i<=n; i++)
    scanf("%d",&a[i]);
  int ans=a[1];
  for (int i=1; i<=n; i++)
    for (int j=i; j<=n; j++)
    {
      sum=0;
      for (int k=i; k<=j; k++)
        sum+=a[k];
      ans=max(sum,ans);      //max(sum,ans) 返回两者中的最大值给 ans
    }
  printf("%d\n",ans);
  return 0;
}
```

使用前缀和思想优化：例如有 A、B、C、D、E 共 5 个人，每人手上有一定数量的糖果，其中 A 只知道他自己的糖果数 a，B 知道 A 和 B 两人的糖果总数 b，C 知道 A、B、C 这 3 人的糖果总数 c，D 知道 A、B、C、D 4 人的糖果总数 d，E 知道全部 5 人的糖果总数 e，那么 C、D、E 这 3 人的糖果总数就是 $e-b$。

所以此题可以先求出前 i 个数的和存入前缀和数组 s[i]。

例如有数组 a 的各元素值为 1、2、5、–10、7，则对应数组 s 的各元素值为 1、3、8、–2、5。可得 a[i]+a[i+1]+…+a[j] = s[j]–s[i–1]，因此可以去掉 k，时间复杂度为 $O(n+n^2) = O(n^2)$。例如求 a[1] 到 a[3] 这一段的子序列和，有 s[3]–s[0] = –2–1 = –3。

参考程序如下所示。

```
// 求最大子序列和——方法 2
#include <bits/stdc++.h>
using namespace std;
const int MAX=35005;

int main()
{
  int n,s[MAX]= {0},a[MAX]= {0};
  scanf("%d",&n);
```

```
  for (int i=1; i<=n; i++)                    //注意从下标 1 开始
  {
    scanf("%d",&a[i]);
    s[i]=s[i-1]+a[i];
  }
  int ans=a[1];
  for (int i=1; i<=n; i++)
    for (int j=i; j<=n; j++)
      ans=max(ans,s[j]-s[i-1]);               //更新最大值给 ans
  printf("%d\n",ans);
  return 0;
}
```

上面的优化程序是先求出前 i 个数的和 s[i]，则：

a[i]+a[i+1]+…+a[j] = s[j]−s[i−1]

那么对于给定的 s[j] 来说，能否直接找到最小的 s[i−1] 值呢？

参考程序如下所示。

```
//求最大子序列和——方法 3
#include <bits/stdc++.h>
using namespace std;

int main()
{
  int n,s[35005]= {0},a[35005]= {0},MAX=-2147483647;
  scanf("%d",&n);
  for (int i=1; i<=n; i++)
  {
    cin>>a[i];
    s[i]=s[i-1]+a[i];
    MAX=max(MAX,a[i]);                //找到最大值的元素
  }
  int Min=a[1],ans=a[1];              //Min 用来保存到目前为止的元素的最小值
  for (int i=1; i<=n; i++)
  {
    Min=min(Min,s[i]);                //min(a,b) 可得到 a、b 的最小值
    ans=max(ans,s[i]-Min);            //更新最大值给 ans
  }
  printf("%d\n",ans?ans:MAX);         //元素如果全是负数，则输出最大值的元素
  return 0;
}
```

继续改进：首先设最大值 *sum* 为一个极小值，输入数组数据后，从最后一个数开始向前依次相加，并将和存入变量 *b*（*b* 的初始值为 0）。如果 $b > sum$，则更新 *sum* 的值为 *b*；如果 $b < 0$，则把 *b* 清零。

重复上述操作，最后即可得出最大值 *sum*。

参考程序如下所示。

```
//求最大子序列和——方法 4
#include <bits/stdc++.h>
```

```
using namespace std;

int main()
{
  int n,sum=-2147483647,b=0,a[35005]= {0};
  scanf("%d",&n);
  for (int i=1; i<=n; ++i)
    scanf("%d",&a[i]);
  for (int i=n; i>=1; --i)
  {
    b+=a[i];
    sum=max(b,sum);
    if (b<0)
      b=0;
  }
  printf("%d\n",sum);
  return 0;
}
```

□5.3.8　猴子选大王（monkey）

【题目描述】

如图 5.5 所示，从 1 到 M 进行编号的猴子围成一圈选大王。规则是从第一只猴子开始从 1 循环报数，数到 N 的猴子出圈，然后下一只猴子再重新从 1 报数……剩下的最后一只猴子就是大王。试编程计算成为大王的猴子的编号。

【输入格式】

输入两个数字，即 M（$M \leqslant 100$），N（$N \leqslant 100$）。

【输出格式】

输出一个数字，即成为大王的猴子的编号。

【输入样例】

3 2

【输出样例】

3

图 5.5

使用“内容市场”APP 扫描看视频

【算法分析】

这道题由于数据规模不大，因此可以使用一般的模拟法，即用数组模拟猴子选大王的过程。

参考伪代码如下所示。

```
定义 a[m]，所有数组元素初始值为 1，代表每一只猴子均在圈内
定义变量 k，k 相当于一个指向猴子的指针，用于模拟循环报数
for(m 次循环，每次循环出圈一只猴子)
{
  定义变量 Count 用于计数，每次循环前均初始化为 0，表示还未开始计数
```

```
    while(Count 还未数到 n 时)
    {
     k 指针依次后移模拟报数过程，如果移到最后一个，则跳回到第一个
     if(k 指针指向位置的猴子没有出圈即 a[k]==1)
       计数器 Count 加 1
  }
     Count 数到 n 了，则此时 k 指针指向位置的猴子出圈，即 a[k]=0
  }
  直接输出最后一只出圈猴子所在的位置
```

当猴子出圈后，程序依然会检查该猴子是否出圈，这浪费了大量的时间。可以设数组元素的值存放下一个要报数的猴子的编号，以 8 只猴子为例，a[1] 的值为 2，即下一只猴子是 2 号猴子；a[8] 的值为 1，即下一只猴子是 1 号猴子，如表 5.1 所示。

表 5.1

数组元素	a[1]	a[2]	a[3]	a[4]	a[5]	a[6]	a[7]	a[8]
元素值	2	3	4	5	6	7	8	1

这样构成了一个环，如果 5 号猴子出圈，就用语句 a[4] = a[a[4]]，以后报数到 4 号猴子时，就直接指向 6 号猴子。

请试着优化该程序。

□5.3.9 NOI（NOI）

【题目描述】

统计有多少次 NOI 出现在一个仅由 3 个大写字母“N”“O”“I”组成的字符串中的方法是：只要 NOI 3 个字母的顺序正确，即使其内插入了其他字符也可以，甚至共享字符也是可以的。例如 NIOI 出现了 1 次 NOI，NNOI 出现了 2 次 NOI，NNOOII 出现了 8 次 NOI。

【输入格式】

第一行为一个整数 N。第二行为 N 个字符的一个字符串，每个字符是“N”、“O”或“I”。

【输出格式】

输出一个整数（其取值范围为不超过 64 的整数），即 NOI 出现的次数。

【输入样例】

6
NNOOII

【输出样例】

8

【算法分析】

设整型变量 N、NO 和 NOI 分别代表“N”“NO”“NOI”出现的次数，从左到右扫描字符串，每扫描到“N”，变量 N++；每扫描到“O”，变量 NO+=N；每扫描到“I”，变量 NOI+=NO，最后输出 NOI 的值即可。

参考程序如下所示。

```
//NOI
#include <bits/stdc++.h>
using namespace std;

long long len,N,NO,NOI;              //题目的取值范围为不超过 64 位的整数

int main()
{
  cin>>len;
  getchar();                         //消去回车符
  string st;
  getline(cin,st);
  for (int i=0; i<len; i++)
  {
    if (st[i]=='N')
      N++;
    if (st[i]=='O')
      NO+=N;
    if (st[i]=='I')
      NOI+=NO;
  }
  cout<<NOI<<endl;
  return 0;
}
```

□5.3.10　NOI 字符串（NOI）

【题目描述】

统计有多少次 NOI 出现在一个仅由 3 个大写字母“N”“O”“I”组成的字符串中的方法是：只要 NOI 这 3 个字母的顺序正确，即使其内插入了其他字符也可以，甚至共享字符也是可以的。例如 NIOI 出现了 1 次 NOI，NNOI 出现了 2 次 NOI，NNOOII 出现了 8 次 NOI。

现在要将大写字母“N”“O”“I”中的任意一个插入某字符串中的任意位置，问最多会出现多少次 NOI？

【输入格式】

第一行为一个整数 N。第二行为 N 个字符的一个字符串，每个字符是“N”、“O”或“I”。

【输出格式】

输出一个整数（其取值范围为不超过 64 位的整数），表示最多会出现多少次 NOI。

【输入样例】

5

NOIOI

【输出样例】

6

【样例说明】

将大写字母“N”加到最前面即“NNOIOI”，会出现最多次 NOI。

【算法分析】

如果插入“N”，显然“N”一定是插入字符串的最前端。

如果插入“I”，显然“I”一定是插入字符串的最末端。

如果插入“O”，显然需要尝试将“O”插入字符串的每一个位置 i，使 i 前面的“N”的个数 ×i 后面的“I”的个数乘积最大。尝试插入过程中，无须反复统计 i 前面的“N”的个数和 i 后面的“I”的个数，直接使用前缀和思想统计出 i 前面的“N”的个数存入 N[i] 和 i 前面的“I”的个数存入 I[i]，这样当“O”位于字符串的位置 i 时，组成“NOI”的个数即 N[i−1]×(I[n]−I[i−1])。

□5.3.11 组合数问题（problem）

【题目描述】

从集合 (1,2,3) 这 3 个人中选择两个人参加比赛，可以有 (1,2)、(1,3)、(2,3) 这 3 种方案。我们称从 n 个人中选择 m 个人参加比赛的方案数为组合数 $C(n,m)$。组合数的一般公式为 $C(n,m)=\frac{n!}{m!(n-m)!}$，规定 $C(n,0)=1$。

现给定 n、m 及 k，求对于所有的 i 和 j（$0 \leqslant i \leqslant n$，$0 \leqslant j \leqslant i$），有多少个 $C(i,j)$ 是 k 的倍数。

【输入格式】

第一行为两个整数 T（$1 \leqslant T \leqslant 10\,000$）和 k（$1 < k \leqslant 21$），其中 T 为测试组数。

接下来的 T 行中，每行有两个整数即 n（$3 \leqslant n \leqslant 2\,000$）和 m（$3 \leqslant m \leqslant 2\,000$）。

【输出格式】

输出 T 行，每行为一个整数，即有多少个 $C(i,j)$ 是 k 的倍数。

【输入样例】

1 2

3 3

【输出样例】

1

【样例说明】

只有 $C(2,1)=2$ 是 2 的倍数。

【算法分析】

n \ m	0	1	2	3	4	5 …
0	1					
1	1	1				
2	1	2	1			
3	1	3	3	1		
4	1	4	6	4	1	
5	1	5	10	10	5	1
…			…			

图5.6

尝试计算 $C(0,0), C(1,0), C(1,1), C(2,0), C(2,1)\cdots$，可以发现得出的数列其实是杨辉三角数字序列，如图 5.6 所示。

由此可推出：$C(n,m)=C(n-1,m-1)+C(n-1,m)$

还可以这样考虑：设从 n 个物品中随便拿出一个物品 t 放在一边，则从 n 个物品中取 m 个物品的方案数可以看成两部分方案数的和。

一部分为包含这一个物品 t 的方案数，即从 n−1 个物品中取 m−1 个物品的方案数（此时加上这一个物品 t 即 m 个）。

一部分为不包含这一个物品 t 的方案数，即从 n−1 个物品中取 m 个物品的方案数（不考虑放入物品 t）。

故 $C(n,m) = C(n-1,m-1)+C(n-1,m)$。

预处理所有组合数对 k 取模的值，例如当 $k=2$ 时，预处理结果如图 5.7 所示。

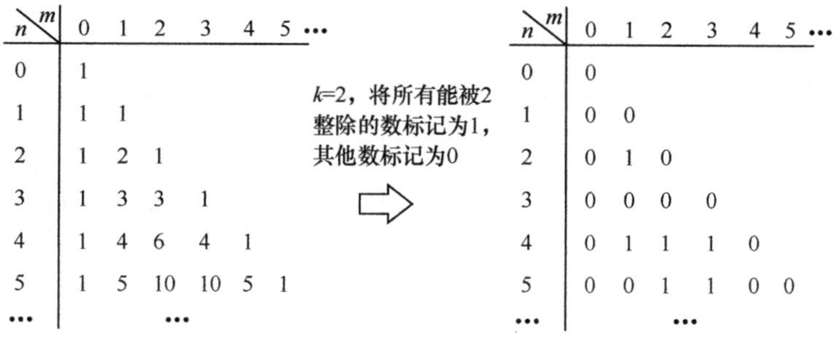

图 5.7

考虑到题目中测试组数 T 最多有 10 000 组，所以如果一遍一遍地反复累加肯定会超时。容易想到的改进方法是借用前缀和的思想，从上到下、从左到右逐个统计前缀和存入二维数组 f[][]，如图 5.8 所示。

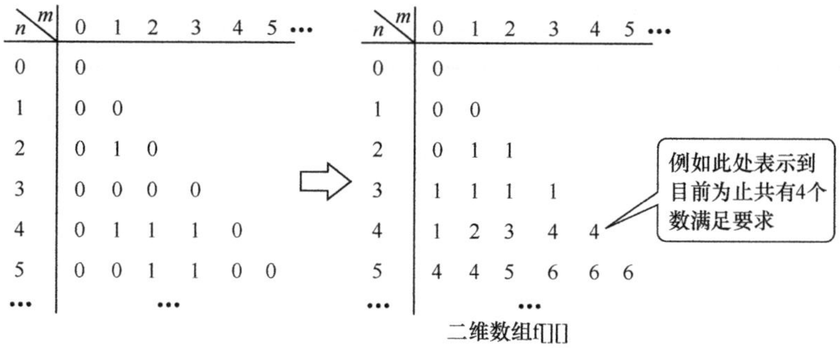

图 5.8

那么 f[n][m] 的值就是要求的答案吗？显然不是的。例如当 $n=5$、$m=2$、$k=2$ 时，如图 5.9 所示，f[5][2] 统计的是整个黑色框里满足条件的数的个数，而答案应该是黑色框里灰色区域内满足条件的数的个数。

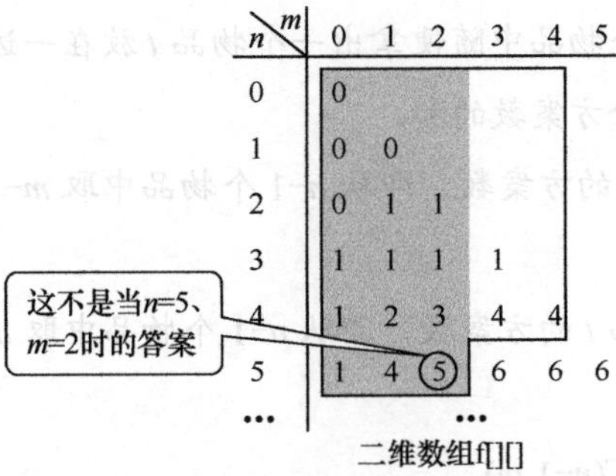

图 5.9

所以我们需要改进二维数组 f[i][j]，使之能直接表示有多少个 $C(i,j)$ 是 k 的倍数，如图 5.10 所示。

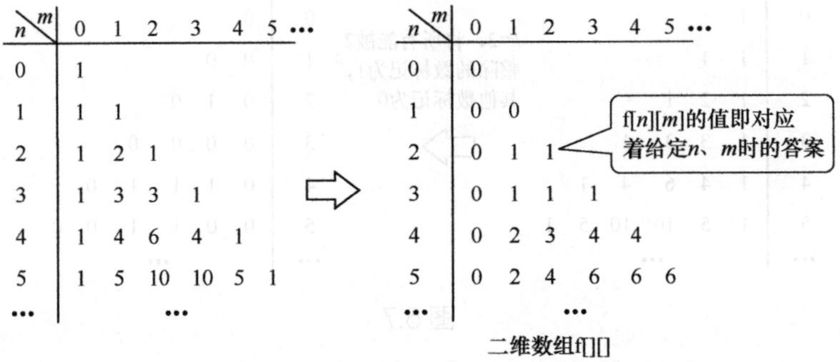

图 5.10

二维数组 f[][] 的生成利用了矩阵前缀和的优化技巧（容斥原理），即 f[i][j] = f[i−1][j] + f[i][j−1]−f[i−1][j−1] + (!(c[i][j]%k))，其原理如图 5.11 所示。

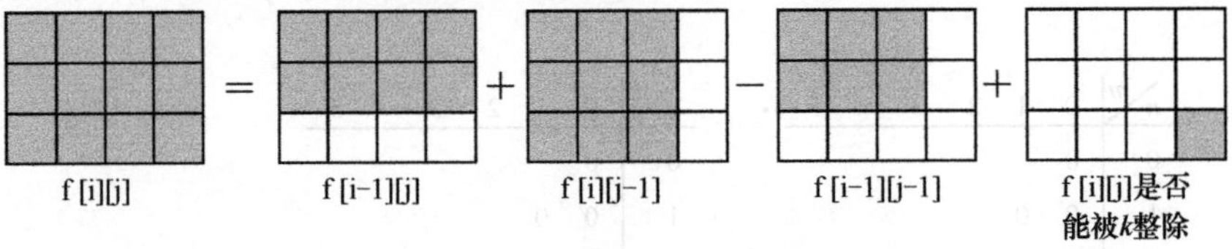

图 5.11

第 06 章　函数

为了降低编程难度，复杂的程序不应该将所有的代码都写在 main() 函数里，通常的做法是将任务分成若干小块，由其他的程序模块分担完成，在 C++ 语言里，这些程序模块叫作函数。

扫码看视频

6.1 初识函数

C++ 程序可由一个主函数 (main() 函数) 和若干个子函数构成。主函数可以调用其他子函数，其他子函数也可以互相调用，但主函数不可被子函数调用。

例如下面这个求两个整数中的最大数的程序中，求两个整数中的最大数的功能是由 Max() 子函数完成的而不是由 main() 函数完成的，main() 函数只是直接调用了 Max() 子函数的计算结果，“Max” 是用户自定义的名称。

```
//求两个整数中的最大数
#include <bits/stdc++.h>
using namespace std;

int Max(int a,int b)            //Max() 为子函数
{
  return (a>b?a:b);             //返回值为 a、b 中的最大值
}

int main()
{
  int x,y;
  scanf("%d %d",&x,&y);
  printf("%d\n",Max(x,y));    //调用 Max() 子函数，并将 x、y 的值传递给 Max() 子函数
  return 0;
}
```

上例中的函数说明如图 6.1 所示。

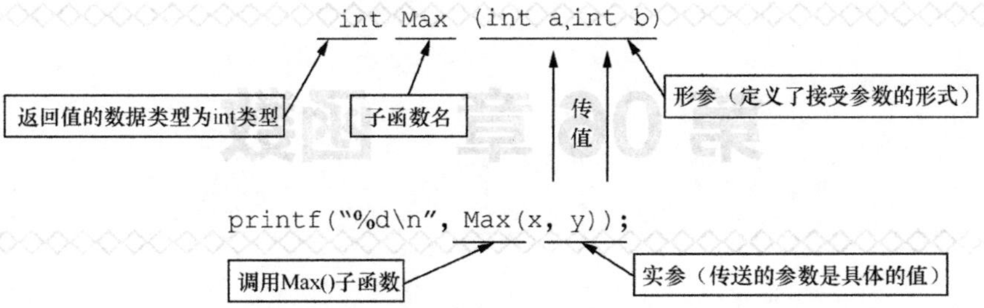

图 6.1

可以这样理解：作为“领导”的 main() 函数不想亲自比较两个数哪个大，于是把任务派给“下属”Max() 子函数去完成，显然 main() 函数要先把两个具体的数即实参 x 和 y 告知给“下属”，“下属”使用形参 a 和 b 接收到这两个数后进行比较，再报告给 main() 函数一个结果，这个结果就是返回值。对于 main() 函数来说，“下属”如何完成任务它不必管，它只需要告诉“下属”两个数就肯定可以得到结果。

“两人”做事十分严谨，“领导”传送的实参个数和数据类型都必须和“下属”接收时用的形参个数和数据类型一一对应。如果数据类型不匹配或者参数个数不匹配，就可能发生错误或者无法编译。

“下属”返回的结果的数据类型也是事先指定好的，例如上例中 Max() 子函数返回的结果的数据类型是 int 类型，所以返回值的数据类型也应该是 int 类型，如果返回值的数据类型不是 int 类型，则系统强制将返回值的数据类型转换为 int 类型。

再看一个求两个浮点数的和的程序。

```
//求两个浮点数的和
#include <bits/stdc++.h>
using namespace std;

float Add(float x,float y)//返回数据类型为 float 类型，有两个形参 x 和 y
{
  float z;                   //注意，定义了 z
  z=x+y;
  return x+y;                //返回值 z 的数据类型为 float 类型，与返回值数据类型匹配
}

int main()
{
  float x,y,z;               //注意，定义了 x、y、z
  scanf("%f %f",&x,&y);
  z=Add(x,y);    //调用 Add() 函数后返回一个 float 类型的值，并将该值赋给 z
  printf("%0.2f\n",z);
  return 0;
}
```

在这个程序里两次定义了 z，这是被允许的。因为一个 z 定义在 main() 函数里，另一个 z 定义在 Add() 函数里，两个 z 各自从属于自己的函数，它们是没有冲突的。

第 16 行将 main() 函数里的 x、y 的值传给了 Add() 函数里的 x、y，Add() 函数里的 x、y 的值无论如何改变，也不会影响到 main() 函数里的 x、y 的值。

如果子函数有返回值，则只能返回一个数值。

□6.1.1 浮点数求最大值（Max）

【题目描述】

输入 3 个浮点数，求其中的最大值，请使用函数编程解决。

【输入格式】

输入 3 个浮点数。

【输出格式】

输出其中的最大值。

【输入样例】

1.1 2.2 3.3

【输出样例】

3.3

□6.1.2 判断平方数（square）

【题目描述】

写一个判断平方数的程序，判断输入的整数 x 是否为平方数并输出结果。

【输入格式】

有多组数据，每组一行，为一个整数 x。

【输出格式】

每组输出一行，如果 x 是平方数则输出 1，否则输出 0。

【输入样例】

25

99

【输出样例】

1

0

参考程序如下所示。

```
//判断平方数
#include <bits/stdc++.h>
using namespace std;

```

```
5    void Square(int n);                  //对子函数的声明
6
7    int main()
8    {
9      int x;
10     while (cin>>x)
11       Square(x);
12     return 0;
13   }
14
15   void Square(int n)                   //void 表示函数无返回值
16   {
17     for (int i=1; n>0; i+=2)           //由 1,1+3,1+3+5,…为平方数推导而来
18       n-=i;
19     cout<<(n==0?1:0)<<endl;            //直接输出结果，所以无返回值
20   }
```

由于被调用的函数 Square() 在调用的函数 main() 之下，因此在第 5 行要对 Square() 函数事先进行声明才可以使用。

由于输出结果直接在 Square() 函数完成，无须返回结果值，因此在 Square() 函数名前需加 void，表示无返回值。

□6.1.3 哥德巴赫猜想（Goldbach）

【题目描述】

输入整数 a 和 b，试验证 $a \sim b$ 的所有正偶数都能够分解为两个质数之和（验证哥德巴赫猜想对 $a \sim b$ 的正偶数成立）。

【输入格式】

输入两个整数 a 和 b（$2 < a < b \leqslant 500\,000$，$b\text{-}a < 200\,000$）。

【输出格式】

输出 $a \sim b$ 的正偶数的质数之和，每个占一行，例如 4=2+2。如果有多种可能则只输出一种，即第一个质数最小的。

【输入样例】

3 6

【输出样例】

4=2+2
6=3+3

一般的参考程序如下所示。该程序需要反复验证某数是否为质数，效率较低。

```
//哥德巴赫猜想 —— 一般写法
#include<bits/stdc++.h>
using namespace std;

int Prime(int i)                        //判断是否为质数
```

```
{
  if (i==2)
    return 1;
  if (!(i%2))                                  // 如果是偶数，返回 0
    return 0;
  int k=sqrt(i);
  for (int j=3; j<=k; j+=2)
    if (!(i%j))
      return 0;
  return 1;                                    // 如果是质数，返回 1
}

int main()
{
  int a,b;
  cin>>a>>b;
  if (a%2)
    a++;
  for (int i=a; i<=b; i+=2)
    for (int n=2; n<i; n++)                    // 将偶数 i 分解为两个整数
      if (Prime(n) && Prime(i-n))              // 判断分解成的两个整数是否均为质数
      {
        printf("%d=%d+%d\n",i,n,i-n);// 若均是质数则输出
        break;
      }
  return 0;
}
```

进一步的优化是用筛选法把 100 000 以内的所有质数存到一个数组中，然后判断某个正偶数是否满足哥德巴赫猜想时枚举该正偶数的所有分解方案，若分解成的两个整数均在质数数组中，则输出该分解方案。

对于输入大量整数的操作，可以采用基于秦九韶算法思想的快速输入方法。

快速输入方法使用 getchar() 函数，用数字累加的方法输入整数，参考程序如下所示。

```
// 快速输入整数
#include <bits/stdc++.h>
using namespace std;

inline int Read()          // 快速读入整数，inline 表示该函数为内联函数
{
  int x=0,f=1;
  char ch=getchar();                          // 使用 getchar() 函数比使用 scanf() 函数约快 10 倍
  for (; ch<'0' || ch>'9'; ch=getchar())   // 对非数字的处理
    if (ch=='-')                            // 对负号的处理
      f=-1;
  for (; ch>='0' && ch<='9'; ch=getchar())// 对数字的处理
    x=x*10+ch-'0';
  return x*f;
}

```

```
int main()
{
  while (1)
  {
    int x=Read();
    printf("%d ",x);
  }
  return 0;
}
```

函数是通过栈操作的方式调用的，对于一些频繁调用、简单的小函数来说，需要较大的资源开销，并会导致程序运行效率降低。如果在这些小函数前加上关键字 inline，编译器就会在编译阶段直接将函数体嵌入调用该函数的语句块中以提高程序运行效率，这种函数称为内联函数。

但 inline 函数最终能否真正内联，实际由编译器决定，它如果认为函数不复杂，能在调用点展开就会真正内联，并不是说声明了内联就会内联。

实际上，现代的多数编译器会自动将短小的可以内联的函数内联，并不是只有前面带有 inline 标识的函数才会将其视作内联函数。

□6.1.4　约分（comm）

【题目描述】

3/6 的约分形式应该是 1/2，试编程输入 *n* 个分数，输出其对应的约分形式。

【输入格式】

第一行为一个整数 *n*（$n \leqslant 500\ 000$），表示有 *n* 个分数。随后为 *n* 行，每行为一个分子和一个分母，分子和分母之间以“/”间隔。

【输出格式】

输出 *n* 行，分别对应其约分形式的分数，分子和分母之间以“/”间隔。

【输入样例】

1

3/9

【输出样例】

1/3

□6.1.5　素数回文数（Prime4）

【题目描述】

左右对称的自然数称为回文数，例如 121、4 224、13 731 等。试编程找出 *a* ~ *b* 的素数回文数，例如 151 既是素数又是回文数。（题目来源：HDU 1431 简化版）

【输入格式】

输入两个整数 a 和 b（$2 \leqslant a < b \leqslant 10\,000\,000$）。

【输出格式】

对每一组数据按从小到大顺序输出 $a \sim b$ 的所有满足条件的素数回文数（包括 a 和 b），每个数各占一行。

【输入样例】

6 500

【输出样例】

7

11

101

……

□6.1.6　丑数（ugly）

【题目描述】

我们把只包含因子 2、3、5 的数称为丑数，例如 6、8 都是丑数，但 14 不是，因为它包含因子 7。习惯上把 1 当作第一个丑数。试编程输出第 n 个丑数。

【输入格式】

输入一个正整数 n（$1 \leqslant n \leqslant 10\,000$）。

【输出格式】

输出第 n 个丑数。

【输入样例】

11

【输出样例】

15

【算法分析】

逐个枚举丑数的效率很低，我们可以创建一个数组保存排好序的丑数，而每一个新的丑数都是前面的丑数乘以 2、3 或者 5 得到的。

□6.1.7　三质数（prime5）

【题目描述】

一个数的约数也称为因子，例如 1、2、4 都是 4 的因子。质数的因子是 1 和它本身。

三质数只有 3 个不同的因子。例如 4 是三质数，因为它有 1、2、4 共 3 个因子; 6 不是三质数，因为 6 有 1、2、3、6 共 4 个因子。现在有一些数，试判断它们是不是三质数。

【输入格式】

多组测试数据（不超过 1 000），每组测试数据输入一个整数 n（$1 \leqslant n \leqslant 10^{12}$）。

【输出格式】

对于每组测试数据，判断是不是三质数，如果是则输出“YES”，否则输出“NO”。

【输入样例】

4
5

【输出样例】

YES
NO

【笔试测验】请手动计算程序的运行结果。

```
#include <bits/stdc++.h>
using namespace std;

int Func(int a,int b)
{
  return (a+b);
}

int main()
{
  int x=2,y=5,z=8;
  cout<<Func(Func(x,y),z);
  return 0;
}
```

C++ 语言的函数定义都是互相平行、独立的，也就是说在定义函数时，一个函数内不能包含另一个函数。但函数可以嵌套调用函数，也就是说，在调用一个函数的过程中又调用另一个函数，如图 6.2 所示。

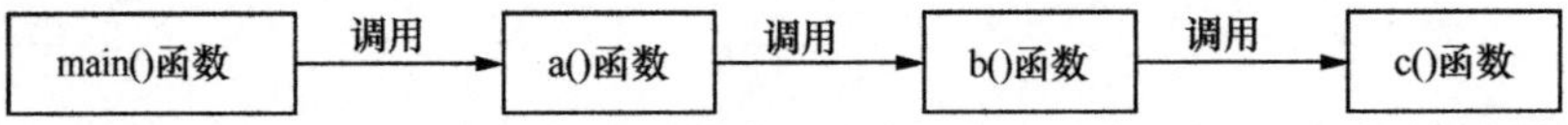

图 6.2

6.2 库函数简介

前面已经接触了一些C ++ 语言的库函数，现在通过具体实例来了解库函数的使用。

查看附录中的常用函数库，从中挑选几个有代表性的函数如表 6.1 所示。

表 6.1

函数名	函数原型	函数功能	返回值
fabs	double fabs(double x)	返回双精度浮点数 x 的绝对值	计算结果
islower	int islower(int ch)	若 ch 是小写字母（a～z）则返回非 0 值，否则返回 0	返回 1 或 0
rand	int rand(void)	产生一个随机数并返回这个数	随机整数
strlen	unsigned int strlen(char *str)	返回字符串 str 的长度	返回字符串的长度

在使用这些函数时，必须在源文件头引入所在库的头文件。例如使用数学库函数时，需要写上 #include <cmath>；使用字符串函数时，需要写上 #include <cstring> 等，否则会出现编译错误。如果引入了“万能”头文件即 bits/stdc++.h，就无须考虑这些问题了。

fabs() 函数的功能是求双精度浮点数 x 的绝对值，它与 abs() 函数的区别是 abs() 函数求的是整数 x 的绝对值。所以使用 fabs() 函数时，输入的 x 应该为双精度浮点数。例如：

```
double x=-34.0,result;
result=fabs(x);              //result 等于 34.0
```

islower() 函数的功能是检查字符 ch 是否为小写字母，如果是则返回值为 1，如果不是则返回值为 0。例如：

```
char ch1='A',ch2='a';
cout<<islower(ch1);         // 输出的值为 0
cout<<islower(ch2);         // 输出的值为 1
```

rand() 函数的功能是产生随机数，可以看到，该函数形参为 void 类型，即无输入参数。例如：

```
int r=rand();               // 产生一个随机整数（0～32767）赋给 int 类型数 r
```

strlen() 函数的功能是返回字符串的长度，其返回值是正整数，因为字符串的长度为正整数。参数形式为 char *str，所谓“*”，表明该变量为地址值，即字符型变量 str 是一个地址值。我们知道，C++ 语言中的数组名其实代表该数组的首地址，例如：

```
char ch[]="hello";
int num=strlen(ch);         // 数组名 ch 为该字符型数组的首地址，num 的值为 5
```

6.3 常用的变量类型

局部变量是指在函数内部定义的变量，它只能在本函数范围内使用，其他函数是不能使用的。局部变量如果在定义时没有赋初始值，则其值是之前该内存空间未删除的无用数据，即未知的任意一个值。

全局变量是指在函数外部定义的变量，它能被它后面的所有函数使用。全局变量如果在定义时没有赋初始值，则其值会自动赋值为 0（char 类型的自动赋值也是 0，即 NULL，0 在 ASCII

中是控制字符，不可见）。

请看一个具体的实例。

```
//全局变量与局部变量
#include <bits/stdc++.h>
using namespace std;

int num1=5;    //全局变量，赋值为 5，下面的所有函数都可使用它
char c[10];    //全局数组，全部元素均自动赋值为 0，下面所有函数都可使用它

void Fun1()
{
  int a=1;     //a 为局部变量，只能在本函数中使用
  num1+=a;     //可以使用全局变量 num1
}

int num2=4;    //全局变量，不能被 Fun1() 函数使用，可被下面的 Fun2() 函数和 main() 函数使用
void Fun2()
{
  num2++;
}

int a[10];     //全局数组，全部元素均自动赋值为 0，只能被后面的 main() 函数使用
int x;         //全局变量，系统自动赋值为 0，只能被后面的 main() 函数使用
int main()
{
  int y;                        //局部变量，值未知，只在 main() 函数中有效
  Fun1();
  Fun2();
  printf("%d\n",num1+num2);//可使用全局变量 num1 和 num2，输出值为 11
  for (int i=0; i<=9; i++)
    printf("%d ",a[i]);     //全局数组未手动赋值，输出的值均为 0
  printf("\n x=%d,y=%d\n");//全局变量 x 为 0，局部变量 y 为未知的值
  for (int i=0; i<=9; i++)
    printf("%c ",c[i]);     //按 %c 格式输出为空，若按 %d 格式输出均为 0
  printf("\n");
  int b[10];                    //局部数组未手动赋值，输出值为任意可能值
  for (int i=0; i<=9; i++)
    printf("%d ",b[i]);     //输出的值未知
  return 0;
}
```

所有函数都能使用它上面的全局变量，因此如果在一个函数中改变了全局变量的值，就有可能影响到其他函数对此变量的使用，这相当于各个函数间有了直接的传递通道。请谨慎使用全局变量，以免“牵一发而动全身”。

有时希望函数中的局部变量的值在函数调用结束后不消失而保留原值，即其占用的存储单元不释放，在下一次该函数调用时，该变量已有值，就是上一次函数调用结束时的值，这时就应该指定该局部变量为“局部静态变量”，用 static 加以说明。C++ 语言规定，局部静态变量数组和局部静态变量会自动赋初始值。

下面的程序运行结果为 2 3 4，而不是 2 2 2，这说明局部静态变量 n 在函数调用结束后并不释放，仍保留其值。

```
//局部静态变量演示
#include <bits/stdc++.h>
using namespace std;

int Fun()
{
  static int n=1;
  n++;
  return n;
}

int main()
{
  for (int i=0; i<3; i++)
    printf("%d ",Fun());                          //输出 2 3 4，而不是 2 2 2
  return 0;
}
```

【笔试测验】请手动算出程序的结果。

```
#include <bits/stdc++.h>
using namespace std;

void Sub(int s[])
{
  static int t=0;
  s[t]++;
  t++;
}

int main()
{
  int a[]= {1,2,3,4},i;
  for (i=0; i<4; i++)
    Sub(a);
  for (i=0; i<4; i++)
    cout<<a[i]<<" ";
  return 0;
}
```

6.4 数组作为函数参数

C++ 语言可以使用数组元素作为函数实参，其用法与普通变量的用法相同。例程如下所示。

```
//数组元素作为函数实参
#include <bits/stdc++.h>
using namespace std;
```

```

void Change(int a,int b)          // 形参不能写成类似于 int a[i] 的形式
{
  swap(a,b);                      //a 与 b 的值互换
}

int main()
{
  int a[]= {1,2,3,4,5,6,7,8};
  int b[]= {-1,-2,-3,-4,-5,-6,-7,-8};
  for (int i=0; i<8; i++)
    Change(a[i],b[i]);
  for (int i=0; i<8; i++)
    printf("%d %d\n",a[i],b[i]);// 此时 a[i] 和 b[i] 的值还是初始值吗？
  return 0;
}
```

main() 函数里的 a[] 和 b[] 的元素值并未改变，这说明参数的值是单向传递的。系统只是将 a[i] 和 b[i] 值的传给了 Change() 函数里的 a 和 b，Change() 函数里交换的只是 a[i] 和 b[i] 值的副本，与原 a[i]、b[i] 无关。

数组名也可以作为函数的参数，它传递的是数组首地址。例程如下所示。

```
// 数组名作为参数
#include <bits/stdc++.h>
using namespace std;

void Change(int x[],int y[])        // 注意此处形参的写法
{
  for (int i=0; i<8; i++)
    swap(x[i],y[i]);
}

int main()
{
  int a[]= {1,2,3,4,5,6,7,8};
  int b[]= {-1,-2,-3,-4,-5,-6,-7,-8};
  Change(a,b);                      //a、b 即数组名，也是数组首地址
  for (int i=0; i<8; i++)
    printf("%d %d\n",a[i],b[i]);    // 此时 a[i] 和 b[i] 的值还是初始值吗？
  return 0;
}
```

运行程序后可以发现，数组 a 与数组 b 的值互换了。这是因为用数组名作为参数所传递的不是它的副本，而是它的内存地址，所以 Change() 函数形参中的数组 x、数组 y 的首地址与 main() 函数中的数组 a、数组 b 的首地址是指向同一个位置的，因此对 *x*[i] 和 *y*[i] 的操作也是对 *a*[i] 和 *b*[i] 的操作。

再看一个二维数组名作为参数的例程。main() 函数中的数组 a 是局部数组，只能被 main() 函数引用，不能被 Max() 函数直接引用，为了 Max() 函数能引用 main() 函数中的数组 a 的值，要将数组 a 的首地址（也就是数组名）作为参数传给 Max() 函数。

因为传递的是数组 a 的首地址，Max() 函数里的数组 a 和 main() 函数里的数组 a 的存储位置是重叠在一起的，所以对 Max() 函数里的数组 a 进行操作，就相当于对 main() 函数里的数组 a 进行操作。

```
//二维数组名作为参数求二维数组的最大元素值
#include <bits/stdc++.h>
using namespace std;

int Max(int a[][4])                                  //形参数组的列数不可为空
{
  int Max=a[0][0];
  for (int i=0; i<3; i++)
    for (int j=0; j<4; j++)
      if (a[i][j]>Max)
        Max=a[i][j];
  return Max;
}

int main()
{
  int a[][4]= {1,2,3,4,5,6,7,8,9,-1,-2,-3};//可省略第一维数值大小
  printf("最大值为 %d\n",Max(a));                 //数组名作为参数
  return 0;
}
```

6.5 函数的递归调用

扫码看视频

所谓递归，是指函数能够直接或间接地调用自身。例如下面的程序段。

```
int Fun(x)
{
   return Fun(2*x);                                  //调用自身
}
```

可以看到，上面的程序段是无终止的自身调用，这会导致程序运行时崩溃。正确的做法应该是在函数调用自身达到一定次数后终止调用，这可以用 if 语句来控制。

用一个通俗的例子来说明。

有 5 个人坐在一起，问第 5 个人多少岁，他说比第 4 个人大 2 岁；问第 4 个人多少岁，他说比第 3 个人大 2 岁；问第 3 个人多少岁，他说比第 2 个人大 2 岁；问第 2 个人多少岁，他说比第 1 个人大 2 岁，最后问第 1 个人多少岁，他说是 10 岁。请问第 5 个人多少岁？

可以用表达式表述如下：

$$Age(n)=\begin{cases}10 & (n=1)\\ Age(n-1)+2 & (n>1)\end{cases}$$

求解过程可分成两个阶段。第一阶段是“递推”，即将第 n 个人的年龄表示为第（n−1）个人年龄的函数，而第（n−1）个人的年龄不知道，还要“递推”求出第 (n−2) 个人的年龄……直到“递

推”获得第 1 个人的年龄，此时 *Age*(1) 已知，不必再向前推。于是开始第二阶段即“回归”，从第 1 个人的年龄“回归”算出第 2 个人的年龄，从第 2 个人的年龄“回归”算出第 3 个人的年龄……一直“回归”算出第 5 个人的年龄。其运算过程如图 6.3 所示。

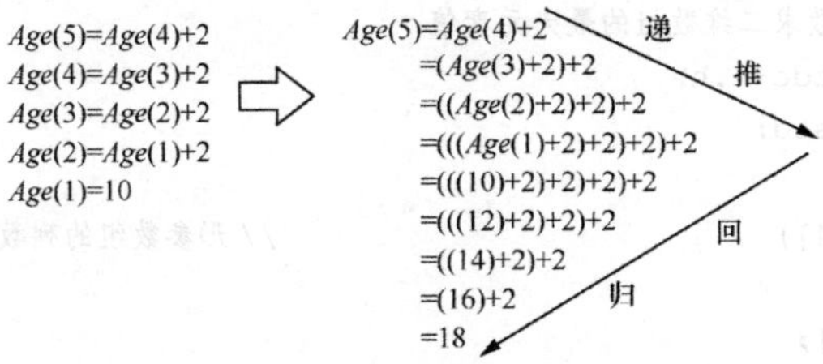

图 6.3

参考程序如下所示。

```
//递归求年龄
#include <bits/stdc++.h>
using namespace std;

int Age(int n)
{
  if (n==1)                   //if 语句控制递归结束
    return 10;
  else
    return Age(n-1)+2;        //调用自身，参数值每递归一次就减少 1 个数
}

int main()
{
  printf("%d\n",Age(5));
  return 0;
}
```

如图 6.4 所示，程序运行的过程是这样的：当要调用函数自身时，系统将该函数在内存中复制一份，记住当前函数的位置后在复制的程序中运行，如果再调用再复制，直到递归结束后返回到原来位置后继续运行……

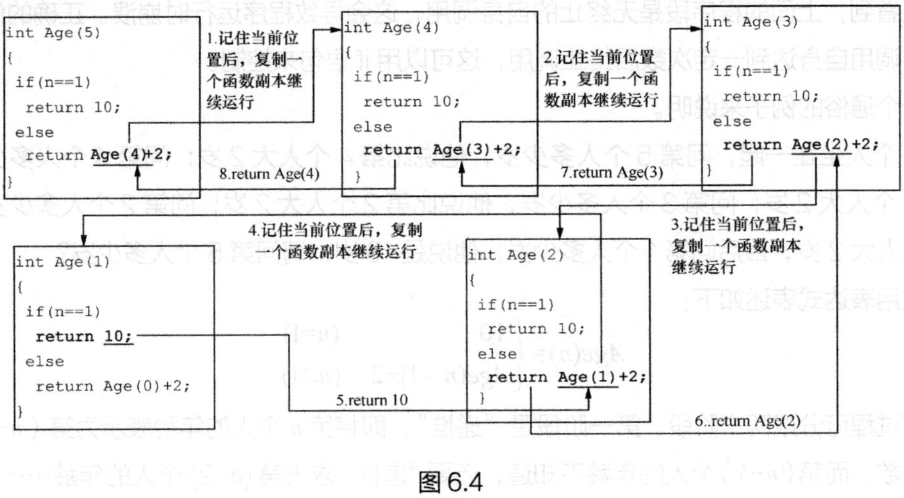

图 6.4

递归算法是把一个"大问题"转化为规模较小且相似的"小问题"，当最小的一个或几个"小问题"直接推出解后，再逐步回归推出"大问题"的解。

递归必须有结束递归过程的条件。

递归程序简洁、易读，但递归过程的实现决定了递归算法的效率往往很低，费时且需要较多内存空间。在实际编程中，应优先考虑效率更高的递推法。

□6.5.1　逆序字符（reverse）

【题目描述】

用 getchar() 函数和 putchar() 函数连续输入 5 个字符，逆序输出。

【输入格式】

输入 5 个字符。

【输出格式】

逆序输出 5 个字符。

【输入样例】

abcde

【输出样例】

edcba

输入 / 输出可以用 getchar() 和 putchar() 两个函数来实现，那么如何通过递归来实现呢？可以这样想：例如输入 A、B、C、D、E 这 5 个字符，可以直接用 getchar() 函数后就用 putchar() 函数，这样会直接输出 ABCDE。现在假设 A、B、C、D、E 分别代表 5 个人，那么可以这样认为。

A 说：让我输出可以，必须 B 先输出。
B 说：让我输出可以，但要 C 先输出。
C 说：让我输出可以，但要 D 先输出。
D 说：让我输出可以，但要 E 先输出。

（以上：递推）

轮到 E 时，因为后面再没有字符了，所以输出自己！

看到 E 输出，则 D 输出。
看到 D 输出，则 C 输出。
看到 C 输出，则 B 输出。
看到 B 输出，则 A 输出。

（以上：回归）

所以，任何递归程序实际上包括递推和回归两部分。

请继续思考递归的结束条件是什么？用什么来控制递归的次数？

参考程序如下所示。

```
//逆序字符
#include <bits/stdc++.h>
```

```
using namespace std;

void Reverse(int n)
{
  char next;
  if (n<=1)          //递归的结束条件
  {
    next=getchar();//从键盘获得一个字符
    putchar(next); //因为只剩最后一个字符了，所以这里直接输出即可
  }
  else
  {
    next=getchar();//从键盘获得一个字符
    Reverse(n-1);  //递归调用输入的下一个字符
    putchar(next); //只有等到 n-1 个字符都被输出后，该字符才被输出
  }
}

int main()
{
  Reverse(5);
  return 0;
}
```

□6.5.2 逆序数（reverse）

【题目描述】

输入一个非负整数，输出这个数的逆序数（不考虑前导 0 的问题）。

【输入格式】

输入一个非负整数。

【输出格式】

输出这个数的逆序数。

【输入样例】

1000

【输出样例】

0001

【算法分析】

因为是整数，所以不适合使用 6.5.1 题中的 getchar() 和 putchar() 函数解题。

可以这样想：程序应该是先输出该数的最右边一个数字，如果余下的数字不为 0，则继续输出余下数字的最右边一个数字，直至全部输出完毕。很明显，余下数字为 0 为递归结束条件。

参考程序如下所示。

```
//逆序数
#include <bits/stdc++.h>
using namespace std;
```

```
int Turn(int n)
{
  if (n>=10)              // 如果有多位数
  {
    printf("%d",n%10);   // 先输出最右边一个数字
    Turn(n/10);           // 再进入递归，输出除去最右边一个数字后的数字
  }
  else
    printf("%d",n);     // 如果只剩一个数字了，直接输出该数字
}

int main()
{
  int n;
  scanf("%d",&n);
  Turn(n);
  return 0;
}
```

□6.5.3　求阶乘（factorial）

【题目描述】

用递归方法求 $n!$，例如当 $n=5$ 时，$n!=1\times2\times3\times4\times5=120$。

【输入格式】

输入一个整数 n。

【输出格式】

输出 $n!$ 的值，保证结果不超过 64 位整数。

【输入样例】

5

【输出样例】

5!=120

【算法分析】

如果要求 5！的值，必须先求出 4！的值后再乘以 5；如果要求 4！的值，必须先求出 3！的值后再乘以 4……

□6.5.4　最大公约数和最小公倍数

【题目描述】

已知计算两个整数的最大公约数的递归公式是：

$$\mathrm{Gcd}(m,n)=\begin{cases} m & n=0 \\ \mathrm{Gcd}(n,m\%n) & n\neq0 \end{cases}$$

两个整数的最小公倍数 = 两个整数的乘积 / 两个整数的最大公约数。试求 n 个整数的最大公约数和最小公倍数。

【输入格式】

第一行输入一个整数 n（n ≤ 12），表示有 n 个正整数（不超过 100）。

第二行输入 n 个整数。

【输出格式】

输出 n 个整数的最大公约数和最小公倍数，两数间以一个空格间隔。

【输入样例】

4

9 12 30 15

【输出样例】

3 180

□6.5.5 复杂算式（f）

【题目描述】

已知 $f(x,n)=\sqrt{n+\sqrt{(n-1)+\sqrt{(n-2)+\sqrt{\cdots+2+\sqrt{1+x}}}}}$，输入 x 和 n 的值，计算 $f(x, n)$ 的值。

【输入格式】

输入一个双精度浮点数 x 和一个整数 n（$1 \leqslant n < 100$）。

【输出格式】

输出 $f(x, n)$ 的值，保留小数点后两位。

【输入样例】

3.6 10

【输出样例】

3.68

□6.5.6 母牛数（cow）

【题目描述】

有一头母牛，它每年年初生一头小母牛。每头小母牛从第 4 年开始，每年年初也生一头小母牛。请编程算出在第 n 年的时候共有多少头母牛？（题目来源：HDU 2018）

【输入格式】

有多组测试数据，每组测试数据占一行，为一个整数 n（$0 < n \leqslant 60$）。

【输出格式】

每组测试数据的结果占一行，即输出在第 *n* 年的时候母牛的数量。

【输入样例】

4

5

【输出样例】

4

6

【算法分析】

设 *Cow*[*n*] 为第 *n* 年的时候母牛的数量，根据题意可推出递归表达式：

$$Cow[n]=\begin{cases} n & (n\leqslant 4) \\ Cow[n-1]+Cow[n-3] & (n>4) \end{cases}$$

但是如果由此表达式直接写递归代码，会因测试数据过多、过大而导致运行超时。以计算 *Cow*[9] 为例，如图 6.5 所示，可以发现许多值例如 *Cow*[5] 在递归过程中反复计算了多次，这浪费了大量时间。

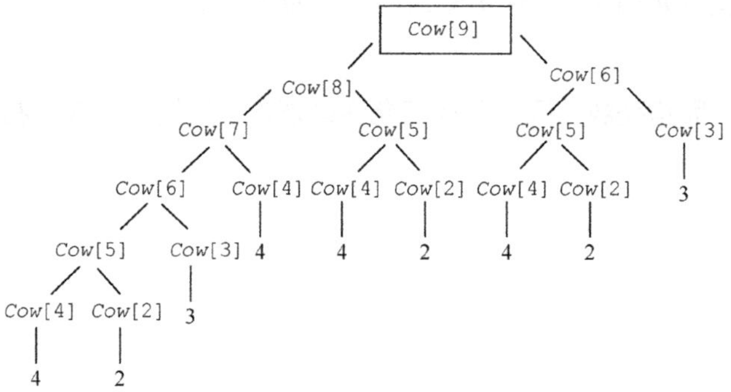

图 6.5

很自然地想到：如果递归时将计算好的值保存起来，例如定义一个数组 num[n]，计算出 Cow(i) 的值后即保存到 num[i] 中，当再次递归计算 Cow(i) 时，无须继续递归，直接取 num[i] 的值返回即可。

改进后的参考程序如下所示。

```
//母牛数
#include<bits/stdc++.h>
using namespace std;
typedef long long ULL;                //typedef 定义 long long 的别名为 ULL

ULL num[65];                          //此处 long long 就可表示为 ULL

ULL Cow(int n)
{
  if (n<=4)
    return n;
```

```
    if (num[n])                           //如果该值之前已经求出
      return num[n];                      //无须递归，直接取值
    else
      num[n]=Cow(n-1)+Cow(n-3);           //递归算出的值先存入 num[n]
    return num[n];                        //再返回结果 num[n]
}

int main()
{
    int n;
    while (scanf("%d",&n)==1)
      printf("%lld\n",Cow(n));
    return 0;
}
```

□6.5.7 矩阵行走（walk）

【题目描述】

有一个 $n \times m$ 的矩阵，问从矩阵左上角走到右下角有多少条不同的路径。

【输入格式】

输入一行两个正整数 n 和 m（$1 \leqslant n \leqslant 20$，$1 \leqslant m \leqslant 20$）。

【输出格式】

输出一个正整数，即路径数（同一路径不允许重复走，只能向下或向右走）。

【输入样例】

6 4

【输出样例】

210

□6.5.8 计算函数值（f）

【题目描述】

输入 x 和 n，递归计算函数 $px(x,n) = x-x^2+x^3-x^4+\cdots+(-1)^{n-1}x^n$ 的值。

【输入格式】

输入两个整数 x 和 n（$1 \leqslant x \leqslant 10$，$1 \leqslant n \leqslant 15$）。

【输出格式】

输出函数的值，保留小数点后两位。

【输入样例】

2 3

【输出样例】

6.00

【**笔试测验**】请手动计算程序输入 2 1 3 的结果。

```
#include <bits/stdc++.h>
using namespace std;

void Fun(int a, int b, int c)
{
  if (a>b)
    Fun(c,a,b);
  else
    cout<<a<<','<<b<<','<<c<<endl;
}

int main()
{
  int a, b, c;
  cin>>a>>b>>c;
  Fun(a,b,c);
  return 0;
}
```

【**笔试测验**】请手动计算程序运行的结果。

```
#include <bits/stdc++.h>
using namespace std;

int ACK(int M,int N)
{
  int v;
  if (M==0)
     v=N+1;
  else if (N==0)
     v=ACK(M-1,1);
  else
     v=ACK(M-1,ACK(M,N-1));
  return v;
}

int main()
{
  printf("%d\n",ACK(1,1));
  return 0;
}
```

【**笔试测验**】请手动计算程序输入 3 4 的结果。

```
#include <bits/stdc++.h>
using namespace std;

int Fun(int a,int b)
{
  if (b==1)
  return a;
```

```
    else
    {
      int c=Fun(a,b/2);
      return (b%2) ? c*c*a : c*c;
    }
  }

  int main()
  {
    int X,n;
    scanf("%d%d",&X,&n);
    printf("%d\n",Fun(X,n));
    return 0;
  }
```

❑ 6.5.9 汉诺塔 1（hanoi1）

【题目描述】

如图 6.6 所示，有 3 根针，其中 A 针上穿好了由大到小排列的 64 个金片，不论白天黑夜，总有一个和尚按照下面的法则移动金片：一次只移动一个，不管金片在哪根针上，小金片必须在大金片上面。当所有的金片都从 A 针移到 C 针上时就完成任务。这就是所谓汉诺塔。请编程求出将 A 针上所有金片移到 C 针上的步骤。

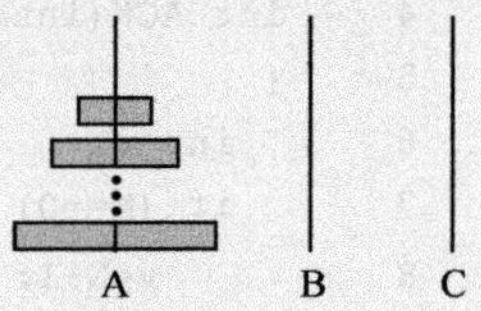

图 6.6

【输入格式】

输入一个整数 *n*，表示有 *n*（*n* 不超过 5）个金片。

【输出格式】

输出所有步骤，每一个步骤占一行。

【输入样例】

3

【输出样例】

A->C
A->B
C->B
A->C
B->A
B->C
A->C

当 A 针上有 64 个金片时，最少需要移动 18 446 744 073 709 551 615 次金片，即如果一秒移动一个金片，则需要移动几千亿年。所以，受客观条件的限制，*n* 的值不宜过大。

假设有 4 个金片，4 个和尚各负责一个金片，如图 6.7 所示。

如果直接让老和尚把 4 个金片从 A 针移到 C 针，老和尚显然做不到，所以老和尚说：“只要大和尚把上面 3 个金片从 A 针移到 B 针，我就能把金片 4 移到 C 针，然后大和尚再把刚移到 B 针上的 3 个金片移到 C 针就好啦。”他想象的移动过程如图 6.8 所示。

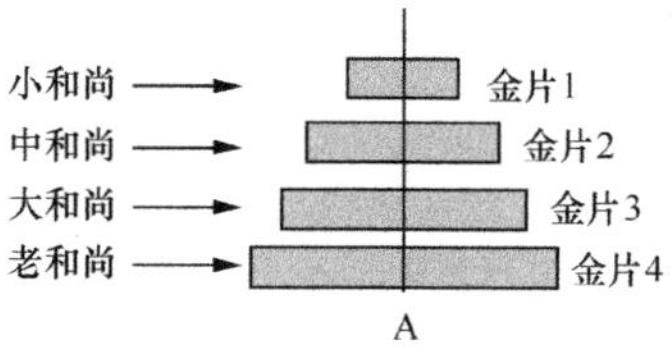

图 6.7

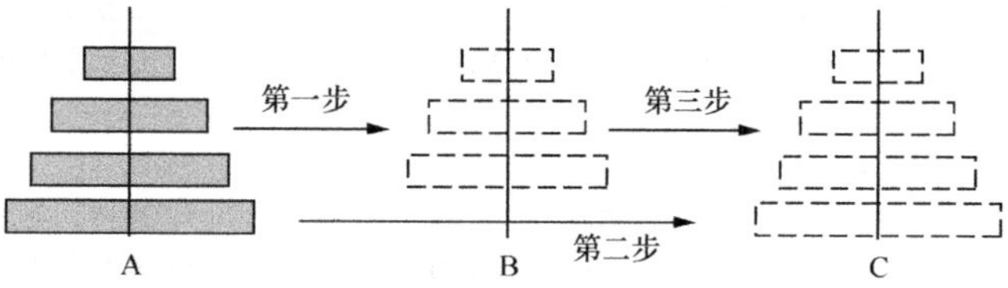

图 6.8

大和尚无法直接把上面 3 个金片从 A 针移到 B 针，所以大和尚说：“只要中和尚把上面 2 个金片从 A 针移到 C 针，我就能把金片 3 从 A 针移到 B 针，然后中和尚再把刚移到 C 针上的 2 个金片移到 B 针上就好啦。”他想象的移动过程如图 6.9 所示。

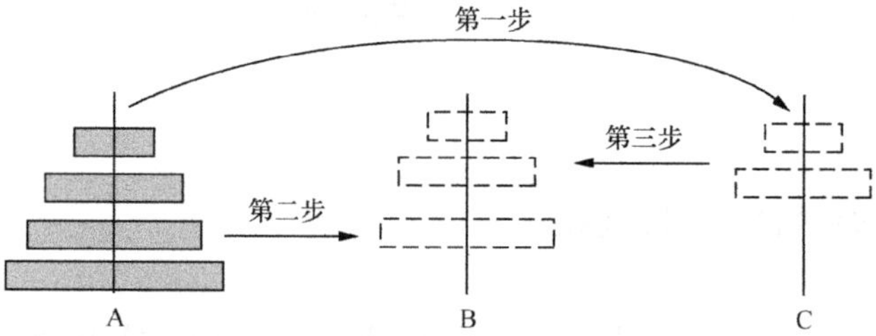

图 6.9

中和尚无法直接将上面2个金片从A针移到C针，所以小和尚要先将金片1从A针移到B针，然后中和尚就可以将金片 2 移到 C 针，然后小和尚再将金片 1 从 B 针移到 C 针。他想象的移动过程如图 6.10 所示。

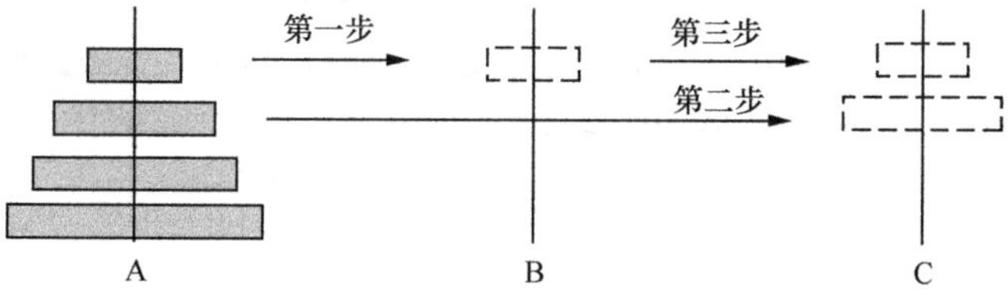

图 6.10

这时大和尚就可以将金片 3 从 A 针移到 B 针，然后小和尚将 C 针的金片 1 移到 A 针，中和尚将 C 针的金片 2 移到 B 针……

显然这可以用从高阶向低阶转化的递归函数来实现，其递归函数的原型为 void H(int n,char A,char B,char C)，其中 n 为金片数，A 代表初始针，B 代表过渡针，C 代表目标针，即将 n 个金片从 A 针借助 B 针移到 C 针。

参考程序如下所示。请注意，该程序只是展示出了金片的移动次序，并没有真正移动金片。

```
//汉诺塔1
#include <bits/stdc++.h>
using namespace std;

void Move(int n,char A,char B,char C)//n个金片从A针借助B针移到C针
{
  if (n==1)                              //当金片只剩1个时
    printf("%c->%c ",A,C);               //移动金片从A针到C针
  else
  {
    Move(n-1,A,C,B);                     //递归，金片数-1，3个针换位置
    printf("%c->%c ",A,C);               //移动金片从A针到C针
    H(n-1,B,A,C);                        //递归，金片数-1，3个针换位置
  }
}

int main()
{
  int m;
  scanf("%d",&m);                        //输入金片数
  Move(m,'A','B','C');
  return 0;
}
```

输出结果即移动过程如图 6.11 所示。

A->B	A->C	B->C	A->B	C->A	C->B	A->B	A->C	B->C	B->A	C->A	B->C	A->B	A->C	B->C
第1步	第2步	第3步	第4步	第5步	第6步	第7步	第8步	第9步	第10步	第11步	第12步	第13步	第14步	第15步

图 6.11

图 6.12 所示是当金片数为 4 时，该递归程序的执行顺序。

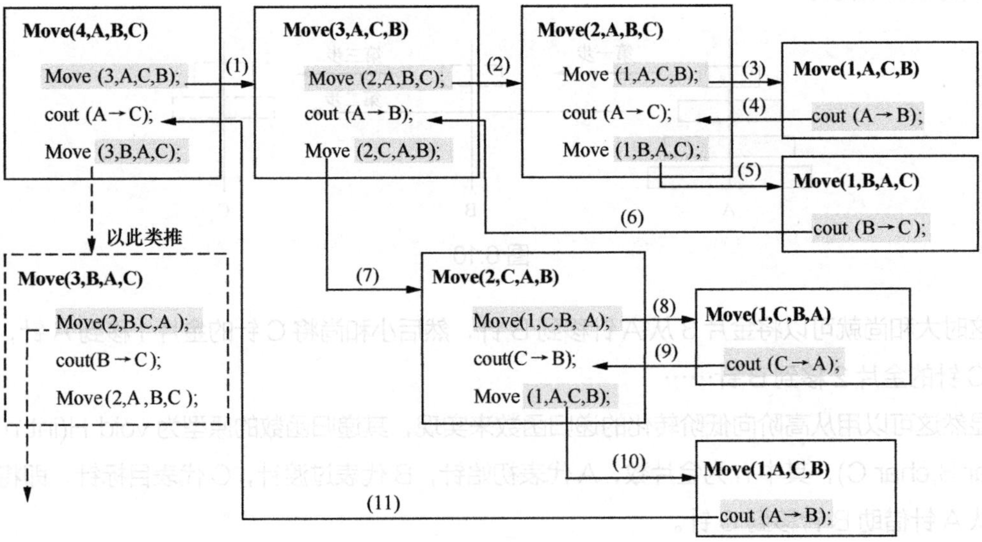

图 6.12

□6.5.10　汉诺塔 2（hanoi2）

【题目描述】

将 N 个金片从汉诺塔的 A 针移到 C 针，最少需要移动多少次？

【输入格式】

输入一个正整数 N。

【输出格式】

输出最少需要移动的次数。

【输入样例】

3

【输出样例】

7

第 07 章　阶段检测 2

7.1 笔试检测

（1）请手动计算程序运行的结果。

```
#include <bits/stdc++.h>
using namespace std;

void Reverse(int a[],int n)
{
  for (int i=0; i<n/2; i++)
  {
    int t=a[i];
    a[i]=a[n-1-i];
    a[n-1-i]=t;
  }
}

int main()
{
  int b[10]={1,2,3,4,5,6,7,8,9,10};
  int i,s=0;
  Reverse(b,8);
  for (i=6; i<10; i++)
    s+=b[i];
  cout<<s<<endl;
  return 0;
}
```

（2）请手动计算程序输入 3 2 7 5 17 19 11 20 22 24 的结果。

```
#include <bits/stdc++.h>
using namespace std;
int a[11];

void Fun(int n)
{
  int min;
  for (int i=1; i<n; i++)
  {
```

```
      min = i;
      for (int j=i+1; j<=n; j++)
        if (a[j] < a[min])
          min = j;
      if (min != i)
        swap(a[i],a[min]);
    }
}

int main()
{
  for (int i=1; i<=10; i++)
    scanf("%d",&a[i]);
  Fun(10);
  for (int i=1; i<=10; i++)
    printf("%d ",a[i]);
  return 0;
}
```

（3）请手动计算程序输入 3 的结果。

```
#include <bits/stdc++.h>
using namespace std;

int main()
{
  int n,i,j,k,cnt=0;
  int a[4][4];
  cin>>n;
  for (k=1; k<=n; k++)
    if (k%2)
      for (j=1; j<=k; j++)
      {
        i=k+1-j;
        a[i][j]=++cnt;
        a[n+1-i][n+1-j]=n*n+1-cnt;
      }
    else
      for (j=k; j>=1; j--)
      {
        i=k+1-j;
        a[i][j]=++cnt;
        a[n+1-i][n+1-j]=n*n+1-cnt;
      }
  for (i=1; i<=n; i++)
    for (j=1; j<=n; j++)
      cout<<a[i][j]<<' ';
  return 0;
}
```

（4）请手动计算程序输入 6 5 3 2 7 9 8 的结果。

```
#include <bits/stdc++.h>
using namespace std;
```

```

int Data[11],n;

void Shell(int a[], int n)
{
  int temp,j;
  for (int d=n/2; d>=1; d=d/2)
    for (int i=d; i<n; i++)
    {
      temp=a[i];
      for (j=i-d; (j>=0) && (a[j]>temp); j=j-d)
        a[j+d]=a[j];
      a[j+d]=temp;
    }
  for (int i=0; i<n; ++i)
    printf("%d ",a[i]);
}

int main()
{
  scanf("%d",&n);
  for (int i=0; i<n; ++i)
    scanf("%d",&Data[i]);
  Shell(Data,n);
  return 0;
}
```

（5）请手动计算程序输入 10 5 11 12 8 6 5 3 2 9 7 15 的结果。

```
#include <bits/stdc++.h>
using namespace std;
int a[11],k,n,lc;

int Fun(int L,int R)
{
  if (R>=L)
  {
    int m=(L+R)/2;
    if (k==a[m])
    {
      printf("%d\n",m);
      return 0;
    }
    else if (k<a[m])
      Fun(L,m-1);
    else
      Fun(m+1,R);
  }
  else
  {
    printf("-1\n");
    return 0;
  }
```

```
}

int main()
{
  cin>>n>>k;
  for (int i=1; i<=n; ++i)
    cin>>a[i];
  int i=2;
  while (i<n)
  {
    lc=n;
    for (int j=n; j>=i; j--)
      if (a[j]<a[j-1])
      {
        swap(a[j],a[j-1]);
        lc=j;
      }
    i=lc;
  }
  Fun(1,n);
  return 0;
}
```

（6）请手动计算程序输入 10 10 9 -8 -7 6 5 4 3 2 1 的结果。

```
#include <bits/stdc++.h>
using namespace std;

int a[11];

void QS(int i,int j)
{
  int m=i,n=j;
  int k=a[(i+j)/2];
  while (m<=n)
  {
    While (a[m]<k && m<j)  m++;
    While (a[n]>k && n>i)  n--;
    if (m<=n)
    {
      swap(a[m],a[n]);
      m++;
      n--;
    }
  }
  if (m<j)  QS(m,j);
  if (n>i)  QS(i,n);
}

int main()
{
  int n;
  scanf("%d",&n);
```

```
  for (int i=1; i<=n; i++)
    scanf("%d",&a[i]);
  QS(1,n);
  for (int i=1; i<=n; i++)
    printf( “%d “,a[i]);
  return 0;
}
```

（7）请手动计算程序输入 10 7 1 4 3 2 5 9 8 0 6 的结果。

```
#include <bits/stdc++.h>
using namespace std;

int n, d[100];
bool v[100];

int main()
{
  scanf("%d", &n);
  for (int i=0; i<n; ++i)
  {
    scanf("%d", d+i);
    v[i]=false;
  }
  int cnt=0;
  for (int i=0; i<n; ++i)
    if (!v[i])
    {
      for (int j=i; !v[j]; j=d[j])
        v[j]=true;
        ++cnt;
    }
  printf("%d\n", cnt);
  return 0;
}
```

（8）请手动计算程序运行的结果。

```
#include <bits/stdc++.h>
using namespace std;
#define N 10
int S,I;

int Fun(int I1)
{
  int S1=N;
  for (int J1=(N-1); J1>=(N-I1+1); J1--)
    S1=S1*J1/(N-J1+1);
  return S1;
}

int main()
{
  S=N+1;
```

```
    for (I=2; I<=N; I++)
      S=S+Fun(I);
    printf("S=%d\n",S);
    return 0;
}
```

扫码看视频

7.2 上机检测

7.2.1 RSA 加密算法（RSA）

【题目描述】

RSA 加密算法基于十分简单的数论事实：将两个大质数相乘十分容易，但想要对其乘积进行因式分解却极其困难，因此可以将乘积公开作为加密密钥。

请编程输入一个大于 1 的整数，打印出它的质数分解式。

【输入格式】

输入一个大于 1 的整数。

【输出格式】

输出它的质数分解式。

【输入样例】

75

【输出样例】

75=3*5*5

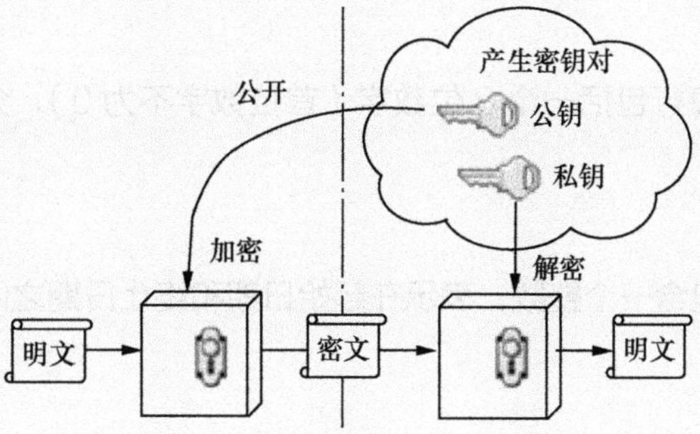

7.2.2 单词排序（word）

【题目描述】

输入一行英文，单词与单词之间以逗号或空格间隔，结尾以“!”和“.”为标志，试将所有的单词按 ASCII 值由小到大排序后输出。

【输入格式】

输入一行英文，不超过 100 个单词，每个单词的长度不超过 15 个字符。

【输出格式】

第一行输出单词数，随后一行一个单词，按 ASCII 值由小到大排序后输出。

【输入样例】

hi,I am Jack!

【输出样例】

4
I
Jack
am
hi

□7.2.3 回文日期（date）

【题目描述】

8 位数字可以表示一个唯一确定的日期，例如 2016 年 11 月 19 日表示为 20161119，2010 年 1 月 2 日表示为 20100102。现在，小光想知道在指定的两个日期之间（包含这两个日期自身）有多少个真实存在的日期是回文日期（例如 2001 年 10 月 2 日可以表示为 20011002，而 20011002 无论正序还是倒序都是一样的）。

【输入格式】

输入两行，每行包括一个 8 位数字（首位数字不为 0），分别表示真实存在的起始日期和终止日期。

【输出格式】

输出一行，包含一个整数，表示在起始日期和终止日期之间有多少个日期是回文日期。

【输入样例 1】

20110101
20111231

【输出样例 1】

1

【输入样例 2】

20000101
20101231

【输出样例 2】

2

【样例说明】

对于输入样例 1，符合条件的日期是 20111102。

对于输入样例 2，符合条件的日期是 20011002 和 20100102。

□7.2.4　多项式输出（poly）

【题目描述】

一元 n 次多项式可表示为 $f(x) = a_nx^n + a_{n-1}x^{n-1} + \cdots + a_1x + a_0$。

其中，$a_n \neq 0$，a_ix^i 称为 i 次项，a_i 称为 i 次项的系数。给出一个一元多项式各项的次数和系数，请按照如下规定的格式要求输出该多项式。（题目来源：NOIP 2009）

（1）多项式中自变量为 x，从左到右按照次数递减顺序给出多项式。

（2）多项式中只包含系数不为 0 的项。

（3）如果多项式 n 次项系数为正，则多项式开头不出现“+”；如果多项式 n 次项系数为负，则多项式以“-”开头。

（4）对于不是最高次的项，以“+”或者“-”连接此项与前一项，分别表示此项系数为正或者系数为负。紧跟一个正整数，表示此项系数的绝对值（如果一个高于 0 次的项，其系数的绝对值为 1，则无须输出 1）。如果 x 的指数大于 1，则接下来紧跟的指数部分的形式为“x^b”，其中 b 为 x 的指数；如果 x 的指数为 1，则接下来紧跟的指数部分形式为“x”；如果 x 的指数为 0，则仅需输出系数即可。

（5）多项式中，多项式的开头、结尾不含多余的空格。

【输入格式】

输入第一行为一个整数 n（$1 \leqslant n \leqslant 100$），表示一元多项式的次数。

第二行有 $n+1$ 个整数，其中第 i 个整数表示第 $n-i+1$ 次项的系数，多项式各次项系数的绝对值均不超过 100，每两个整数之间以空格隔开。

【输出格式】

输出共一行，按题目所述格式输出多项式。

【输入样例 1】

```
5
100 -1 1 -3 0 10
```

【输出样例 1】

```
100x^5-x^4+x^3-3x^2+10
```

【输入样例 2】

```
3
-50 0 0 1
```

【输出样例 2】

```
-50x^3+1
```

□7.2.5 最大公约数和最小公倍数问题（b）

【题目描述】

输入两个正整数 x_0 和 y_0，求出满足下列条件的 P、Q 的个数。

（1）P、Q 是正整数。

（2）P、Q 以 x_0 为最大公约数，以 y_0 为最小公倍数。

【输入格式】

输入两个正整数 x_0 和 y_0（$2 \leqslant x_0 \leqslant 100\,000$，$2 \leqslant y_0 \leqslant 1\,000\,000$）。

【输出格式】

输出一个整数，即满足题目条件的 P、Q 的个数。

【输入样例】

```
3 60
```

【输出样例】

```
4
```

【样例说明】

满足条件的所有可能的 P、Q 的个数为 4，分别为 3 和 60、15 和 12、12 和 15、60 和 3。

□7.2.6 子矩阵求和（matrix）

【题目描述】

有一个 n 行 m 列的矩阵，有 q 次询问，每次询问一个子矩阵内所有数的和，求 q 次询问的结果。

【输入格式】

第一行为 3 个整数 n、m、q（$1 \leqslant n$，$m \leqslant 500$，$q \leqslant 1\,000\,000$）。

随后为 n 行，每行 m 个 0 ~ 100 的整数。

随后为 q 行，每行 4 个整数即 x_1、y_1、x_2、y_2，表示要询问的子矩阵。

【输出格式】

输出 q 行结果。

【输入样例】

```
3 5 2
1 2 3 4 5
5 6 7 8 9
5 4 3 2 1
1 1 3 5
1 1 2 2
```

【输出样例】

65

14

☐7.2.7　石头剪刀布（rps）

【题目描述】

“石头剪刀布”是常见的猜拳游戏：石头胜剪刀，剪刀胜布，布胜石头。如果两个人手势一样，则不分胜负。现在，石头剪刀布的升级版游戏又增加了两个新手势斯波克、蜥蜴人[①]。

这 5 种手势的胜负关系如表 7.1 所示（阴影部分的胜负关系请自行推导）。

表 7.1

甲＼乙（甲对乙的结果）	剪刀	石头	布	蜥蜴人	斯波克
剪刀	平	输	赢	赢	输
石头		平	输	赢	输
布			平	输	赢
蜥蜴人				平	赢
斯波克					平

现在，小 A 和小 B 尝试玩这种升级版的猜拳游戏。

已知他们的出拳方式都是有周期性规律的，但周期长度不一定相等。

例如，如果小 A 以“石头→布→石头→剪刀→蜥蜴人→斯波克”长度为 6 的周期出拳，那么他的出拳序列就是“石头→布→石头→剪刀→蜥蜴人→斯波克→石头→布→石头→剪刀→蜥蜴人→斯波克→……”；而如果小 B 以“剪刀→石头→布→斯波克→蜥蜴人”长度为 5 的周期出拳，那么他的出拳序列就是“剪刀→石头→布→斯波克→蜥蜴人→剪刀→石头→布→斯波克→蜥蜴人→……”。

已知小 A 和小 B 一共进行 N 次猜拳。

每一次赢的人得 1 分，输的人得 0 分；平局两人都得 0 分。

现请你统计 N 次猜拳结束之后两人的得分。

【输入格式】

第 1 行包含 3 个整数 N、NA、NB（取值范围均为（0,200]），分别表示共进行 N 次猜拳、小 A 出拳的周期长度、小 B 出拳的周期长度。数与数之间以一个空格分隔。

第 2 行包含 NA 个整数，表示小 A 出拳的规律。

① 斯波克、蜥蜴人均为《星际迷航》中的角色。

第 3 行包含 NB 个整数，表示小 B 出拳的规律。

其中，0 表示“剪刀”，1 表示“石头”，2 表示“布”，3 表示“蜥蜴人”，4 表示“斯波克”。

【输出格式】

输出一行，包含两个整数，以一个空格分隔，分别表示小 A、小 B 的得分。

【输入样例】

```
10 5 6
0 1 2 3 4
0 3 4 2 1 0
```

【输出样例】

```
6 2
```

□7.2.8 公约数最大（com）

【题目描述】

输入 n 个正整数，从中任取出 k 个数，使这 k 个数的最大公约数最大。

【输入格式】

第一行两个整数，即 n 和 k（$k \leqslant n \leqslant 50000$），随后一行有 n 个整数（均不大于 100 000）。

【输出格式】

输出一个整数，即 k 个数的最大公约数最大的数。

【输入样例】

```
4 3
123 369 999 36
```

【输出样例】

```
9
```

□7.2.9 无线网络发射器选址（wireless）

【题目描述】

假设城市的布局为由严格平行的 129 条东西向街道和 129 条南北向街道形成的网格形状，并且相邻的平行街道之间的距离都是恒定值 1。东西向街道从北到南依次编号为 0,1,2,⋯,128，南北向街道从西到东依次编号为 0,1,2,⋯,128。

东西向街道和南北向街道相交形成路口，规定编号为 x 的南北向街道和编号为 y 的东西向街道形成的路口的坐标是 (x,y)。在某些路口存在一定数量的公共场所。

现在政府要安装一个传输距离为 d 的大型无线网络发射器，该无线网络发射器的覆盖范围是一个以该无线网络发射器安装地点为中心，边长为 $2\times d$ 的正方形。覆盖范围包括正方形边界。

图 7.1 所示是 $d=1$ 的无线网络发射器的覆盖范围示意。

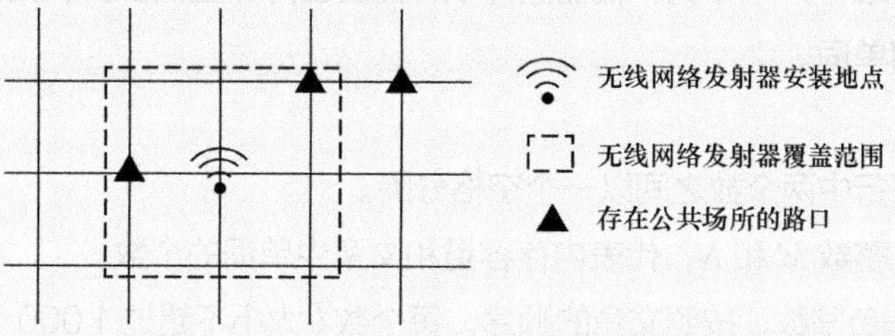

图 7.1

请你帮助工作人员在城市内找到合适的安装地点，使得覆盖的公共场所最多。

【输入格式】

第一行包含一个整数 d（$1\leqslant d\leqslant 20$），表示无线网络发射器的传输距离。

第二行包含一个整数 n（$1\leqslant n\leqslant 20$），表示有公共场所的路口数目。

接下来 n 行，每行给出 3 个整数 x、y、k（$0\leqslant x\leqslant 128$，$0\leqslant y\leqslant 128$，$0<k\leqslant 1\,000\,000$），中间以一个空格分隔，分别代表路口的坐标 (x,y) 和该路口公共场所的数量。同一坐标只给出一次。

【输出格式】

输出一行，包含两个整数，以一个空格分隔，分别表示能覆盖最多公共场所的安装地点方案数，以及能覆盖的最多公共场所的数量。

【输入样例】

```
1
2
4 4 10
6 6 20
```

【输出样例】

```
1 30
```

□7.2.10　机器翻译（translate）

【题目描述】

机器翻译软件的工作原理很简单，它只是从头到尾依次将每个英文单词用对应的中文来替换。对于每个英文单词，软件会先在内存中查找这个单词对应的中文，如果内存中有，软件就会用它进行翻译；如果内存中没有，软件就会在外存中的词典内查找，查出单词对应的中文然后翻译，并将这个单词和译义放入内存，以备后续的查找和翻译。假设内存中有 M 个单元，每个单元能存放一个单词和译义。每当软件将一个新单词存入内存，如果当前内存中已存入的单词数不超过M-1，软件会将新单词存入一个未使用的内存单元；如果当前内存中已存入M个单词，软件会清空最早进入内存的那个单词，腾出内存单元来存放新单词。

假设一篇英语文章有 N 个单词，机器翻译软件需要去外存查找多少次词典？假设在翻译开始前，内存中没有任何单词。

【输入格式】

输入共两行。每行中两个数之间以一个空格分隔。

第一行为两个正整数 M 和 N，代表内存容量和文章中单词的个数。

第二行为 N 个非负整数，按照文章的顺序，每个数（大小不超过 1 000）代表一个英文单词。文章中两个单词是同一个单词的条件是当且仅当它们对应的非负整数相同。

【输出格式】

输出共一行，包含一个整数，为机器翻译软件需要查词典的次数。

【输入样例】

```
3 7
1 2 1 5 4 4 1
```

【输出样例】

```
5
```

【数据范围】

对于 10% 的数据有 $M = 1$，$N \leqslant 5$。

对于 100% 的数据有 $0 < M \leqslant 100$，$0 < N \leqslant 1\,000$。

□7.2.11 玩具谜题（toy）

【题目描述】

玩具小人们围成了一个圈，它们有的面朝圈内，有的面朝圈外，如图 7.2 所示。

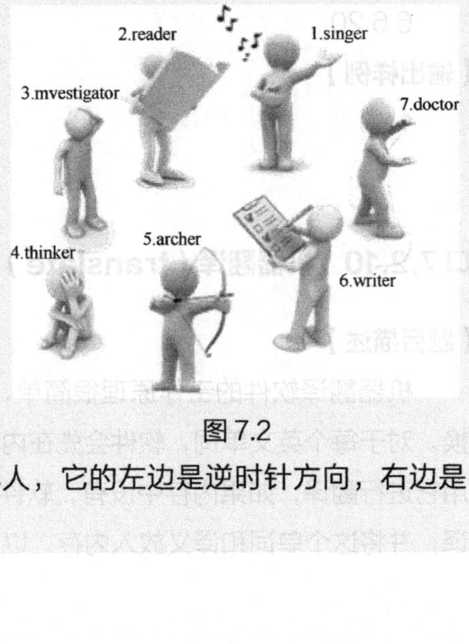

图 7.2

第 1 个玩具小人 singer 告诉小光一个谜题：“你的眼镜藏在我左数第 3 个玩具小人的右数第 1 个玩具小人的左数第 2 个玩具小人那里。”

小光发现，这个谜题中玩具小人的朝向非常关键，因为面朝圈内和面朝圈外的玩具小人的左、右方向是相反的：对于面朝圈内的玩具小人，它的左边是顺时针方向，右边是逆时针方向；而对于面向圈外的玩具小人，它的左边是逆时针方向，右边是顺时针方向。

小光一边艰难地辨认着玩具小人，一边数着：

“singer 面朝圈内，左数第 3 个是 archer。

“archer 面朝圈外，右数第 1 个是 thinker。

“thinker 面朝圈外，左数第 2 个是 writer。

“所以眼镜藏在 writer 这里！”

为了防止下一次找不到眼镜，小光决定编写一个程序来解决类似的谜题。具体如下。

有 n 个玩具小人围成一圈，已知它们的职业和朝向。现在第 1 个玩具小人告诉小光一个包含 m 条指令的谜题，其中第 i 条指令形如“左数 / 右数第 s_i 个玩具小人”。你需要输出依次数完这些指令后到达的玩具小人的职业。

【输入格式】

第一行有两个正整数 n 和 m（$1 \leqslant n, m \leqslant 100\,000$），表示玩具小人的个数和指令的条数。

接下来 n 行，每行包含一个整数和一个字符串，以逆时针为顺序给出每个玩具小人的朝向和职业。其中 0 表示朝向圈内，1 表示朝向圈外。保证不会出现其他的数。字符串长度不超过 10 且仅由小写字母构成，字符串不为空，并且字符串两两不同。

接下来 m 行，其中的第 i 行包含两个整数 a_i、s_i（$1 \leqslant s_i < n$），表示第 i 条指令。若 $a_i = 0$，表示向左数 s_i 个人；若 $a_i = 1$，表示向右数 s_i 个人。保证 a_i 不会出现其他的数。

【输出格式】

输出一个字符串，表示从第 1 个读入的玩具小人开始，依次数完 m 条指令后到达的玩具小人的职业。

【输入样例】

```
7 3
0 singer
0 reader
0 investigator
1 thinker
1 archer
0 writer
1 doctor
0 3
1 1
0 2
```

【输出样例】

```
writer
```

□7.2.12　cantor 表（cantor）

【题目描述】

现代数学的著名证明之一是格奥尔格 · 康托尔（Georg Cantor）证明了有理数是可枚举的。他是用图 7.3 来证明这一命题的。

1/1　1/2　1/3　1/4　1/5 …
2/1　2/2　2/3　2/4　…
3/1　3/2　3/3　…
4/1　4/2　…
5/1　…
…

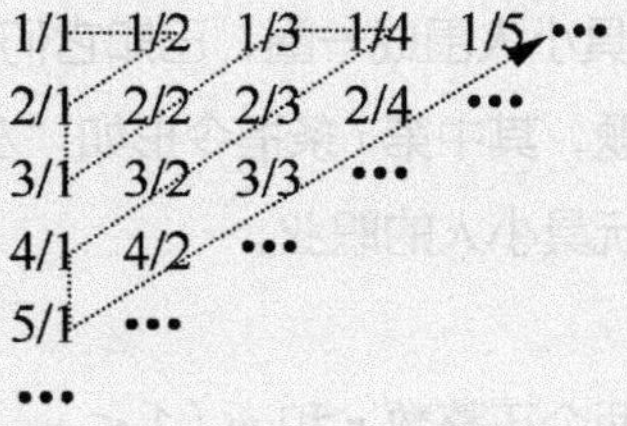

图 7.3

我们以 Z 字形给上图的每一项编号。第一项是 1/1，然后是 1/2、2/1、3/1、2/2 等。

【输入格式】

输入一个整数 N（$1 \leqslant N \leqslant 10\,000\,000$）。

【输出格式】

输出图中的第 N 项。

【输入样例】

7

【输出样例】

1/4

□7.2.13　计算器的改良（calc）

【题目描述】

ZI 先生改良的计算器只要输入合法的一元一次方程，就可以将方程的结果（精确至小数点后 3 位）输出。所谓合法的一元一次方程只包含整数、小写字母及“+”“-”“=”这 3 个数学符号（“-”既可作减号，也可作负号）。方程中没有括号，也没有除号，方程中的字母表示未知数。例如：

$5x+2=8$

$9a-4+2=3a-2$

$12y-5=0$

无须考虑诸如 $x--2x=6$ 或者 $x+-6=8$ 这样的不合法方程。（题目来源：NOIP 2000）

【输入格式】

输入只有一行，即合法的一元一次方程，且一元一次方程有唯一的实数解。

【输出格式】

输出解。

【输入样例】

6a-5+1=2-2a

【输出样例】

a=0.750

□7.2.14　维吉尼亚密码（vigenere）

【题目描述】

在密码学中，我们称需要加密的信息为明文，用 M 表示；称加密后的信息为密文，用 C 表示；而密钥是一种参数，是将明文转换为密文或将密文转换为明文的算法中输入的数据，记为 k。在维吉尼亚密码中，密钥 $k = k_1k_2\cdots k_n$。当明文 $M = m_1m_2\cdots m_n$ 时，得到的密文 $C = c_1c_2\cdots c_n$，其中 $c_i = m_i$®k_i。® 运算的规则如表 7.2 所示。

表 7.2

®	A	B	C	D	E	F	G	H	I	J	K	L	M	N	O	P	Q	R	S	T	U	V	W	X	Y	Z
A	A	B	C	D	E	F	G	H	I	J	K	L	M	N	O	P	Q	R	S	T	U	V	W	X	Y	Z
B	B	C	D	E	F	G	H	I	J	K	L	M	N	O	P	Q	R	S	T	U	V	W	X	Y	Z	A
C	C	D	E	F	G	H	I	J	K	L	M	N	O	P	Q	R	S	T	U	V	W	X	Y	Z	A	B
D	D	E	F	G	H	I	J	K	L	M	N	O	P	Q	R	S	T	U	V	W	X	Y	Z	A	B	C
E	E	F	G	H	I	J	K	L	M	N	O	P	Q	R	S	T	U	V	W	X	Y	Z	A	B	C	D
F	F	G	H	I	J	K	L	M	N	O	P	Q	R	S	T	U	V	W	X	Y	Z	A	B	C	D	E
G	G	H	I	J	K	L	M	N	O	P	Q	R	S	T	U	V	W	X	Y	Z	A	B	C	D	E	F
H	H	I	J	K	L	M	N	O	P	Q	R	S	T	U	V	W	X	Y	Z	A	B	C	D	E	F	G
I	I	J	K	L	M	N	O	P	Q	R	S	T	U	V	W	X	Y	Z	A	B	C	D	E	F	G	H
J	J	K	L	M	N	O	P	Q	R	S	T	U	V	W	X	Y	Z	A	B	C	D	E	F	G	H	I
K	K	L	M	N	O	P	Q	R	S	T	U	V	W	X	Y	Z	A	B	C	D	E	F	G	H	I	J
L	L	M	N	O	P	Q	R	S	T	U	V	W	X	Y	Z	A	B	C	D	E	F	G	H	I	J	K
M	M	N	O	P	Q	R	S	T	U	V	W	X	Y	Z	A	B	C	D	E	F	G	H	I	J	K	L
N	N	O	P	Q	R	S	T	U	V	W	X	Y	Z	A	B	C	D	E	F	G	H	I	J	K	L	M
O	O	P	Q	R	S	T	U	V	W	X	Y	Z	A	B	C	D	E	F	G	H	I	J	K	L	M	N
P	P	Q	R	S	T	U	V	W	X	Y	Z	A	B	C	D	E	F	G	H	I	J	K	L	M	N	O
Q	Q	R	S	T	U	V	W	X	Y	Z	A	B	C	D	E	F	G	H	I	J	K	L	M	N	O	P
R	R	S	T	U	V	W	X	Y	Z	A	B	C	D	E	F	G	H	I	J	K	L	M	N	O	P	Q
S	S	T	U	V	W	X	Y	Z	A	B	C	D	E	F	G	H	I	J	K	L	M	N	O	P	Q	R
T	T	U	V	W	X	Y	Z	A	B	C	D	E	F	G	H	I	J	K	L	M	N	O	P	Q	R	S
U	U	V	W	X	Y	Z	A	B	C	D	E	F	G	H	I	J	K	L	M	N	O	P	Q	R	S	T
V	V	W	X	Y	Z	A	B	C	D	E	F	G	H	I	J	K	L	M	N	O	P	Q	R	S	T	U
W	W	X	Y	Z	A	B	C	D	E	F	G	H	I	J	K	L	M	N	O	P	Q	R	S	T	U	V
X	X	Y	Z	A	B	C	D	E	F	G	H	I	J	K	L	M	N	O	P	Q	R	S	T	U	V	W
Y	Y	Z	A	B	C	D	E	F	G	H	I	J	K	L	M	N	O	P	Q	R	S	T	U	V	W	X
Z	Z	A	B	C	D	E	F	G	H	I	J	K	L	M	N	O	P	Q	R	S	T	U	V	W	X	Y

使用维吉尼亚密码加密在操作时需要注意以下内容。

（1）® 运算忽略参与运算的字母的大小写，并保持字母在明文 M 中的大小写形式。

（2）当明文 M 的长度大于密钥 k 的长度时，将密钥 k 重复使用。

例如，当明文 M = Helloworld，密钥 k = abc 时，密文 C = Hfnlpyosnd，如表 7.3 所示。

表 7.3

明文	H	e	l	l	o	w	o	r	l	d
密钥	a	b	c	a	b	c	a	b	c	a
密文	H	f	n	l	p	y	o	s	n	d

【输入格式】

输出第一行为一个字符串，表示密钥 k，长度不超过 100，其中仅包含大、小写字母。

第二行为经加密后的密文字符串，长度不超过 1 000，其中仅包含大、小写字母。

【输出格式】

输出一个字符串，表示输入密钥和密文所对应的明文。

【输入样例】

CompleteVictory

Yvqgpxaimmklongnzfwpvxmniytm

【输出样例】

Wherethereisawillthereisaway

□7.2.15 计算系数（factor）

【题目描述】

给定一个多项式 $(by+ax)^k$，请求出多项式展开后 $x^n \times y^m$ 项的系数。

【输入格式】

输入共一行，包含 5 个整数，分别为 a、b、k、n、m，每两个整数之间以一个空格分隔。

【输出格式】

输出一个整数，表示所求的系数，这个系数可能很大，输出对 10 007 取模后的结果。

【输入样例】

1 1 3 1 2

【输出样例】

3

【数据范围】

对于 100% 的数据，有 $0 \leqslant k \leqslant 1\,000$，$0 \leqslant n, m \leqslant k$，且 $n+m=k$，$0 \leqslant a, b \leqslant 1\,000\,000$。

□7.2.16　大炮互攻（cannon）

【题目描述】

1 000×1 000 的网格上有 n 门大炮，大炮只能倾斜 45 度开炮，方向不定。试计算有多少对大炮可以互相攻击。

【输入格式】

第一行输入一个整数 n（$1 \leqslant n \leqslant 200\,000$），表示大炮数量。

随后 n 行，每行两个整数 x_i 和 y_i（$1 \leqslant x_i$，$y_i \leqslant 1\,000$），表示大炮的坐标。

【输出格式】

输出一个整数。

【输入样例】

```
5
1 1
1 5
3 3
5 1
5 5
```

【输出样例】

```
6
```

□7.2.17　解方程（equation）

【题目描述】

给出一个正整数 n（$1<n\leqslant 2^{31}-1$），求当 x 和 y 都为正整数时，方程 $sqrt(n) = sqrt(x) - sqrt(y)$ 的解中，x 的最小值是多少？

【输入格式】

输入一个正整数 n。

【输出格式】

输出一个满足条件的最小的 x 的解。

【输入样例】

```
4
```

【输出样例】

```
9
```

□7.2.18 shlqsh 数（shlqsh）

【题目描述】

我们把 t_1、t_2（包括 t_1、t_2）之间所有数的约数个数和 n 称为 t_1、t_2 的 shlqsh 数。试求出 t_1、t_2 的 shlqsh 数。

【输入格式】

输入仅一行，共有两个整数，即 t_1、t_2（$1 \leqslant t_1 < t_2 \leqslant 10\,000\,000$）。

【输出格式】

输出一个整数，表示 t_1、t_2 的 shlqsh 数。

【输入样例】

2 6

【输出样例】

13

【样例说明】

2 的约数有 1、2（2 个）；

3 的约数有 1、3（2 个）；

4 的约数有 1、2、4（3 个）；

5 的约数有 1、5（2 个）；

6 的约数有 1、2、3、6（4 个）。

所以 2、6 的 shlqsh 数为 13。

【数据范围】

对于 50 % 的数据，保证有 $t_1,t_2 \leqslant 1\,000\,000$。

对于 100% 的数据，保证有 $t_1,t_2 \leqslant 10\,000\,000$。

学有余力的读者可以到各大题库网站找一些符合自己能力的题目来做。如果某些网站不支持“万能”头文件，那么可以按照如下形式写。

```
#include <iostream>  //用于数据流输入 / 输出
#include <cstdlib>   //用于定义杂项函数和内存分配函数
#include <cstdio>    //用于定义输入 / 输出函数
#include <cmath>     //用于定义数学函数
#include <cstring>   //用于字符串处理
#include <algorithm> //STL 通用算法
```

第 08 章　指针

C++ 语言里的指针的功能非常强大，它可以直接处理内存地址，完成许多复杂的任务，但指针的概念并不好理解。

扫码看视频

8.1　地址和指针

计算机对数据的存储和读取是通过地址来进行的，所谓地址，通俗地讲就是将存储空间（内存）的每一块都编了一个“门牌号”，这个“门牌号”就是内存的地址。所有的数据都要按照给定的“门牌号”存入相应的位置，只要知道了数据的“门牌号”，就可以找到该数据进行操作。例如，将字符串“All right”存入内存，如表 8.1 所示。

表 8.1

地址	…	2002	2003	2004	2005	2006	2007	2008	2009	2010	2011	…
内容			A	l	l		r	i	g	h	t	

可以看到，字符“A”存在地址 2003 的位置上，字符“t”存在地址 2011 的位置上……（一个半角西文字符占一字节）。只要找到地址为 2003 的位置，就可以找到字符“A”。

指针是变量，专门用来存储内存的地址编号，例如 2002 等，这样就可以根据存储的地址编号找到该地址上存储的真实值了，如图 8.1 所示。

地址
内容
…
2002
2004
2006
2008
2010
2012
2014
2016
2018
2020
…
汉
字
占
两
个
字
节
哦
可以移动
指针（现在正指向地址2004，所以它的值为2004）

图 8.1

地址是固定不变的，是内存的“门牌号”，地址的值为整数。
指针的值指向的是地址，它可以指向内存的任意位置，所以指针的值是可以改变的。
可以根据指针的值找到内存的相应位置。

为了将指针变量与其他普通变量区分开，需要在变量名前加“*”。例如：

```
int *point; // 定义 *point 为指针变量
```

在 *point 前加的“int”，表示它会将该指针变量指向的位置当作 int 类型数据来处理。指向任何类型的指针变量均占 4 字节的长度，因为地址是用 4 字节表示的。

如图 8.2 所示，系统在可使用的内存中分配了一个 4 字节的空间（例如地址 2020 处）存放指针变量 *point，其中 point 是指针，它保存的值是地址。假设当前值为 2004，而地址 2004 处的值为 100，则 *point = 100。“*”可以理解为取 point 指向的地址上的真实值。

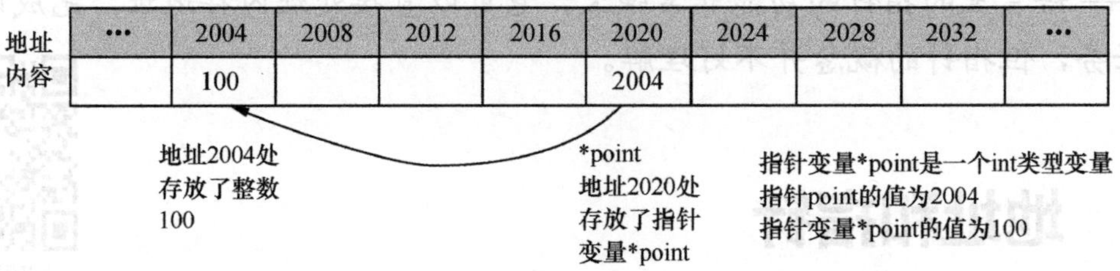

图 8.2

8.2 指针变量的应用

扫码看视频

下面的程序是指针变量的简单应用。

```
1   //指针变量的简单应用
2   #include <bits/stdc++.h>
3   using namespace std;
4
5   int main()
6   {
7     int a=3,b=4;
8     int *p1,*p2;                                  //定义两个指针变量 *p1、*p2
9     p1=&a;                                        //把变量 a 的地址值赋给 p1
10    p2=&b;                                        //把变量 b 的地址值赋给 p2
11    printf("%d %d  %d %d\n",a,b,*p1,*p2);         //显示结果为 3 4  3 4
12    return 0;
13  }
```

可以看到，指针变量 *p1、*p2 可以像普通变量一样使用。

第 9 行和第 10 行是将变量的地址值赋给指针，因为 p1、p2 存储的就是地址值，这与取 a 的地址值和取 b 的地址值类型匹配。

当第 11 行打印 *p1、*p2 的值时，打印的就是 p1、p2 指向的地址上的值，即 a 和 b。

注意：*p1、*p2 在开始定义时并未指向任何地方，只是当第 9 行和第 10 行执行语句完毕后才有了具体的指向。

例如将 a、b 的值通过指针的方式排序输出的程序如下所示。

```
//两数排序
#include <bits/stdc++.h>
using namespace std;

int main()
{
  int *p1,*p2,*p,a=3,b=4;
  p1=&a;                                          //p1指向存储变量a所在的地址
  p2=&b;                                          //p2指向存储变量b所在的地址
  if (a<b)
    p=p1, p1=p2, p2=p;                     //地址值与地址值互相交换
  printf("%d %d\n",a,b);                   //输出3 4
  printf("%d %d\n",*p1,*p2);               //输出4 3
  return 0;
}
```

作为临时变量的p也为地址值，否则交换数据时会因为数据类型不匹配而发生意想不到的错误。程序中a和b的值并未交换，它们仍保持原值，但p1和p2的值改变了，即交换两个指针变量的值。

前文讲到，当把一个变量作为参数传递给子函数时，无论子函数如何改变参数的值，实际原始变量值不变，因为传递给子函数的变量只是该变量的一个副本。

但下面这个指针变量作为函数参数的程序中，a和b的值竟然被改变了，为什么？

```
//指针变量作为函数参数
#include <bits/stdc++.h>
using namespace std;

void Swap(int *p1,int *p2)       //注意当指针变量作为参数时形参的形式
{
  int temp;
  temp=*p1;                      //*p1是整数，所以可以赋值给整数temp
  *p1=*p2;
  *p2=temp;
}

int main()
{
  int *_point1,*_point2,a=3,b=4;
  _point1=&a;
  _point2=&b;                    //将a、b的地址赋给_point1、_point2
  if (a<b)
    Swap(_point1,_point2);       //将指针变量作为函数参数
  printf("%d %d",a,b);
  return 0;
}
```

和用数组名作为函数参数一样，该程序传递的参数是变量的地址，所以子函数里针对参数的操作是直接在该变量的地址上进行的。

不要将交换过程写成如下代码，因为temp指向的地址是不确定的，所以对*temp赋值会

将未知地址上的值覆盖，这可能会破坏系统的正常运行。

```
int *temp;     //此时该指针变量里存储的值是未知的，指向的地址是未知的
*temp=*p1;     //将*temp指向的未知地址上的值改为*p1是"危险"的操作
*p1=*p2;
*p2=*temp;
```

我们也无法通过改变指针形参的值而使指针实参的值改变，例如下面的子函数代码。

```
void Swap(int *p1,int *p2)
{
  int *p;
  p=p1;p1=p2;p2=p;   //这样写无法改变main()函数中的a和b的值，请思考原因
}
```

下面的程序演示了函数在调用时的引用与取地址操作，所谓引用就是为传递的参数起一个别名。

```
//引用与取地址操作
#include <bits/stdc++.h>
using namespace std;

void Swap1(int *x,int *y)          //取地址
{
  int z=*x;
  *x=*y;
  *y=z;
}

void Swap2(int &x,int &y)          //引用
{
  int z=x;
  x=y;
  y=z;
}

int main()
{
  int a=1,b=-1;
  Swap1(&a,&b);                    //函数要求输入为指针变量，需要取地址符
  printf("a=%d,b=%d\n",a,b);       //此处输出a=-1,b=1
  Swap2(a,b);                      //引用不需要取地址符
  printf("a=%d,b=%d\n",a,b);       //此处输出a=1,b=-1
  return 0;
}
```

该程序调用 Swap2 的时候传了两个引用给它（x=a，y=b），即 x 只是 a 的一个别名，y 只是 b 的一个别名，实际上都代表同一块内存空间。

引用相对于指针来说更高效、更简便，因为指针传参的实质还是传值调用，复制地址需要“开销”，而引用会直接被编译器优化。

【笔试测验】请手动算出程序输入 5 5 3 2 6 1 的结果。

```
#include <bits/stdc++.h>
using namespace std;

```

```
void Swap(int &a,int &b)
{
  int t;
  t=a,a=b,b=t;
}

int main()
{
  int N,m1=2147483647,m2=2147483647,temp;
  cin>>N;
  for (int i=1; i<=N; ++i)
  {
    cin>>temp;
    if (m2>=m1 && temp<m2)
      m2=temp;
    else if (m2<m1 && temp<m1)
      m1=temp;
  }
  if (m1>m2)
   Swap(m1,m2);
   cout<<m1<<" "<<m2<<endl;
  return 0;
}
```

8.3 数组与指针

扫码看视频

定义指向数组元素的指针变量与定义指向变量的指针变量方法类似。例如：

```
int a[10], *p;
p=&a[0];
```

由于 C++ 语言规定数组名代表数组中第一个元素的地址，因此下面两条语句等价。

```
p=&a[0];        //把数组 a 的首元素地址赋给 p
p=a;            //把数组 a 的首元素地址赋给 p
```

C++ 语言规定：如果指针变量 p 已指向数组中的一个元素，则 p+1 指向该数组中的下一个元素（而不是简单地将 p 加 1）。例如，数组元素是浮点数，因为每个浮点数占 4 字节的空间，所以 p+1 意味着使 p 的值加 4 字节，以使它指向下一个元素。如图 8.3 所示，p 的值为 2006，p+1 的值不是 2006+1，而是下一个元素的地址 2010，所以 p+2=2014、p+5=2026……

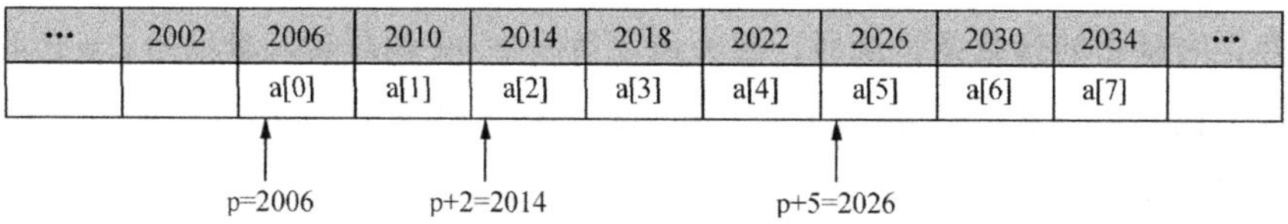

图 8.3

以下程序使用了指针变量指向数组元素的方法。

```
//指针变量指向数组元素的应用
```

```
2   #include <bits/stdc++.h>
3   using namespace std;
4
5   int main()
6   {
7     int a[10]= {1,2,3,4,5,6,7,8,9,10};
8     int *p=a;                          // 可以在定义指针变量的同时赋初始值
9     for (int i=0; i<10; i++)           // 以下标方式输出
10      printf("%d",p[i]);
11
12    for (; p<(a+10); p++)              // 以指针方式输出，p++ 表示指向下一个元素
13      printf("%d",*p);
14    return 0;
15  }
```

从第 9 行和第 10 行可以看出，指针变量 p 指向数组首元素后，相当于定义了数组 p, 可以使用下标的方式逐个输出数组 a 的值，因为 p[i] 和 a[i] 在内存中是重合的，对数组 p 的操作就是对数组 a 的操作。

如果第 12 行写成 for(p=a;a<(p+10);a++) 就错了，因为 a 为数组首地址，不是指针，指针可以改变值，而地址不可改，所以无法实现 a++ 语句。

要注意指针变量指向的位置是否正确，例如通过指针变量输出数组 a 中 10 个元素的参考程序如下所示。

```
//通过指针变量输出数组元素，这是一个错误的程序
#include <bits/stdc++.h>
using namespace std;

int main()
{
  int *p,i,a[10];
  p=a;
  for (i=0; i<10; i++)
  {
    scanf("%d",p);                               // 注意此处无须加取地址符 "&"
    p++;
  }
  printf("\n");
  for (i=0; i<10; i++,p++)
    printf("%d ",*p);
  return 0;
}
```

这个程序运行输出的结果是错误的。因为经过第一个 for 循环读入数据后，p 已指向了数组 a 的末尾，所以在执行第二个 for 循环时，p 的起始值已经不是 a 而是 a+10 了。

改正方法是在第二个 for 循环之前加一个赋值语句 p=a;。

可以使用指针模拟 Pascal 独有的负下标数组，程序如下所示。

```
//负下标数组
#include <bits/stdc++.h>
using namespace std;
```

```
int main ()
{
  int a[100],i,*p;
  for (i=0; i<100; i++)
    a[i]=i;                                    //赋初始值
  p = &a[50];                                  //指针指向数组中间
  for (i=-50; i<50; i++)
    printf("%d ",p[i]);
  return 0;
}
```

第 09 章　结构体

C++ 语言里提供的结构体可以使用户自定义数据类型，使之可以存储不同类型的数据作为一个整体来处理。

扫码看视频

9.1 结构体及其应用

假设有 10 000 个学生，每个学生的基本信息包括学号、姓名、性别、成绩等不同类型的数据，如何存储这些学生的信息并方便后续操作呢？最容易想到的是定义多个不同类型的数组来存储相应数据。

代码大致如下所示。

```
int ID[10000];             //定义整数数组 ID[] 保存每个学生的学号
char name[10000][50];      //定义字符串数组 name[] 保存每个学生的姓名
char sex[10000];           //定义字符数组 sex[] 保存每个学生的性别
float score[10000];        //定义浮点数数组 score[] 保存每个学生的成绩
```

这种存储方式将学生的完整信息分散到了不同的数组中，不仅过于烦琐，还不便于后期的管理和操作。而通过声明自定义结构体的方式，可以将每个学生的完整信息作为整体来处理。

代码大致如下所示。

```
struct student                  //声明一个名为 student 的结构体类型
{
  int ID;                       //学号
  char name[20];                //姓名
  char sex;                     //性别
  float score;                  //成绩
};                              //声明结束，注意此处不可省略分号
```

struct 是声明结构体类型时必须使用的关键字，不能省略，它声明了这是一个“结构体类型”。student 是该结构体的名称，该名称是用户自行定义的。花括号内的 ID、name、sex 及 score 是该结构体中的成员。

结构体被声明后，仅仅只是一个模型，系统并不为它分配内存空间，需要在声明之后定义结构体变量或结构体数组，系统才会在内存中给结构体变量或结构体数组分配内存空间，使之可以被使用。例如下面的代码。

```
struct student a,b;             //定义了两个结构体变量 a 和 b
struct student stu[3];          //定义了结构体数组 stu[3]
```

也可以声明结构体类型后直接定义结构体变量并对其初始化，例如将表 9.1 所示的内容存储到结构体并输出的代码如下所示。

表 9.1

ID	name	sex	score
10001	琪儿	M	95
10002	小光	F	92

```
//结构体变量实例
#include <bits/stdc++.h>
using namespace std;

struct student
{
  int ID;
  char name[20];
  char sex;
  float score;
};

int main()
{
  struct student a= {10001,"琪儿",'M',95};          //定义结构体变量并赋值
  struct student b= {10002,"小光",'F',92};          //不能改变赋值顺序
  struct student c;                                 //结构体 c 未赋初始值
  scanf("%d%s%c%f",&c.ID,c.name,&c.sex,&c.score);//输入结构体 c 的各成员
  printf("%d %s %c %f\n",a.ID,a.name,a.sex,a.score);
  printf("%d %s %c %f\n",b.ID,b.name,b.sex,b.score);
  printf("%d %s %c %f\n",c.ID,c.name,c.sex,c.score);
  return 0;
}
```

语句 scanf(“%d%s%c%f” ,&c.ID,c.name,&c.sex,&c.score) 中，c.name 的前面没有加取地址符“&”，因为 c.name 本身就是数组的首地址。

可以看出，结构体内的成员变量可以像普通变量一样进行各种操作，例如：

a.score=b.score;

sum=a.score+b.score;

a.score++;

应该逐个操作结构体内的各变量，不能将各变量作为整体一次操作完。例如输入 / 输出写成 cin>>a 或者 cout<<a 都是错误的，应改为：

cin>>a.ID>>a.name>>a.sex>>a.score;

cout<<a.ID<<a.name<<a.sex<<a.score;

使用结构体数组的实例如下所示。

```
//结构体数组实例
#include <bits/stdc++.h>
using namespace std;

struct student
{
  int ID;
  char name[20];
  char sex;
  float score;
};

struct student s[3]= {{10001,"琪儿",'M',95},
                      {10002,"小光",'F',92}};  //定义结构体数组并对前两个变量赋值
int main()
{
  scanf("%d%s%c%f",&s[2].ID,s[2].name,&s[2].sex,&s[2].score);
  for (int i=0; i<3; i++)
    printf("%d %s %c %f\n",s[i].ID,s[i].name,s[i].sex,s[i].score);
  return 0;
}
```

9.2 结构体与指针

扫码看视频

可以定义结构体指针变量指向结构体变量，例程如下所示。

```
//结构体指针变量指向结构体变量
#include <bits/stdc++.h>
using namespace std;

struct student
{
  int num;
  char name[20],sex;
  float score;
};

int main()
{
  struct student stu;    //定义结构体变量stu
  struct student *p;     //*p必须和stu一样，均为struct student类型
  p=&stu;                //结构体指针p指向结构体stu
  stu.num=10001;
  strcpy(stu.name,"Neo");//无法用"="对字符数组赋值，故用strcpy()
  stu.sex='M';
  stu.score=90.5;
  cout<<stu.num<<stu.name<<stu.sex<<stu.score<<endl;     //输出方式1
  cout<<(*p).num<<(*p).name<<(*p).sex<<(*p).score<<endl;//输出方式2
  return 0;
}
```

在 C++ 语言中，为了使用方便和直观，可以把 (*p).num 改为 p->num，同理，可以把 (*p).name 改为 p->name……

下面是一个指向结构体数组的指针变量实例。

```
//指向结构体数组的指针变量实例
#include <bits/stdc++.h>
using namespace std;

struct student
{
  int num;
  char name[20],sex;
  float score;
};
struct student stu[2]={{10001,"琪儿",'M',95},     //未结束为逗号
                       {10002,"小光",'F',92}};     //结束为分号


int main()
{
  struct student *p;
  for (p=stu;p<stu+2;p++)                   //p指针依次指向下一个结构体元素
    cout<<p->num<<p->name<<p->sex<<p->score<<endl;
  return 0;
}
```

扫码看视频

9.3 课后练习

9.3.1 选举（kind）

【题目描述】

有 N 个候选人参加选举，请用结构体数组编程统计每个人的得票数，即每次输入一个得票的候选人的名字，要求最后输出各候选人的得票结果。

【输入格式】

输入第一行为一个整数 N（N 不超过 100），表示候选人数。随后 N 行为各候选人的姓名，之后是一个整数 M（M 不超过 100），表示总投票数。随后为 M 行，每行为一个姓名，表示该候选人获得一张选票，如果选票上的姓名与候选人姓名不匹配，则为废票。

【输出格式】

输出每个候选人的姓名和得票数，中间以一个空格间隔，每个候选人占一行，按输入数据的初始顺序排列。

【输入样例】

3

Mike
John
Smith
5
Mike
Mik
John
John
Smith

【输出样例】

Mike 1
John 2
Smith 1

□9.3.2 统计成绩（score）

【题目描述】

输入 10 个学生的数据，每个学生的数据包括学号、姓名及 3 门课的成绩，要求打印出 3 门课总平均成绩和最高分的学生数据（学号、姓名及平均分数）。试用结构体数组完成。

【输入格式】

输入 10 行数据，分别为每个学生的学号（整数）、姓名（不超过 8 个字符）及 3 门课的成绩，以一个空格间隔。

【输出格式】

输出第一行为 3 门课总平均成绩，第二行为总平均成绩最高分（保证没有并列的最高成绩）的学生数据（包括学号、姓名及平均分数），以一个空格间隔，输出的浮点数保留小数点后两位（不考虑四舍五入）。

【输入样例】

1 A 100 100 100
2 B 80 80 80
3 C 80 80 80
4 D 80 80 80
5 E 80 80 80
6 F 80 80 80
7 G 80 80 80

8 H 80 80 80

9 I 80 80 70

10 J 80 80 80

【输出样例】

81.67

1 A 100.00

□ 9.3.3　生日（birthday）

【题目描述】

试用结构体数组编程统计每个学员的生日，并按照年龄从大到小的顺序排序。

【输入格式】

第一行为学员总人数 n，随后 n 行分别是每个学员的姓名与出生年、月、日，以一个空格间隔。

【输出格式】

输出 n 行，即 n 个按照年龄从大到小排序的学员的姓名（如果有两个学员生日相同，输入靠后的学员先输出）。

【输入样例】

3

Yangchu 1992 4 23

Qiujingya 1993 10 13

Luowen 1991 8 1

【输出样例】

Luowen

Yangchu

Qiujingya

第 10 章　位运算与进制

计算机程序中的所有数据在计算机内存中都是以二进制数的形式储存的。由于位运算直接对内存数据进行操作，不需要转成十进制数，因此处理速度非常快。

10.1 位运算

扫码看视频

二进制用 0 和 1 两个数码来表示数，是计算机技术中广泛采用的一种数制。二进制的基数为 2，进位规则是“逢二进一”，借位规则是“借一当二”，由 17 ～ 18 世纪德国数理哲学大师莱布尼茨（Leibniz）发现。

（1）二进制加法运算有以下 4 种情况。

0 + 0 = 0

0 + 1 = 1

1 + 0 = 1

1 + 1 = 10　// 进位为 1

例如计算 $(1101)_2 + (1011)_2$ 的值。

解：

$$\begin{array}{r} 1101 \\ +\ 1011 \\ \hline 11000 \end{array}$$

（2）二进制减法运算有以下 4 种情况。

0 − 0 = 0

1 − 0 = 1

1 − 1 = 0

10 − 1 = 1

原码：在二进制表示的数前面增加了一位符号位（最高位为符号位），0 表示正数，1 表示负数，其余位表示数的大小。例如 $(0010)_2 = 2$，$(1010)_2 = -2$。

反码：原码在计算机中使用不方便，因此引入了反码，正数的反码与原码相同，负数的反码是将原码中除了第一位符号位不变外，其他每一位数取反。例如 127 = 01111111，而 −127 = 10000000。

补码：多数计算机的整数采用补码表示法，因为反码中 0000 = 0、1111 = -0 = 0，有两个数表示同一个数，所以在正数和负数的计算中会出错。正数的补码与原码相同，负数的补码最高位为 1，其余位在反码基础上加 1。例如 -5 = 11111010（反码），补码为 11111011。

表 10.1 所示是一些整数的原码、反码及补码的表示方法。

表 10.1

数据（8 位）	原码	反码	补码
+7	00000111	00000111	00000111
-7	10000111	11111000	11111001
+0	00000000	00000000	00000000
-0	10000000	11111111	00000000

补码的加、减法运算十分方便，它不必判断数的正负，只要符号位参加运算便能自动得到正确的结果。假设计算机字长为 8 位，下列例子说明补码的加法运算。

```
十进制          二进制
   25           00011001
+  32        +  00100000
-------      -----------
   57           00111001

十进制          二进制
   32           00100000
+（-25）      +  11100111
-------      -----------
    7           00000111
              ↓
              1  自动丢弃

十进制          二进制
   25           00011001
+（-32）      +  11100000
-------      -----------
   -7           11111001

十进制          二进制
  -25           11100111
+（-32）      +  11100000
-------      -----------
  -57           11000111
              ↓
              1  自动丢弃
```

补码的减法运算与加法运算同理，下面以几个例子来说明。

十进制			二进制
25	00011001	对减数求补码，将	00011001
− 32	− 00100000	减法转化为加法	+ 11100000
−7			11111001

十进制			二进制
32	00100000	对减数求补码，将	00100000
−（−25）	− 11100111	减法转化为加法	+ 00011001
57			00111001

十进制			二进制
−25	11100111	对减数求补码，将	11100111
−（+32）	− 00100000	减法转化为加法	+ 11100000
−57			11000111
			↓
			1 自动丢弃

十进制			二进制
−25	11100111	对减数求补码，将	11100111
−（−32）	− 11100000	减法转化为加法	+ 00100000
7			00000111
			↓
			1 自动丢弃

C++ 语言提供表 10.2 所列出的位运算符。

表 10.2

位运算符	含义	位运算符	含义
&	与（and）	~	取反（not）
|	或（or）	<<	左移（shl）
^	异或（xor）	>>	右移（shr）

位运算符的优先级：not > shl，shr > and > xor > or。

与运算符“&”：参加运算的两个运算量，如果两个相应的位都为 1，则该位的结果值为 1，否则为 0。即 0&0 = 0，0&1 = 0，1&0 = 0，1&1 = 1。

与运算通常用于二进制数取位操作，例如一个数 and 1 的结果就是取二进制数的最末位。这可以用来判断一个整数的奇偶性，二进制数的最末位为 0 表示该数为偶数，最末位为 1 表示该数为奇数。

```
//判断奇偶性
#include <bits/stdc++.h>
```

```
using namespace std;

int main()
{
  int x;
  cin>>x;
  if ((x&1)==0)              //注意位运算的优先级很低，所以必须加圆括号
    cout<<x<<"是偶数"<<endl;
  else
    cout<<x<<"是奇数"<<endl;
  return 0;
}
```

如果 A、B 为整数，实际上可看成长度为 32 的二进制数各个位做上述操作。例如当 $A=10$（二进制数为 1010）、$B=12$（二进制数为 1100）时，A & $B=8$（1010 & 1100 = 1000）。

```
//两个整数与运算
#include <bits/stdc++.h>
using namespace std;

int main()
{
  int a=10,b=12;
  cout<<(a&b)<<endl;      //位运算的优先级很低，必须加圆括号，输出结果为 8
  return 0;
}
```

或运算符“|”：两个相应位中只要有一个为 1，该位的结果值就为 1。即 0|0 = 0，0|1 = 1，1|0 = 1，1|1 = 1。

如果 A、B 为整数，实际上可看成长度为 32 的二进制数各个位做上述操作。例如当 $A=10$（二进制数为 1010）、$B=12$（二进制数为 1100）时，$A|B=14$（1010|1100 = 1110）。

```
//两个整数或运算
#include <bits/stdc++.h>
using namespace std;

int main()
{
  int a=10,b=12;
  cout<<(a|b)<<endl;    //位运算的优先级很低，必须加圆括号，输出结果为 14
  return 0;
}
```

异或运算符“^”：参加运算的两个相应位同号则结果为 0，异号则结果为 1。xor 的直观意思就是“是不是不一样”。即 0^0 = 0，0^1 = 1，1^0 = 1，1^1 = 0。

如果 A、B 为整数，实际上可看成长度为 32 的二进制数各个位做上述操作。例如当 $A=10$（二进制数为 1010）、$B=12$（二进制数为 1100）时，A^$B=6$（1010^1100 = 0110）。

```
//两个整数异或运算
#include <bits/stdc++.h>
using namespace std;

```

```
int main()
{
  int a=10,b=12;
  cout<<(a^b)<<endl;              //位运算的优先级很低，必须加圆括号，输出结果为 6
  return 0;
}
```

取反运算符“~”：用来对一个二进制数按位取反，即将 0 变为 1、1 变为 0。例如对二进制数 1 取反即 ~1 = 0 。

例如一个整数 a 为 10，则 ~ a = −11（ ~ 0…01010 = 1…10101，这里符号也取反（首位），因此变为负数）。

```
//取反运算符
#include <bits/stdc++.h>
using namespace std;

int main()
{
  int a=10;
  cout<<~a<<endl;                                        //输出结果 -11
  return 0;
}
```

使用取反运算符要注意整数类型有没有符号，有符号的整数与无符号的整数取反的结果是不一样的。对于无符号的数，取反后的效果就是把这个数在数轴上的位置“对称翻折到另一边”，因为无符号的数是用 0x00000000 ~ 0xFFFFFFFF 依次表示的 (0x 代表十六进制)，如图 10.1 所示。

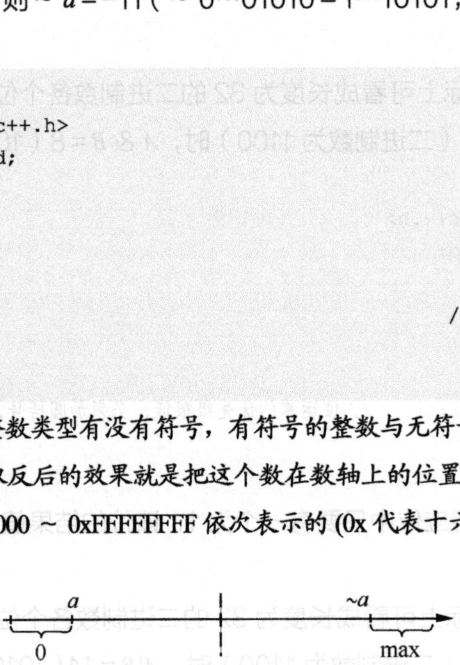

图 10.1

而对于有符号的数，取反后最高位的变化导致了正负颠倒，又因为负数储存使用补码，所以效果就变为 $-a-1$。这与上下界没有任何关系。

```
//无符号数取反
#include <bits/stdc++.h>
using namespace std;

int main()
{
  unsigned short a=100;
  a=~a;
  cout<<a<<endl;    //输出 65435，即该类型的最大值减 100，而不是减 101
  return 0;
}
```

左移运算符“<<”：A<<B，表示 A 的所有二进制位整体向左移动 B 位，后面 B 位用 0 补充。对无符号数左移一位的操作如图 10.2 所示。

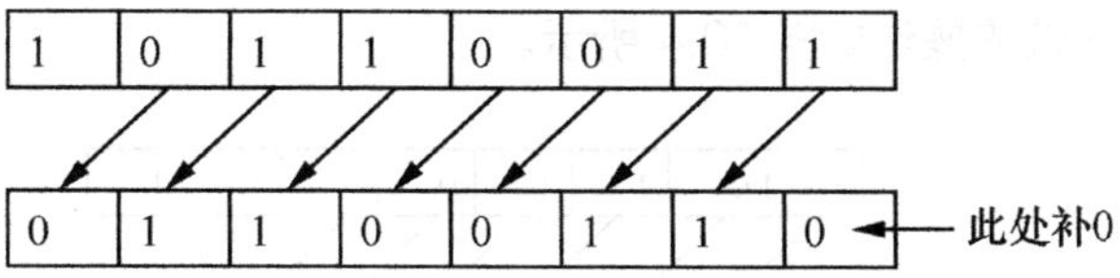

图 10.2

例如 100 的二进制数为 1100100，则 100<<2＝110010000＝400。可以看出，*a*<<*b* 的值实际上就是 *a* 乘以 2 的 *b* 次方，因为在二进制数后添一个 0 就相当于该数乘以 2。

通常认为 *a* << 1 比 *a*×2 运算更快，因为前者是更底层一些的操作，所以程序中乘以 2 的操作请尽量用左移一位来代替。

```
//左移运算符
#include <bits/stdc++.h>
using namespace std;

int main()
{
  int a=10;
  cout<<(a<<2)<<endl;                    //左移两位，即输出 10*2*2=40
  return 0;
}
```

定义一些常量可能会用到左移运算符。可以方便地用 (1 << 15) － 1 来表示 32 767。很多算法和数据结构要求数据规模必须是 2 的幂，此时可以用左移运算符来定义 Max_N 等常量。

```
//左移运算符
#include <bits/stdc++.h >
using namespace std;

int main()
{
  short a;
  unsigned short b;
  a=(1<<16)-1;                           //short 类型长度为 16 位
  b=(1<<16)-1;
  cout<<a<<" "<<b<<endl;                 //输出 -1 65535
  cout<<(1<<15)-1<<endl;                 //输出 32767
  return 0;
}
```

右移运算符 “>>”：将一个数的各二进制位右移，右移时需注意符号位问题，务必确保是对非负整数进行运算，否则会出错。例如当 *A*＝−1 时，对于任何位移运算 *A*>>*B*，结果都是 −1。图 10.3 所示是对一个负数（有符号数）右移一位的操作。

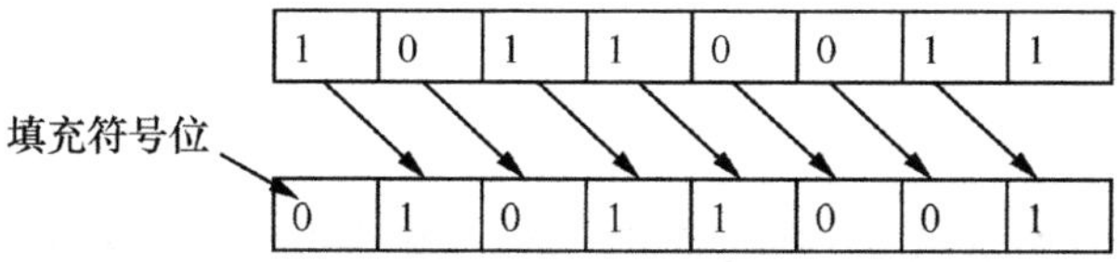

图 10.3

对于无符号数右移一位的操作如图 10.4 所示。

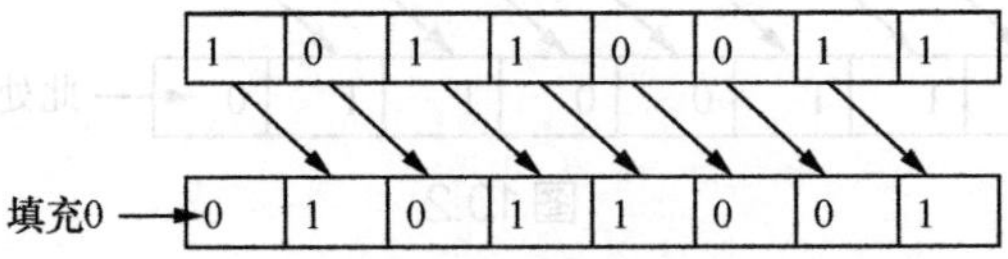

图 10.4

和左移相似，$a >> b$ 表示二进制数右移 b 位（去掉末 b 位），相当于 a 除以 2 的 b 次方（取整）。实际编程经常用 >>1 来代替除以 2，例如二分查找、堆的插入操作等，这可以使程序运行效率大大提高。例如最大公约数的二进制算法用除以 2 操作来代替运算速度缓慢的模运算（%），运行效率可以提高 60%。

```
//右移运算符
#include <bits/stdc++.h>
using namespace std;

int main()
{
  int a=10;
  cout<<(a>>2)<<endl;                              //右移两位，即 10/2/2=2
  return 0;
}
```

□10.1.1 整数幂（power）

【题目描述】

判断整数 N 是不是 2 的整数幂，例如 $8 = 2^3$，8 是 2 的整数幂，而 9 不是 2 的整数幂。

【输入格式】

第一行为一个整数 T（$1 \leqslant T \leqslant 1\,000$），表示有 T 组数据。

随后为 T 行，每行一个正整数 N（N 在整数范围内）。

【输出格式】

如果 N 是 2 的整数幂，则输出 “Yes”，否则输出 “No”。

【输入样例】

1
8

【输出样例】

Yes

【算法分析】

最简单的方法是用这个数除以 2 得到商和余数，再用商除以 2 又得到商和余数，重复该操作直到商为 0。当商为 0 余数也为 0 时，该数就是 2 的整数幂。

将2的幂次方写成二进制数形式后，很容易就会发现有一个特点：二进制数中只有一个1，并且1后面跟了 *n* 个 0。例如 8 转化成二进制数为 00001000，64 转化成二进制数为 01000000。

如果将这个数减去 1 会发现，仅有的 1 会变为 0，而原来的 *n* 个 0 会变为 1，例如 64 － 1 的二进制数为 00111111，而 01000000 & 00111111 ＝ 0。

实际上，x&(x－1) 常用于消除二进制数最后出现的 1，其余保持不变。

参考程序如下所示。

```
//整数幂——位运算法
#include <bits/stdc++.h>
using namespace std;

int main()
{
  int n,t;
  scanf("%d",&t);
  while (t--)
  {
    scanf("%d",&n);
    if ((n&(n-1))==0)                          //"==" 比 "&" 优先级高
      printf("Yes\n");
    else
      printf("No\n");
  }
  return 0;
}
```

□10.1.2　二进制半整数（bin）

【题目描述】

一个数 *n* 如果能表示成 $2^i + 2^j$，那么它就是二进制半整数。试判断一个数是不是二进制半整数。

【输入格式】

第一行输入 *t*（$1 \leqslant t \leqslant 1\,000$），表示数据组数。

接下来 *t* 行，每行一个数 *n*（$1 \leqslant n \leqslant 1\,000\,000\,000$）。

【输出格式】

输出 *t* 行，每行以“yes”或“no”表示是不是二进制半整数。

【输入样例】

4
4
7
5
6

【输出样例】

yes
no
yes
yes

10.2 进制转换

扫码看视频

除了十进制和二进制以外，还有其他进制，例如八进制和十六进制。

八进制采用 0、1、2、3、4、5、6、7 共 8 个数码，逢 8 进位。八进制的数较二进制的数书写方便，常应用在计算机的计算中。例如十进制数 32 表示成八进制数就是 40，八进制数 32 表示成十进制数就是 $3\times8^1+2\times8^0=26$。

十六进制采用 0、1、2、3、4、5、6、7、8、9、A、B、C、D、E、F 共 16 个数码。其中 A、B、C、D、E、F 分别对应十进制数 10、11、12、13、14、15。

各进制数之间的转换示例如下。

二进制数转十进制数: $10110 = 1\times2^4 + 0\times2^3 + 1\times2^2 + 1\times2^1 + 0\times2^0 = 22$。

八进制数转十进制数: $125 = 1\times8^2 + 2\times8^1 + 5\times8^0 = 85$。

十六进制数转十进制数: $3A8 = 3\times16^2 + A\times16^1 + 8\times16^0 = 936$。

十进制数转二进制数的方法如下（除 2 取余、逆序排列法）。

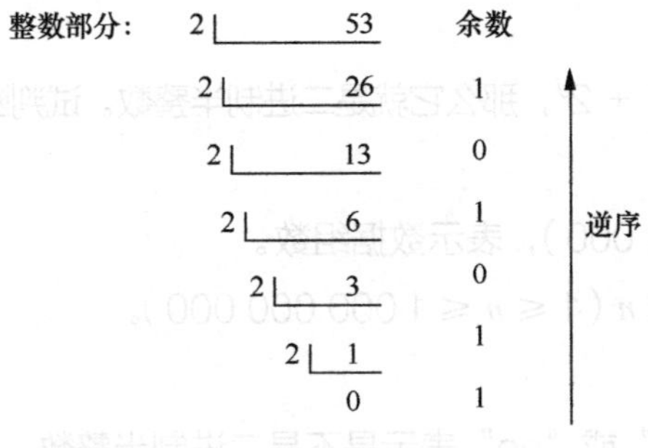

整数部分:
2 53
余数
2 26 1
2 13 0
2 6 1
2 3 0
2 1 1
0 1
逆序

即 53 = 110101。

小数部分: 0.312 5 × 2 = 0.625 0　　整数为 0

0.625 0 × 2 = 1.25　　整数为 1

0.25 × 2 = 0.50　　整数为 0

0.50 × 2 = 1.0　　整数为 1

即 0.312 5 = 0.0101。

二进制数转八进制数: <u>101</u> <u>011</u> <u>110</u> = 536。

八进制数转二进制数：357 = 11 101 111。

十六进制数转二进制数：5AB = 101 1010 1011。

二进制数转十六进制数：1 1001 0100 1011 = 194B。

前文讲到用输入 / 输出流类库中的 dec(对应十进制)、hex(对应十六进制)、oct(对应八进制) 的方法处理数制转换问题。

接下来介绍数制转换的通用算法。

将十进制数转换为相应的二进制数，除了模拟“除 2 取余、逆序排列法”的计算过程外，更快捷的方法是位运算，参考程序如下所示。

```
// 输入十进制数以二进制数显示
#include <bits/stdc++.h>
using namespace std;

int main()
{
  int m,number,s[32];
  cin>>number;
  for (int i=1; i<=32; i++)              //32 位的编译器
    s[i-1]=number>>(i-1)&1;              // 将每一位移到最右端与 1 进行与运算
  for (int i=31; i>=0; i--)
    cout<<s[i]<<' ';
  return 0;
}
```

输入二进制数以十进制数显示的参考程序如下所示。

```
// 输入二进制数以十进制数显示
#include <bits/stdc++.h>
using namespace std;

int Show10(char *c)
{
  int num=0;
  for (int i=0; i<=31; i++)
    num=(num<<1)+c[i];
  return num;
}

int main()
{
  int x;
  char c[32];
  for (int i=0; i<=31; i++)              // 以字符形式输入 32 位的二进制数
    cin>>c[i];
  for (int i=0; i<=31; i++)              // 字符转换为数字
    c[i]=c[i]-'0';
  cout<<Show10(c)<<endl;
  return 0;
}
```

十进制数转换为 *N* 进制数的参考程序如下所示。

```
//十进制数转换为N进制数 —— 采用除N反向取余的方式
#include <bits/stdc++.h>
using namespace std;

string Fun(int x,int n)
{
  const string a="0123456789ABCDEF";
  string s="";
  if (x==0)                                        //注意特殊数据0的处理
    return "0";
  for (; x>0; x/=n)
    s=a[x%n]+s;                                    //后取的余数放在前面
  return s;
}

int main()
{
  int x,n;
  cin>>x>>n;
  cout<<Fun(x,n)<<endl;
  return 0;
}
```

N 进制数转换为十进制数的参考程序如下所示。

```
//N进制数转换为十进制数
#include <bits/stdc++.h>
using namespace std;

int Fun(int n,string s)
{
  int i,t=0;
  for (i=0; i<=s.size(); i++)
  {
    if (s[i]>='0' && s[i]<='9')
      t=t*n+s[i]-48;
    else if (s[i]>='A' && s[i]<='F')
      t=t*n+s[i]-55;
    else if (s[i]>='a' && s[i]<='f')
      t=t*n+s[i]-87;
  }
  return t;
}

int main()
{
  int n;
  string str;
  cin>>n>>str;
```

```
    cout<<Fun(n,str)<<endl;
    return 0;
}
```

□10.2.1　*N* 进制数加法（add）

【题目描述】

N（*N* < 37）进制数加法运算问题，即从键盘输入一个小于 37 的正整数 *N*，再输入符合要求的两个 *N* 进制数，求两者之和，输出结果仍为 *N* 进制数。

最容易想到的算法是先将这两个数转换为十进制数，然后进行加法运算，再将十进制数转换为 *N* 进制数。但该算法要进行两次数制的转换，效率太低。有没有更好的方法呢？

参考程序如下所示。

```
//N 进制数加法
#include <bits/stdc++.h>
using namespace std;

int main()
{
    string a,b,w;
    int x[100],y[100],i,k,N;
    cin>>N;
    for (i=0; i<=N-1; i++)
    {
        if (i<10)
            w=w+char(i+48);             // 数字的处理
        else
            w=w+char(55+i);             // 字母的处理
    }
    cin>>a>>b;
    while (a.length()<b.length())
        a='0'+a;
    while (b.length()<a.length())
        b='0'+b;
    a='0'+a;                            // 前面多加一位，用于进位
    b='0'+b;
    for (i=a.length()-1; i>=0; i--)
    {
        x[i]=w.find(a[i],0);          // 查找 a[i] 在 w 中的位置获得真实的数字
        y[i]=w.find(b[i],0);          // 转换到 x、y 数组中准备相加
    }
    for (i=a.length()-1; i>=0; i--) // 进位加法
    {
        x[i]=x[i]+y[i];
        if (x[i]>=N)
        {
```

```
        k=i;
        while (x[k]>=N)
        {
          x[k]=x[k]-N;
          x[k-1]++;
          k--;
        }
      }
    }
    for (i=a.length()-1;i>=0;i--)
      a[i]=w[x[i]];                          // 转换为 N 进制数
    while (a[0]=='0')                        // 此处没有考虑输入为 0 的特殊情况
      a.erase(0,1);                          // 删除前导 0
    cout<<a<<endl;
    return 0;
}
```

如果是一些特殊的进制数之间进行转换，可以设计特殊的算法。例如二进制数与八进制数、二进制数与十六进制数等有简单幂次关系的进制数之间相互转换，就可以简单用 1 位对应于 3 位和 1 位对应于 4 位的方法来设计算法。而像八进制数与十六进制数之间进行转换，则需借助十进制数作为桥梁来间接地转换。

□10.2.2 二进制数分类（classify）

【题目描述】

若将一个正整数转换为二进制数，则在此类二进制数中，我们将数字 1 的个数多于数字 0 的个数的这类二进制数称为 A 类数，否则就称其为 B 类数。例如：

$(13)_{10} = (1101)_2$，其中 1 的个数为 3，0 的个数为 1，则称此数为 A 类数；

$(10)_{10} = (1010)_2$，其中 1 的个数为 2，0 的个数也为 2，则称此数为 B 类数；

$(24)_{10} = (11000)_2$，其中 1 的个数为 2，0 的个数为 3，则称此数为 B 类数。

程序要求：求出 $a \sim b$ 的全部 A、B 两类数的个数。

【输入格式】

输入两个整数，即 a 和 b（$1 \leqslant a,b \leqslant 1\,000$）。

【输出格式】

输出两个整数，分别是 A 类数和 B 类数的个数，中间以一个空格间隔。

【输入样例】

1 1000

【输出样例】

538 462

□10.2.3　确定进制（num）

【题目描述】

$6\times9=42$ 对十进制来说是错误的，但是对十三进制来说却是正确的。即 $6_{(13)}\times9_{(13)}=42_{(13)}$，而 $42_{(13)}=4\times13+2\times1=54_{(10)}$。

试编程输入 3 个整数 p、q、r，然后确定进制 B（$2\leqslant B\leqslant16$），使得 $p\times q=r$。如果 B 有很多选择，则输出最小的那个进制；如果没有合适的进制，则输出 0。

【输入格式】

输入 3 个整数 p，q，r（$1\leqslant p,q,r\leqslant1\,000\,000$）。

【输出格式】

输出一个整数，即令 $p\times q=r$ 成立的最小的 B。

【输入样例】

11 11 121

【输出样例】

3

□10.2.4　K 进制数转 L 进制数

【题目描述】

输入 K 进制的正整数 N，将之转换为 L 进制数后输出。

【输入格式】

输入多组数据，每组数据有 3 个正整数 K，N，L（$N<1\,000\,000$；$L,K\leqslant16$）。

【输出格式】

每行输出一个数，即 N 的 L 进制数。

【输入样例】

8 10 2

10 10 16

【输出样例】

1000

A

第 11 章　STL 编程

标准模板库（Standard Template Library，STL) 从广义上讲分为算法（Algorithm）、容器（Container）及迭代器（Iterator）3 类，包含诸多常用的基本数据结构和基本算法。

标准 C++ 语言中，STL 被组织为下面的 13 个头文件：<algorithm>、<deque>、<functional>、<iterator>、<vector>、<list>、<map>、<memory>、<numeric>、<queue>、<set>、<stack> 及 <utility>。

扫码看视频

11.1 sort排序算法

STL 里的 sort 排序算法在头文件 <algorithm> 中声明，采用的是成熟的“快速排序算法”，可以保证很好的平均性能，其时间复杂度为 *n*log(*n*)，比标准 C 语言的 qsort 要好。

对无序整型数组排序的参考程序如下所示。

```
//sort 对无序整型数组排序
#include <bits/stdc++.h>
using namespace std;

void Print(int a[],int n)
{
  for (int i=0; i<n; i++)
    cout<<a[i]<<' ';
  cout<<endl;
}

int main()
{
  int a[]= {-1,9,-34,100,45,2,98,32};                    // 无序整型数组元素
  int len=sizeof(a)/sizeof(int);
  sort(a,a+len);                                         // 由小到大排序
  Print(a,len);
  sort(a,a+len,greater<int>());                          // 由大到小排序
  Print(a,len);
  return 0;
}
```

对字符排序也一样简单，参考程序如下所示。

```
//sort 对字符排序
#include <bits/stdc++.h>
using namespace std;

int main()
{
  char a[11]="asdfghjklk";                    // 无序字符元素
  for (int i=0; i<10; i++)
    cout<<a[i];
  cout<<endl;
  sort(a,a+10,greater<char>());               // 按 ASCII 值由大到小排序
  for (int i=0; i<10; i++)
    cout<<a[i];
  return 0;
}
```

对结构体排序的参考程序如下所示。可以看出，根据题目要求可以自定义比较函数。

```
//sort 对结构体排序
#include <bits/stdc++.h>
using namespace std;

struct Node
{
  int x,y;
} p[1001];

int Cmp(Node a,Node b)
{
  if (a.x != b.x)
    return a.x < b.x;            // 如果 a.x 不等于 b.x，就按 x 从小到大排序
  return a.y < b.y;              // 如果 x 相等则按 y 从小到大排序
}

int main()
{
  int n;
  scanf("%d",&n);
  for (int i = 1; i <= n; i++)
    scanf("%d%d",&p[i].x,&p[i].y);
  sort(p+1,p+n+1,Cmp);           // 排序，比较函数为 Cmp()
  for (int i = 1; i <=n; i++)
    printf("%d %d\n",p[i].x,p[i].y);
  return 0;
}
```

□ 11.1.1　单词排序 (WordSort)

【题目描述】

输入一行单词，相邻单词之间由一个或多个空格间隔，请按照字典序输出这些单词，要求重复的单词只输出一次（区分大小写）。

【输入格式】

第一行为一个整数 n，表示有 n（$1 \leqslant n \leqslant 100$）个单词。随后一行为 n 个单词，每个单词长度不超过 50，单词之间用至少一个空格间隔。数据不含除字母、空格外的其他字符。

【输出格式】

按字典序输出这些单词，重复的单词只输出一次。

【输入样例】

```
3
Keep on going
```

【输出样例】

```
Keep
going
on
```

□11.1.2　志愿者选拔（voluntary）

【题目描述】

学院选拔志愿者，面试分数线根据计划录取人数的 150% 划定，即如果计划录取 m 名志愿者，则面试分数线为排名第 $m \times 150\%$（向下取整）名的选手的分数，而最终进入面试的选手为笔试成绩不低于面试分数线的所有选手。

请编写程序划定面试分数线，并输出所有进入面试的选手的报名号和笔试成绩。

【输入格式】

第一行为两个整数 n 和 m（$5 \leqslant n \leqslant 5\,000$，$3 \leqslant m \leqslant n$），其中 n 表示报名参加笔试的选手总数，m 表示计划录取的志愿者人数。输入数据保证 $m \times 150\%$ 向下取整后小于等于 n。

第二行到第 $n+1$ 行，每行两个整数，分别是选手的报名号 k（$1\,000 \leqslant k \leqslant 9\,999$）和该选手的笔试成绩 s（$1 \leqslant s \leqslant 100$）。输入数据保证选手的报名号各不相同。

【输出格式】

第一行为两个整数，分别表示面试分数线和进入面试的选手的实际人数。

从第二行开始，每行两个整数，分别表示进入面试的选手的报名号和笔试成绩，按照笔试成绩从高到低输出，如果成绩相同则按报名号由小到大的顺序输出。

【输入样例】

```
6 3
1000 90
3239 88
2390 95
```

7231 84
1005 95
1001 88

【输出样例】

88 5
1005 95
2390 95
1000 90
1001 88
3239 88

【样例说明】

$m \times 150\% = 3 \times 150\% = 4.5$，向下取整后为 4。保证 4 个人进入面试的分数线为 88，但因为 88 有重分，所以所有成绩大于等于 88 的选手都可以进入面试，故进入面试的选手的实际人数为 5。

□11.1.3　奖学金（scholar）

【题目描述】

学校打算为学习成绩优秀的前 5 名学生发奖学金。每个学生都有 3 门课的成绩：语文、数学及英语。先按总分从高到低排序，如果两个学生总分相同，再按语文成绩从高到低排序；如果两个学生总分和语文成绩都相同，那么规定学号小的学生排在前面。这样每个学生的排序是唯一确定的，试按排名顺序输出前 5 名学生的学号和总分。

【输入格式】

第一行为一个正整数 n（$6 \leqslant n \leqslant 300$），表示该校参加评选的学生人数。

第二行到第 $n+1$ 行，每行有 3 个以空格间隔的数字，每个数字都为 0 ～ 100。第 j 行的 3 个数字依次表示学号为 $j-1$ 的学生的语文、数学及英语的成绩。每个学生的学号按照输入顺序编号为 $1 \sim n$（恰好是输入数据的行号减 1）。

【输出格式】

输出共有 5 行，每行两个正整数（以空格间隔），依次表示前 5 名学生的学号和总分。

【输入样例】

6
90 67 80
87 66 91
78 89 91

使用“内容市场”
APP 扫描看视频

88 99 77
67 89 64
78 89 98

【输出样例】

6 265
4 264
3 258
2 244
1 237

□11.1.4　导弹拦截（missile）

【题目描述】

有一种新的导弹拦截系统，凡是与它的距离不超过其工作半径的导弹都能够被它成功拦截。当工作半径为 0 时，则能够拦截与它位置恰好相同的导弹。但每套导弹拦截系统每天只能设定一次工作半径，而当天的使用代价，就是所有系统工作半径的平方和。

某天，雷达捕捉到敌国的导弹来袭。由于该系统尚处于试验阶段，因此只有两套系统投入工作。如果现在的要求是拦截所有的导弹，请计算这一天的最小使用代价。

【输入格式】

第一行包含 4 个整数 x_1、y_1、x_2、y_2，每两个整数之间以一个空格间隔，表示这两套导弹拦截系统的坐标分别为 (x_1,y_1)、(x_2,y_2)。

第二行包含一个整数 N，表示有 N 颗导弹。接下来为 N 行，每行有两个整数 x、y，中间以一个空格间隔，表示一颗导弹的坐标 (x,y)，不同导弹的坐标可能相同。

【输出格式】

输出只有一行，包含一个整数，即当天的最小使用代价。

【算法提示】

两个点 (x_1,y_1)、(x_2,y_2) 之间距离的平方是 $(x_1-x_2)^2+(y_1-y_2)^2$。

两套系统工作半径 r_1、r_2 的平方和是指 r_1、r_2 分别取平方后再求和，即 ${r_1}^2+{r_2}^2$。

【输入样例 1】

0 0 10 0
2
-3 3
10 0

【输出样例 1】

18

【样例说明 1】

样例 1 中要拦截所有导弹，在满足最小使用代价的前提下，两套系统工作半径的平方分别为 18 和 0。

【输入样例 2】

0 0 6 0

5

-4 -2

-2 3

4 0

6 -2

9 1

【输出样例 2】

30

【样例说明 2】

样例 2 中的导弹拦截系统和导弹所在的位置如图 11.1 所示。要拦截所有导弹，在满足最小使用代价的前提下，两套系统工作半径的平方分别为 20 和 10，即最小使用代价为 30。

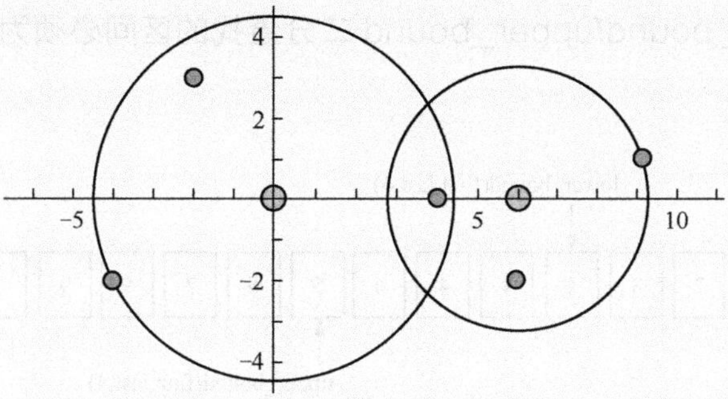

图 11.1

【数据范围】

对于 100% 的数据，$1 \leqslant N \leqslant 100\,000$，且所有坐标分量的绝对值都不超过 1 000。

【算法分析】

如图 11.2 所示，设导弹拦截系统为 a 和 b，计算出所有导弹到 a 和 b 的距离，并按照到 a 的距离从大到小进行排序。假如选择某一个点例如 k 点到 a 的距离作为 a 的半径，那么 k 点之后的点都能被 a 击落，而 k 点之前的点只能由 b 击落，则 b 的半径即前 $k-1$ 个点到 b 的最大半径。

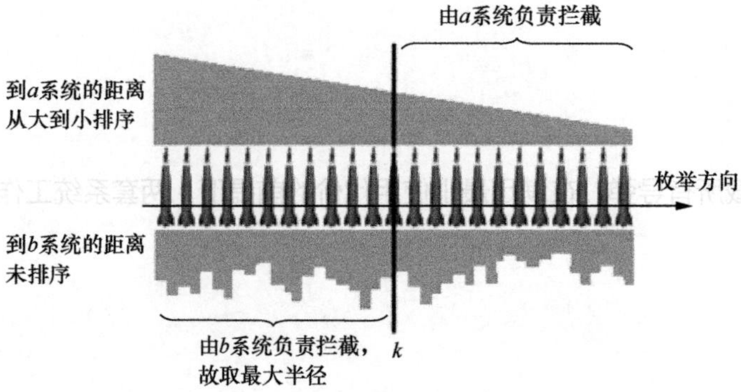

图 11.2

11.2 lower_bound/upper_bound

lower_bound(起始地址 first, 结束地址 last, 要查找的数值 val)：在 first 和 last 中的前闭后开区间进行二分查找，返回大于或等于 val 的第一个元素地址。如果区间内所有元素都小于 val，则返回 last 的地址，且 last 的地址是越界的。

upper_bound(起始地址 first, 结束地址 last, 要查找的数值 val)：在 first 和 last 中的前闭后开区间进行二分查找，返回大于 val 的第一个元素地址。如果 val 大于区间内所有元素，则返回 last 的地址，且 last 的地址是越界的。

特别注意：lower_bound/upper_bound 二分查找的区间必须为有序序列，如图 11.3 所示。

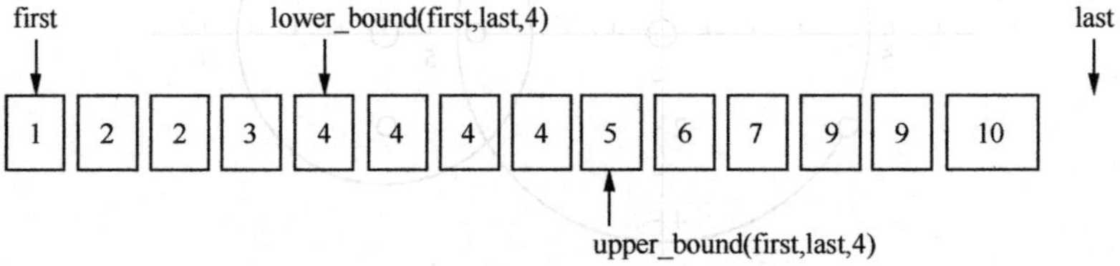

图 11.3

升序数组使用 lower_bound/upper_bound 的示例程序如下所示。

```
//升序数组使用 lower_bound/upper_bound 的示例
#include<bits/stdc++.h>
using namespace std;

int main()
{
  int a[] = {1, 1, 2, 2, 3, 3, 3, 4, 4, 4};
  cout<< lower_bound(a, a+10, 0)-a <<endl;            //输出下标 0
  cout<< lower_bound(a, a+10, 1)-a <<endl;            //输出下标 0
```

```
    cout<< lower_bound(a, a+10, 3)-a <<endl;          // 输出下标 4
    cout<< lower_bound(a, a+10, 4)-a <<endl;          // 输出下标 7
    cout<< lower_bound(a, a+10, 5)-a <<endl;          // 输出下标 10

    cout<< upper_bound(a, a+10, 0)-a <<endl;          // 输出下标 0
    cout<< upper_bound(a, a+10, 1)-a <<endl;          // 输出下标 2
    cout<< upper_bound(a, a+10, 3)-a <<endl;          // 输出下标 7
    cout<< upper_bound(a, a+10, 4)-a <<endl;          // 输出下标 10
    cout<< upper_bound(a, a+10, 5)-a <<endl;          // 输出下标 10
    return 0;
}
```

因为 lower_bound 和 upper_bound 返回的是数组元素的地址值，所以再减去数组首地址的值即该数组元素的下标。

降序数组直接使用 lower_bound/upper_bound 二分查找的结果是错误的，示例程序如下所示。

```
// 降序数组使用 lower_bound/upper_bound 的错误示例
#include<bits/stdc++.h>
using namespace std;

int main()
{
    int a[] = {4, 4, 3, 3, 2, 2,  1, 1};              // 降序数组
    cout<< lower_bound(a, a+8, 4)-a <<endl;           // 输出下标 8
    cout<< upper_bound(a, a+8, 4)-a <<endl;           // 输出下标 8
    cout<< lower_bound(a, a+8, 1)-a <<endl;           // 输出下标 0
    cout<< upper_bound(a, a+8, 1)-a <<endl;           // 输出下标 0
    cout<< lower_bound(a, a+8, 3)-a <<endl;           // 输出下标 8
    cout<< upper_bound(a, a+8, 3)-a <<endl;           // 输出下标 8
    return 0;
}
```

这是因为 lower_bound/upper_bound 默认二分查找的区间是升序序列。以查找数值 4 为例，第一步从中间开始，取中间值 a[(0+8)/2] = a[4] =2，比 4 小，于是继续向更大的值靠近，向哪边靠近呢，右边，因为它以为序列是升序的，这显然是错误的。

所以，在降序序列要注意以下两点。

（1）lower_bound 的正确写法为 lower_bound(first, last, val, greater<int>())，或类似于 sort 排序，使用自定义比较函数。若 val 在序列中，则返回 val 第一次出现的位置，否则返回第一个插入 val 不影响原序列顺序的位置。

（2）upper_bound 的正确写法为 upper_bound(first, last, val, greater<int>())，或类似于 sort 排序，使用自定义比较函数。若 val 在序列中，则返回第一个小于 val 的位置，否则返回第一个插入 val 不影响原序列顺序的位置。

参考程序如下所示。

```
// 降序数组使用 lower_bound/upper_bound 的正确示例
#include<bits/stdc++.h>
```

```
using namespace std;
int main()
{
  int a[] = {4, 4, 3, 3, 2, 2,  1, 1};
  cout<< lower_bound(a, a+8, 0,greater<int>())-a <<endl;  // 输出 8
  cout<< lower_bound(a, a+8, 4,greater<int>())-a <<endl;  // 输出 0
  cout<< lower_bound(a, a+8, 1,greater<int>())-a <<endl;  // 输出 6
  cout<< lower_bound(a, a+8, 3,greater<int>())-a <<endl;  // 输出 2
  cout<< lower_bound(a, a+8, 5,greater<int>())-a <<endl;  // 输出 0

  cout<< upper_bound(a, a+8, 0,greater<int>())-a <<endl;  // 输出 8
  cout<< upper_bound(a, a+8, 4,greater<int>())-a <<endl;  // 输出 2
  cout<< upper_bound(a, a+8, 1,greater<int>())-a <<endl;  // 输出 8
  cout<< upper_bound(a, a+8, 3,greater<int>())-a <<endl;  // 输出 4
  cout<< upper_bound(a, a+8, 5,greater<int>())-a <<endl;  // 输出 0
  return 0;
}
```

顺便提一下，STL 里还有一个二分查找函数 binary_search(first,last,val)，用法类似于 lower_bound/upper_bound，但它只能判断 val 是否在 first 和 last 的有序区间里存在，如果 val 存在则返回 true，否则返回 false。

扫码看视频

11.3 vector向量容器

vector 在头文件 <vector> 中声明，它通过一个连续的长度可变的数组存放任意类型的数据。新增数据时，如果 vector 空间已满，则扩展 vector 空间（GNU 编译器套件（GNU Compiler Collection,GCC）规定为两倍），将原来的数据复制过来，释放之前的空间再插入新增的数据；如果存放的数据不超过 vector 空间的一半，则释放一半的 vector 空间（类似于倍增算法）。

vector 在尾端插入和删除元素的时间复杂度为 $O(1)$，其他元素插入和删除的时间复杂度为 $O(n)$。

用数组方式访问 vector 元素的参考程序如下所示。

```
//数组方式访问 vector 元素
#include <bits/stdc++.h>
using namespace std;

int main()
{
  vector<int> v;         //定义了一个存放整数的 vector 容器
  v.reserve(30);         //调整数据空间大小
  v.push_back(20);       //尾端插入新元素
  v.push_back(26);
  v.push_back(12);
  v.push_back(52);
  v.insert(v.begin(),2);//begin() 为指针，指向 v 的头部，在此处插入 2
```

```
    v.insert(v.end(),43); //end() 为指针，指向 v 最后的元素的后面，插入 43
    v.insert(v.begin()+2,15);                     // 在第 2 个元素前插入 15
    v.erase(v.begin()+1);                         // 删除第 2 个元素
    v.erase(v.begin(),v.begin()+2);               // 删除前 3 个元素
    v.pop_back();                                 // 删除末尾的一个元素
    for (int i=0; i<v.size(); ++i)                //size() 为 v 中元素的个数
      cout<<v[i]<<' ';
    cout<<"\n 首元素为 :"<<v.front()<<'\n';        // 首元素引用
    cout<<" 末元素为 :"<<v.back()<<'\n';           // 末元素引用
    reverse(v.begin(),v.end());                   // 反转整个 vector 元素
    for (int i=0; i<v.size(); ++i)
        cout<<v[i]<<' ';
    v.clear();                                    // 清空全部元素
    cout<<"\n v 是否为空 :"<<v.empty()<<'\n';      // 判断是否为空
    return 0;
  }
```

结构体容器的 vector 的参考程序如下所示。

```
  // 结构体容器的 vector
  #include <bits/stdc++.h>
  using namespace std;

  struct stu
  {
    int x,y;
  };

  int main()
  {
    int j;
    vector<stu> v1;                                 // 结构体容器
    vector<stu> v2;
    struct stu a= {1,2};
    struct stu b= {2,3};
    struct stu c= {4,5};
    v1.push_back(a);
    v1.push_back(b);
    v1.push_back(c);
    v2.push_back(c);
    v2.push_back(b);
    v2.push_back(a);
    swap(v1,v2);                                    // 两结构体元素交换
    for (int i=0; i<v1.size(); i++)                 // 输出 v1 所有元素
      cout<<v1[i].x<<" "<<v1[i].y<<endl;
    cout<<"\n";
    for (int i=0; i<v2.size(); i++)                 // 输出 v2 所有元素
      cout<<v2[i].x<<" "<<v2[i].y<<endl;
    return 0;
  }
```

□ 11.3.1 电话列表 (telephone)

【题目描述】

给定一些电话号码，看看其是否符合没有号码是其他号码的前缀的要求。例如有下面这些电话号码：

紧急呼叫 911

琪儿 97625999

琳琳 91125426

在这个案例里，就不可能打电话给琳琳，因为当你拨了琳琳电话号码前 3 位数字的时候，电话服务中心将拨通紧急呼叫电话。所以这个电话列表不符合要求。

【输入格式】

输入数据的第一行给出了一个整数 t（$1 \leqslant t \leqslant 40$），表示整个测试案例的个数。每个测试案例的开头一行是 n（$1 \leqslant n \leqslant 10\ 000$），表示电话号码的个数。接下来的 n 行中，每行都是一个不相同的电话号码，每个电话号码都是一个至多 10 个数字的序列。

【输出格式】

对于每个测试案例，如果它是符合要求的，则输出“YES”，否则输出“NO”。

【输入样例】

```
1
5
113
12340
123440
12345
98346
```

【输出样例】

```
YES
```

【算法分析】

此题的标准解法是使用数据结构中的字典树，但实际上只要将输入的字符串由小到大排列，然后到下一个字符串中查找上一个字符串即可，如果下一个字符串的最前面的子串是上一个字符串，就终止。

参考程序如下所示。

```
//电话列表
#include <bits/stdc++.h>
using namespace std;
vector <string> v;
char ch[10];
```

```
int Check(int n)
{
  for (int i=0; i<n-1; i++)
    if (v[i+1].find(v[i])==0)//find 返回某字符串在另一个字符串中首次出现的位置
      return 0;
  return 1;
}

int main()
{
  int n;
  scanf("%d",&n);
  while (~scanf("%d",&n))    //scanf 读取数据失败会返回 -1，取反即 0
  {
    v.clear();
    for (int i=0; i<n; i++)
    {
      scanf("%s",&ch);       //scanf 比 cin 运行速度快，读入字符串不会超时
      v.push_back(string(ch));
    }
    sort(v.begin(),v.end()); // 对 vector 从小到大排序
    printf("%s\n",Check(n)==0?"NO":"YES");
  }
  return 0;
}
```

11.3.2 普通平衡树（BalanceTree）

【题目描述】

你需要写一种数据结构（可参考题目标题）来维护一些数，可提供以下操作：

（1）插入 x 数；

（2）删除 x 数（若有多个相同的数，应只删除一个）；

（3）查询 x 数的排名（若有多个相同的数，应输出最小的排名）；

（4）查询排名为 x 的数；

（5）求 x 的前驱（前驱定义为小于 x，且最大的数）；

（6）求 x 的后继（后继定义为大于 x，且最小的数）。

【输入格式】

第一行为 n（$n < 180\,000$），表示操作的个数，下面 n 行每行有两个数 opt 和 x，opt 表示操作的序号（$1 \leqslant opt \leqslant 6$）。

【输出格式】

对于操作 3,4,5,6 每行输出一个数，表示对应答案。

【输入样例】

10
1 106465
4 1
1 317721
1 460929
1 644985
1 84185
1 89851
6 81968
1 492737
5 493598

【输出样例】

106465
84185
492737

【算法分析】

对于数据结构中的平衡树，代码实现是很复杂的，但幸运的是，题中的操作完全可以使用STL 模板中的 vector 来实现，参考程序如下所示。

```
//普通平衡树
#include <bits/stdc++.h>
using namespace std;

inline int Read()      //inline 把函数指定为运行速度更快的内联函数
{
  int x=0,f=1;
  char ch=getchar();  //使用 getchar() 比使用 scanf() 运行速度大约快 10 倍
  for (; ch<'0' || ch>'9'; ch=getchar())
    if (ch=='-')
      f=-1;
  for (; ch>='0' && ch<='9'; ch=getchar())
    x=(x<<3)+(x<<1)+ch-'0';//(x<<3)+(x<<1) 相当于 x*10
  return x*f;
}

int main()
{
  int n=Read();          //Read() 用于快速读取整数
  vector<int> v;
  v.reserve(200000);   //预留 v 的空间大小为 200000 以免扩展空间浪费时间
  int f,x;
  for (int i=1; i<=n; i++)
  {
    f=Read(),x=Read();
```

```
        switch (f)
        {
            //upper_bound 用于找出有序数列中首个大于某值的元素
          case 1:v.insert(upper_bound(v.begin(),v.end(),x),x);break;
            //lower_bound 用于找出有序数列中首个大于等于某值的元素
          case 2:v.erase(lower_bound(v.begin(),v.end(),x));break;
          case 3:cout<<lower_bound(v.begin(),v.end(),x)-v.begin()+1<<endl;
                 break;
          case 4:cout<<v[x-1]<<endl;break;
          case 5:cout<<*--lower_bound(v.begin(),v.end(),x)<<endl;break;
          case 6:cout<<*upper_bound(v.begin(),v.end(),x)<<endl;break;
        }
    }
    return 0;
}
```

11.4 pair容器

扫码看视频

pair 容器在 <utility> 头文件中定义，它的作用是将一对值组合成一个值。与之前介绍的容器不同，在创建 pair 对象时，必须提供两个类型名，两个对应的类型名的类型不必相同。例如：

```
pair<int, double> p1;          // 定义 p1 为 pair 类型，包含一个整数和一个浮点数
pair<int, double> p[10];          // 定义 pair 类型的数组 p[]
pair<string,string>author("James","Joy");// 定义 author 是 pair 类型且初始化
```

可以通过 first 和 second 访问 pair 中的两个元素。常用操作的参考程序如下所示。

```
//pair 例程 1
#include <bits/stdc++.h>
using namespace std;

int main()
{
  pair<int, double> p1;
  p1.first = 10;
  p1.second = 12.5;
  cout<<p1.first<<’ ‘<< p1.second<<endl;
  return 0;
}
```

还可以使用 make_pair 来生成需要的 pair，参考程序如下所示。

```
//pair 例程 2
#include <bits/stdc++.h>
using namespace std;
typedef pair<string, double> Record;//typedef 简化 pair 的声明为 Record

int main()
{
  Record p1 = make_pair("zxh", 100);
```

```
  Record p2 = p1;
  cout<<p2.first<<' '<< p2.second<<endl;
  return 0;
}
```

pair 的比较是按照字典序比较的，比较时先按 first 的大小比较，如果相等，再按 second 的大小比较，参考程序如下所示。

```
//pair 的比较
#include <bits/stdc++.h>
using namespace std;

int main ()
{
  pair<int,char> A (10,'z');
  pair<int,char> B (90,'a');
  if (A==B) cout << " 相等 \n";
  if (A!=B) cout << " 不相等 \n";
  if (A<B)  cout << " A<B\n";
  if (A>B)  cout << "A>B\n";
  if (A<=B) cout << "A<=B\n";
  if (A>=B) cout << "A>=B\n";
  return 0;
}
```

□11.4.1 奇怪的排序（OddSort）

【题目描述】

有一台故障机器人从右往左读取自然数，例如它看到 123 时会理解成 321。让它比较 23 与 15 哪一个大，它会说 15 大，原因是它会以为是 32 与 51 在进行比较。

输入 A 和 B（$1 \leqslant A \leqslant B \leqslant 200\ 000$），让该故障机器人将 $[A,B]$ 区间中的所有数按从小到大的顺序排序。

【输入格式】

第一行为一个整数 N（$1 \leqslant N \leqslant 5$），表示有多少组测试数据。

随后为 N 行，每一行有两个正整数 A 和 B（$B-A \leqslant 50$），表示待排序元素的区间范围。

【输出格式】

对于每一行测试数据，输出一行，为所有排好序的元素，元素之间以一个空格间隔。

【输入样例】

1

8 15

【输出样例】

10 8 9 11 12 13 14 15

11.5 set集合容器

扫码看视频

set 集合容器在头文件 <set> 中声明，使用类似于树的结构（基于红黑树的平衡二叉检索树）（如图 11.4 所示）存储数据并自动将数据（无重复值）由小到大排列。构造 set 集合容器的主要目的是快速检索（时间复杂度为 $O(\log N)$），检索效率高于 vector、deque 及 list 等容器。

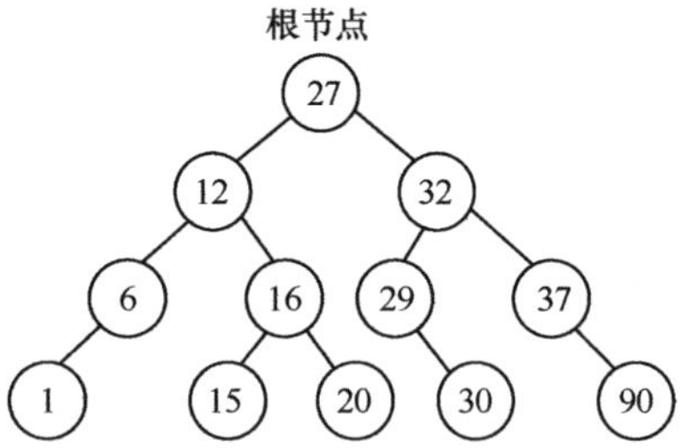

图 11.4

访问 set 集合容器中的元素，需要通过迭代器进行。迭代器类似于指针，可以通过它指向容器中的某个元素的地址。例如 set<int>::iterator ii; 定义了一个 set<int> 类型的迭代器为 ii。

对 set 集合容器的部分操作例程如下所示。

```
//set 例程
#include <bits/stdc++.h>
using namespace std;

int main()
{
  set<int> s;
  for (int i=10; i>0; --i)                          // 此处由大到小赋值
    s.insert(i);                                    // 插入元素
  set<int> s2(s);                                   // 复制 s 生成 s2
  s.erase(s.begin());                               // 删除操作
  s.erase(6);
  s.insert(5);                                      // 不会重复插入
  set<int>::iterator ii;                            //ii 为正向迭代器
  for (ii=s.begin(); ii!=s.end(); ii++)//ii 从首地址到末元素地址遍历
    cout<<*ii<<' ';                 //ii 为地址，所以取地址上的值前面要加 *
  cout<<"\n 元素个数为 "<<s.size();// 统计 set 中元素个数，时间复杂度为 O(1)
  ii=s.find(10);        // 查找元素值，并返回指向该元素的迭代器
  if (ii!=s.end())  // 如果容器中不存在该元素，返回值等于 s.end()
    cout<<"\n 查找 ="<<*ii;
  if (s.count(5))     //count 返回 s 中值为 5 的元素个数，时间复杂度为 O(logn)
    cout<<"\n 存在元素 5";
  s.clear();          // 清空所有元素
  cout<<"\n 元素是否为空 :"<<s.empty();
  return 0;
}
```

迭代器分为正向迭代器和反向迭代器，顾名思义，正向迭代器可以正向遍历容器元素，反向

迭代器可以反向遍历容器元素。考虑到反向迭代器的功能可以通过正向迭代器间接实现（例如翻转或自定义排序等方式），所以本书暂不对反向迭代器做更多介绍，感兴趣的读者请自行查询相关资料学习。

使用 insert() 将元素插入 set 集合容器的时候，集合容器默认按由小到大的顺序插入元素，然而在很多情况下（例如需要由大到小排序）需要自行编写比较函数。

当元素不是结构体时，编写比较函数的参考程序如下所示。

```
//set 的比较函数
#include <bits/stdc++.h>
using namespace std;

struct Comp
{
  bool operator() (const int &a,const int &b) const  //重载操作符"()"
  {
    return a>b;                                  //由大到小排序
    //return a<b;                                //由小到大排序
  }
};                                               //需在结构体内定义比较函数

int main()
{
  set<int,Comp> s;                               //set 调用的比较函数为 Comp()
  //set<int,greater<int> >s;                     //其实这样写最简单
  for (int i=1; i<=10; ++i)                      //此处由小到大赋值
    s.insert(i);
  set<int>::iterator ii;
  for (ii=s.begin(); ii!=s.end(); ii++)  //遍历
    cout<<*ii<<' ';                              //输出是由大到小排序
  return 0;
}
```

重载操作符可以使得自定义类型像基本数据类型一样支持加、减、乘、除、自加、自减等各种操作。operator 是 C++ 的关键字，它和操作符（例如“( )”）一起使用，表示运算符重载函数，在理解时可将 operator 和运算符（例如“operator ( )”）视为函数名。

参数定义为 const int &a 和 const int &b 这种形式，一是防止 a 和 b 被修改，二是通过引用变量的方式减少系统开销。末尾的 const 也是为了防止被修改。

实际上，很多 C++ 操作符已经被重载了，例如“*”用于两个数字之间时，得到的是它们的乘积；用于一个地址之前时，得到的是这个地址上存储的值。cin>>x 和 cout<<x 中的“>>”和“<<”运算符也被重载了。

例如自定义一个结构体 Time 类型，并想实现两个 Time 类型相加的操作（即小时与小时相加，分钟与分钟相加，秒与秒相加），其程序可能如下所示。

```
//Time+Time 的操作
#include <bits/stdc++.h>
using namespace std;
```

```
4
5   struct Time
6   {
7     int H,M,S;
8   } T1= {3,2,4},T2= {5,20,30},T3;
9
10  int main()
11  {
12    T3=T1+T2;                                         // 此行无法通过编译
13    cout<<T3.H<<":"<<T3.M<<":"<<T3.S<<endl;
14    return 0;
15  }
```

显然，程序的第 12 行是无法通过编译的，因为 C++ 并不知道怎么使用运算符“+”对两个 Time 类型进行操作，所以需要对运算符“+”进行重载。完整程序如下所示。

```
//Time+Time 的操作
#include <bits/stdc++.h>
using namespace std;

struct Time
{
  int H,M,S;                                  // 时，分，秒
  Time operator+ (const Time &b)const         // 重载运算符 "+"
  {
    return Time {H+b.H,M+b.M,S+b.S};          // 仅为演示，不考虑进位
  }
} T1= {3,2,4},T2= {5,20,30},T3;

int main()
{
  T3=T1+T2;
  cout<<T3.H<<":"<<T3.M<<":"<<T3.S<<endl;
  return 0;
}
```

C++ 只能重载已有的操作符。表 11.1 列出了可以被重载的操作符。

表 11.1

+	-	*	/	%	^	&	|	~
!	,	=	<	>	<=	>=	++	--
<<	>>	==	!=	&&	||	+=	-=	/=
%=	^=	&=	|=	*=	<<=?	>>=	[]	()
->	->*	new	new[]	delete	delete[]			

当元素是结构体时，必须要重载运算符“<”，参考程序如下所示。

```
//set 的结构体排序
#include <bits/stdc++.h>
using namespace std;

struct Info
```

```
{
  string name;
  double score;
  bool operator < (const Info &a) const     //必须重载操作符"<"
  {
    return a.score <score; //从大到小排序（若改为" > "则为从小到大排序）
  }
} info;

int main()
{
  set<Info> s;
  info= {"A",90.0};
  s.insert(info);
  info= {"B",92.0};
  s.insert(info);
  info= {"C",96.0};
  s.insert(info);
  set<Info>::iterator ii;
  for (ii=s.begin(); ii!=s.end(); ii++)                    //遍历
    cout<<(*ii).name<<' '<<(*ii).score<<endl;
  return 0;
}
```

□11.5.1 问卷调查（random）

【题目描述】

小光用计算机生成了 N 个 1～1 000 的随机整数，对于其中重复的数，只保留一个，把其余相同的数去掉，然后把这些数从小到大排序，按照排好的顺序查找对应的学员做调查。请协助小光完成“去重”与“排序”的工作。

【输入格式】

输入有两行，第一行为一个正整数，表示所生成的随机数的个数 N（$N \leqslant 100$）。第二行有 N 个以空格隔开的正整数，表示所生成的随机数。

【输出格式】

输出有两行，第一行为一个正整数 M，表示不相同的随机数的个数。第二行为 M 个以空格隔开的正整数，表示从小到大排好序的不相同的随机数。

【输入样例】

10

20 40 32 67 40 20 89 300 400 15

【输出样例】

8

15 20 32 40 67 89 300 400

□11.5.2　两倍（Double）

【题目描述】

有一组随机产生的包含 2 ～ 15 个不重复的正整数的列表，要求说出这个列表中有多少对数字，其中一个数字是该列表中的其他数字的两倍。例如列表为 1 4 3 2 9 7 18 22，由于 2 是 1 的两倍、4 是 2 的两倍、18 是 9 的两倍，因此答案为 3。

【输入格式】

每组测试数据为一行，每行包含 2 ～ 15 个不重复的正整数（均不大于 99），每行末尾的 0 仅作为结束标志使用，一行上只有一个整数 -1 表示文件的结束。

【输出格式】

每组测试数据应当输出一行，打印出测试案例中具有两倍关系的数的个数。

【输入样例】

1 4 3 2 9 7 18 22 0

2 4 8 10 0

7 5 11 13 1 3 0

-1

【输出样例】

3

2

0

【算法分析】

数据输入 set 集合容器中，会自动由小到大排序。再在集合中使用 find() 查找每个元素的两倍的元素是否存在。由于集合是平衡二叉检索树，因此查询速度是极快的。

11.6 multiset多重集合容器

multiset 多重集合容器在头文件 <set> 中定义，它可以看成序列，序列中可以存在重复的数。multiset 能时刻保证序列中的数是有序的（默认从小到大排序），插入一个数或删除一个数都能够在 $O(\log n)$ 的时间内完成。

扫码看视频

multiset 多重集合容器的一些简单操作的参考程序如下所示。

```
//multiset 例程
#include <bits/stdc++.h>
using namespace std;

int main()
```

```
{
  multiset<int> m;
  m.insert(11);                                          //插入数据
  m.insert(21);
  m.insert(10);
  m.insert(12);
  m.insert(12);
  m.insert(11);
  m.insert(11);
  m.insert(11);
  m.insert(9);
  cout<<"11 的个数有"<<m.count(11)<<endl;//count 返回 m 中 11 的个数
  cout<<"第一个大于等于 10 的元素为:"<<*m.lower_bound(10)<<endl;
  cout<<"第一个大于 11 的元素为:"<<*m.upper_bound(11)<<endl;
  multiset<int>::iterator it;
  for (it=m.begin(); it!=m.end(); it++)
    cout<<*it<<endl;                                      //从小到大输出
  cout<<"删除 12,有"<<m.erase(12)<<"个"<<endl;       //删除等于 12 的元素
  cout<<"查找 9\n";
  multiset<int>::iterator i=m.find(9);//查找 v,返回该元素的迭代器位置
  if (i!=m.end())                  //找到则输出,否则 i 为 end() 迭代器位置
    cout<<*i<<endl;
  int v=11;                                     //查找所有相同元素
  pair<multiset<int>::iterator,multiset<int>::iterator>p;
  //equal_range:有序容器中表示一个值第一次出现与最后一次出现的后一位
  p=m.equal_range(v);
  cout<<"大于等于"<<v<<"的第一个元素为"<<*p.first<<endl;
  cout<<"大于"<<v<<"的第一个元素为"<<*p.second<<endl;
  cout<<"键值为"<<v<<"的全部元素为";
  for (it=p.first; it!=p.second; it++) //打印重复键值元素 11
    cout<<*it<<" ";
  m.clear();                                    //清空所有元素
  return 0;
}
```

□11.6.1 12!配对(12)

【题目描述】

找出输入数据中有多少对数两两相乘的积为 12!。

【输入格式】

输入数据中第一行为个数 n,随后是 n 个整数 m($1 \le m < 2^{32}$)。

【输出格式】

输出有多少对数两两相乘的积为 12!。

【输入样例】

8

1 10000 159667200 9696 38373635 1000000 479001600 3

【输出样例】

2

【算法分析】

输入的整数如果是 12! 的约数，则从多重集合容器中查找到该数对应的因子，答案个数加 1，然后从多重集合容器中删除该因子。若找不到该数对应的因子，则先将该数插入多重集合容器中，以供后面输入的数查找对应因子。

参考程序如下所示。

```
//12! 配对
#include <bits/stdc++.h>
using namespace std;

int main()
{
  int N,n,num=0,f12=479001600;
  multiset<unsigned int>s;                          // 多重集合容器，允许值重复
  cin>>N;
  for (int i=1; i<=N; i++)
  {
    cin>>n;
    if (f12%n==0)                                   // 如果 n 是 f12 的约数
    {
      multiset<unsigned int>::iterator it=s.find(f12/n);// 找 n 的因子
      if (it!=s.end())
      {
        ++num;
        s.erase(it);                                // 从多重集合容器中删除该因子
      }
      else
        s.insert(n);                                // 将 n 插入多重集合容器中
    }
  }
  printf("%d\n",num);
  return 0;
}
```

□11.6.2　01 串排序(Sort01)

【题目描述】

将 01 串首先按长度由小到大排序，长度相同时按 1 的个数由少到多排序，1 的个数相同时再按 ASCII 值排序。

【输入格式】

输入数据中第一行为整数 n，表示有 n 个 01 串，随后是 n 个 01 串，01 串的长度不大于 256 个字符。

【输出格式】

重新排列 01 串的顺序，使得 01 串按题目描述的方式排序。

【输入样例】

6
10011111
00001101
1010101
1
0
1100

【输出样例】

0
1
1100
1010101
00001101
10011111

参考程序如下所示。

```
//01 串排序
#include <bits/stdc++.h>
using namespace std;

struct Comp
{
  bool operator()(const string &s1,const string &s2)const// 重载操作符 "()"
  {
    if (s1.length()!=s2.length())                          // 先按长度排序
      return s1.length()<s2.length();
    int c1=count(s1.begin(),s1.end(),'1');//count 返回 s1 中 1 的个数
    int c2=count(s2.begin(),s2.end(),'1');
    return c1!=c2?c1<c2:s1<s2; // 按 1 的个数排序，若个数相同则按 ASCII 值排序
  }
};

int main()
{
  multiset<string,Comp>ms;
  int n;
  cin>>n;
  string s;
  for (int i=1; i<=n; i++)
  {
    cin>>s;
    ms.insert(s) ;
  }
  multiset<string,Comp>::iterator it;
  for (it=ms.begin(); it!=ms.end(); it++)
```

```
        cout<<*it<<endl;
    return 0;
}
```

□11.6.3　卡片游戏（CardGame）

【题目描述】

琪儿和琳琳分别有不同的矩形卡片，已知 A 卡片可以覆盖 B 卡片的条件是 A 卡片的高度不小于 B 卡片的高度且 A 卡片的宽度不小于 B 卡片的宽度，每张卡片只能使用一次，而且卡片不能旋转。试计算琪儿的卡片可以覆盖琳琳的卡片的最大张数。（题目来源：HDU 4268）

【输入格式】

输入的第一行是 t（$t \leqslant 40$），表示测试用例的数量。

对于每一种情况，第一行是 n，表示琪儿和琳琳分别拥有的卡片数。下面 n（$n \leqslant 100\ 000$）行中的每一行都包含两个整数 h（$h \leqslant 1\ 000\ 000\ 000$）和 w（$w \leqslant 1\ 000\ 000\ 000$），分别表示琪儿的卡片的高度和宽度，再下面的 n 行表示琳琳的卡片的高度和宽度。

【输出格式】

对于每个测试用例，使用一行包含一个数字的方法输出结果。

【输入样例】

```
1
3
2 3
5 7
6 8
4 1
2 5
3 4
```

【输出样例】

```
2
```

11.7　deque双端队列容器

扫码看视频

deque 在头文件 <deque> 中声明，它是一种双向开口的连续线性空间，可以高效地在头、尾两端插入和删除元素。它的时间复杂度为 $O(1)$，考虑容器元素的内存分配策略和操作性能时，deque 比 vector 有优势。

deque 的部分操作参考程序如下所示。

```
//deque 例程
#include <bits/stdc++.h>
using namespace std;

int main()
{
  deque<string>d;                      // 定义一个包含 string 的 deque
  d.push_back("A");                    // 尾部插入元素
  d.push_back("B");
  d.push_front("X");                   // 头部插入元素
  d.push_front("Y");
  //d.pop_front();                     // 删除首元素
  //d.pop_back();                      // 删除尾元素
  //d.erase(d.begin()+1);              // 删除指定位置的元素
  //d.clear();                         // 删除所有元素
  d.insert(d.end()-2,"O");             // 指定位置插入
  reverse(d.begin(),d.end());          // 反转元素顺序
  for (int i=0; i<d.size(); i++)       // 数组方式访问
    cout<<d[i]<<" ";
  cout<<endl;
  swap(d[1],d[2]);                     // 两个元素交换
  deque<string>::iterator i;           // 迭代器访问
  for (i=d.begin(); i!=d.end(); i++)// 正向遍历
    cout<<*i<<" ";
  cout<<endl;
  cout<<"\ndeque 是否为空 "<<d.empty();
  cout<<"\ndeque 元素个数为 "<<d.size();
  cout<<"\ndeque 的首元素为 "<<d.front();
  cout<<"\ndeque 的末元素为 "<<d.back();
  return 0;
}
```

□11.7.1 鸡蛋队列（egg）

【题目描述】

如图 11.5 所示，将两根筷子平行地放在一起，就可构成一个队列。将带有编号的鸡蛋放到两根筷子之间叫作入队（push），将筷子之间的鸡蛋拿出来叫作出队（pop）。但这两种方式有特殊的定义，对于入队，只能将鸡蛋从队列的尾部向里放入；对于出队，只能将鸡蛋从队列的头部向外拿出。

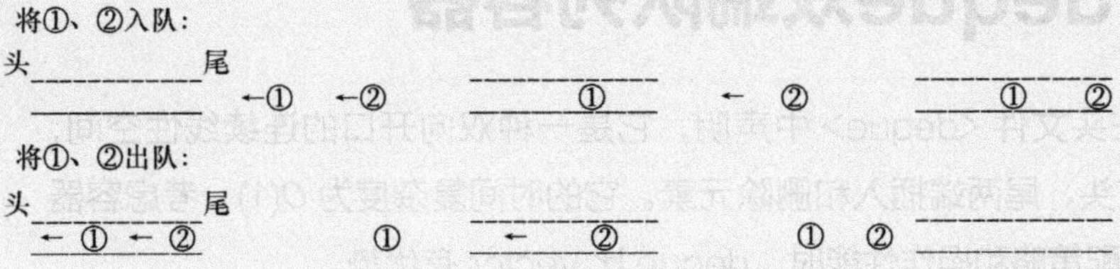

图 11.5

【输入格式】

第一行输入一个数 T，表示有 T 组数据。

第二行输入一个数 N，表示有 N（$N \leqslant 10$）种操作。

接下来输入 N 行，每行一种操作，push 表示将编号为 x 的鸡蛋放入队列中，pop 表示拿走队列头部的一个鸡蛋，保证队列中没有鸡蛋时不会有出队操作。

【输出格式】

每组数据输出占一行，输出 N 种操作完成之后队列中鸡蛋的编号，如果没有鸡蛋就输出“no eggs!”（不包括引号）。

【输入样例】

```
2
3
push 1
push 2
push 3
2
push 1
pop
```

【输出样例】

```
1 2 3
no eggs!
```

11.8 list双向链表容器

扫码看视频

list 双向链表容器在头文件 <list> 中声明，它对任一位置元素的查找、插入及删除都具有高效的常数阶算法时间复杂度。它的结构示意如图 11.6 所示。

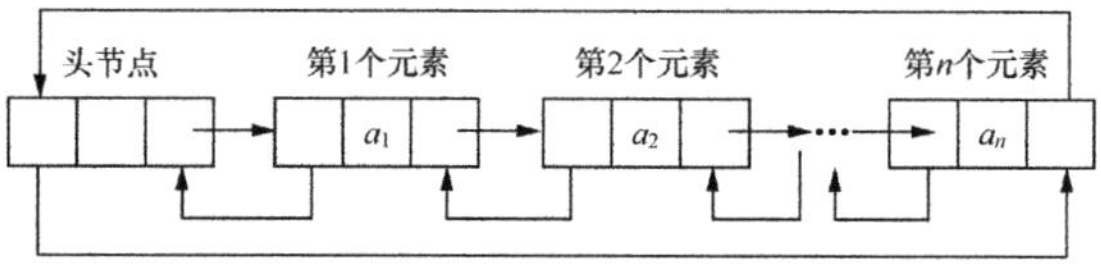

图 11.6

参考程序如下所示。

```
//list 例程
#include <bits/stdc++.h>
using namespace std;

```

```
int main()
{
  list<int>l;
  l.push_back(2);                             //尾部插入新元素，链表自动扩张
  l.push_back(2);
  l.push_back(9);
  l.push_back(12);
  l.push_back(12);
  l.push_back(4);
  //l.clear();                                //清空链表
  l.push_front(9);                            //头部插入新元素，链表自动扩张
  list<int>::iterator it;
  it=l.begin();
  it++;  //链表迭代器只能++或--操作，不能+n操作，因为list节点非连续内存
  l.insert(it,20);                            //当前位置插入新元素
  it++;
  l.erase(it);                                //删除迭代器位置上的元素
  for (it=l.begin(); it!=l.end(); it++) //正向遍历
    cout<<*it<<" ";
  cout<<endl;
  l.remove(12);                               //删除所有值为12的元素
  l.pop_front();                              //删除链表首元素
  l.pop_back();                               //删除链表尾元素
  it=find(l.begin(),l.end(),4);              //查找值为4的元素
  if (it!=l.end())
    cout<<" find "<<*it<<endl;
  l.sort();                                   //升序排列
  l.unique();                                 //删除连续重复元素（只保留一个）
  for (it=l.begin(); it!=l.end(); it++) //正向遍历
    cout<<*it<<" ";
  cout<<endl;
  return 0;
}
```

结构体的参考程序如下所示。

```
//结构体list例程
#include <bits/stdc++.h>
using namespace std;

struct student
{
  char *name;
  int age;
  char *city;
};

int main()
{
  student s[]=
          {{"张三",18,"浙江"},{"李四",19,"北京"},{"王二",18,"上海"}};
  list<student>l;
  l.push_back(s[0]);                          //插入元素
  l.push_back(s[1]);
  l.push_back(s[2]);
  student x= {"刘四",19,"四川"};
```

```
    l.push_front(x);                        // 插入首位，时间复杂度为 O(1)
    l.insert(l.begin(),x);                  // 插入任意位置，时间复杂度为 O(1)
    //l.pop_front();                        // 删除首元素
    //l.pop_back();                         // 删除尾元素
    l.erase(l.begin());
    //l.erase(l.begin(),l.end());           // 删除区间的元素
    for (list<student>::iterator i=l.begin(); i!=l.end(); i++)
      cout<<(*i).name<<" "<<(*i).age<<" "<<(*i).city<<"\n";
    return 0;
}
```

□11.8.1　队列训练（train）

【题目描述】

将学生按顺序依次编号后使其排成一行横队进行队列训练，训练的规则如下：从头开始进行 1～2 报数，凡报到 2 的学生出列，剩下的向小序号方向靠拢；再从头开始进行 1～3 报数，凡报到 3 的学生出列，剩下的向小序号方向靠拢；继续从头开始进行 1～2 报数……以后从头开始轮流进行 1～2 报数、1～3 报数，直到剩下的人数不超过 3 人为止。（题目来源：HDU 1276）

【输入格式】

本题有多个测试数据组，第一行为组数 N，接着为 N 行，表示学生人数，人数不超过 5 000。

【输出格式】

输出共 N 行，每行输出剩下的学生最初的编号，编号之间以一个空格间隔。

【输入样例】

2
20
40

【输出样例】

1 7 19
1 19 37

11.9　map映照容器

扫码看视频

map 映照容器在头文件 <map> 中定义，它的元素数据是由键值和映照数据组成的，键值与映照数据之间具有一一对应的关系，如图 11.7 所示。

键值	映照数据
Name	Score
Alice	98
Mary	96
Jack	94

图 11.7

map 映照容器和 set 集合容器一样都是采用红黑树来实现的，插入键值的元素不允许重复，元素默认是按键值由小到大排序的。如果定义比较函数，比较函数也只能对元素的键值进行比较，元素的各项数据可通过键

值检索出来。

map 与 set 的区别是：map 是处理带有键值的记录型元素数据的快速插入、删除及检索，而 set 是对单一数据的处理。

简单的参考程序如下所示。

```
//map 例程 1
#include <bits/stdc++.h>
using namespace std;

int main()
{
  map<char*,float> m;
  m["apple"]=3.4;
  m["orange"]=1.2;
  m["pear"]=3.5;
  cout<<m["apple"]<<endl;
  cout<<m["orange"]<<endl;
  cout<<m["pear"]<<endl;
  m.clear();
  return 0;
}
```

又一个使用 map 映照容器的参考程序如下所示。

```
//map 例程 2
#include <bits/stdc++.h>
using namespace std;

int main()
{
  map<int, string> ms;
  ms[1] = "student_one";
  ms[1] = "student_two";                         //id 相同，则覆盖
  ms[2] = "student_three";
  map<int, string>::iterator iter;
  ms.insert(make_pair(3,"student_four")); // 插入新元素，用 make_pair
  for (iter = ms.begin(); iter != ms.end(); iter++)
    cout<<iter->first<<" "<<iter->second<<endl;
  cout<<endl;
  iter=ms.lower_bound(1);                        // 首个大于等于 1 的元素
  cout<<iter->second<<endl;
  iter=ms.upper_bound(1);                        // 首个大于 1 的元素
  cout<<iter->second<<endl;
  iter = ms.find(1);                            // 查找键值为 1 的元素的位置
  ms.erase(iter);                                // 删除键值为 1 的元素
  for (iter = ms.begin(); iter != ms.end(); iter++)
    cout<<iter->first<<" "<<iter->second<<endl;
  ms.erase(ms.begin(),ms.end());                 // 删除全部元素
  cout<<ms.size()<<endl;
  cout<<ms.empty()<<endl;                        //empty() 判断 map 是否为空
  return 0;
```

```
}
```

结构体参考程序如下所示。

```
// 结构体 map 例程
#include <bits/stdc++.h>
using namespace std;

struct Info                                        // 学生信息结构体
{
  char *xm;                                        // 姓名
  int y;                                           // 年份
  char *d;                                         // 地址
};

struct Record                                      // 学生记录结构体
{
  int id;                                          // 学号作为键值
  Info sf;                                         // 学生信息作为映照数据
};

int main()
{
  Record srArray[]={{4,"Li",21,"beijing"},
                   {2,"wang",29,"shanghai"},
                   {3,"zhang",30,"shenzhen"}};
  map<int,Info, greater<int> >m;                   // 按键值由大到小排序
  for (int j=0; j<3; j++)                          // 装入 3 个学生的信息
    m[srArray[j].id]=srArray[j].sf;
  Record s1= {5,"Ling",23,"SICHUAN"};
  m.insert(make_pair(s1.id,s1.sf));                // 插入新生信息
  map<int,Info>::iterator i;
  for (i=m.begin(); i!=m.end(); i++)               // 正向遍历
    cout<<(*i).first<<' '<<(*i).second.xm<<' '<<(*i).second.d<<'\n';
  i=m.find(2);                                     // 查找键值为 2 的记录并输出
  cout<<" 键值 2: "<<(*i).second.xm<<' '<<(*i).second.d;
  return 0;
}
```

□11.9.1　射箭（toxophily）

【题目描述】

小光喜欢射箭运动，他一次可以射下一串排成一行的气球，例如有如下 4 个射箭位置。

1→　　○○○○

2→　　○

3→　　○○○

4→　　○○

如果小光想一箭射下 3 个气球，他就站在 3 号位置；如果小光想一箭射下 4 个气球，他就站在 1 号位置。现在他想射下 m 个气球，请问他应该站在几号位置？

【输入格式】

第 1 行为一个正整数 n（$1 \leqslant n \leqslant 100\,000$），表示射箭位置数。

第 2 行包含 n 个正整数，第 i 个数表示第 i 个位置的气球数 a_i（$1 \leqslant a_i \leqslant 1\,000\,000\,000$），各个位置的气球数不同。

第 3 行包含一个正整数 V（$1 \leqslant V \leqslant 100\,000$），表示射箭的次数。

随后为 V 行，每行一个正整数 m（$1 \leqslant m \leqslant 1\,000\,000\,000$），表示需要射下的气球数。

【输出格式】

输出 V 行，每行包含一个正整数，表示每次的射箭位置。若无法完成则输出 0。

【输入样例】

```
5
2 1 4 3 5
2
5
6
```

【输出样例】

```
5
0
```

使用“内容市场”APP 扫描看视频

【算法分析】

考虑到数据规模，一般的算法是对气球数排序后再进行二分查找，但实际使用 map 映照容器更为简捷。

参考程序如下所示。

```cpp
//射箭
#include <bits/stdc++.h>
using namespace std;

map <int,int> Map;

int main()
{
  int t,n,v,m;
  scanf("%d",&n);
  for (int i=1; i<=n; i++)
  {
    scanf("%d",&t);
    Map[t]=i;
  }
  cin>>v;
  for (int i=1; i<=v; i++)
```

```
    {
      scanf("%d",&m);
      printf("%d\n",Map[m]);
    }
    return 0;
  }
```

□11.9.2 漂亮数字（pretty）

【题目描述】

所有能被 3 或 5 整除的正整数都是漂亮数字。试找到第 N 个漂亮数字。

【输入格式】

输入包含多个测试案例。每个测试案例是一个整数 N（$1 \leqslant N \leqslant 100\ 000$），占一行。

【输出格式】

对于输入数据中的每个测试案例，在单独一行上输出结果。

【输入样例】

1
2
3
4

【输出样例】

3
5
6
9

【算法分析】

建立 1 ~ 100 000 个漂亮数字的数字表到 map 映照容器中，然后直接查表就行，因为基于红黑树的 map 映照容器的检索速度很快。

参考程序如下所示。

```
//漂亮数字
#include <bits/stdc++.h>
using namespace std;

map<int,int>m;

int main()
{
  int n,i=0,p=0;
  while (1)
  {
    i++;
```

```
      if (i%3==0 || i%5==0)
      {
        ++p;
        if (p>100000)
          break;
        m[p]=i;
      }
    }
    map<int,int>::iterator it;
    while (cin>>n)
      cout<<m[n]<<endl;
    return 0;
}
```

□11.9.3 彩色石头(stone)

【题目描述】

小光手里有许多五颜六色的石头，试统计哪种颜色的石头数量最多。

【输入格式】

输入数据包含多组测试案例，每组测试案例由 N（$0 < N < 1\,000$）开始，N 表示石头数量。接下来的 N 行中每行包含一种颜色，颜色以最多达 15 个小写字母的单词表示。

当一组测试案例的 $N=0$ 时，表示输入结束。

【输出格式】

对于每组测试案例，把数量最多的颜色在单独一行上输出。每组测试案例都仅有一种颜色是最多的。

【输入样例】

```
5
green
red
blue
red
red
0
```

【输出样例】

```
red
```

□11.9.4 水果(fruit)

【题目描述】

请你帮水果店老板制作一份水果销售情况明细表。(题目来源：HDU 1263)

【输入格式】

第一行为正整数 N（$0 < N \leqslant 10$），表示有 N 组测试数据。

每组测试数据的第一行是一个整数 M（$0 < M \leqslant 100$），表示已有 M 次成功的交易。其后有 M 行数据，每行表示一次交易，由水果名称（小写字母组成，长度不超过 80）、水果产地（小写字母组成，长度不超过 80）及销售的水果数目（正整数，不超过 100）组成。

【输出格式】

对于每一组测试数据，请你输出一份排版格式正确的水果销售情况明细表（请分析样本输出）。这份明细表包括所有水果的产地、名称及销售数目的信息。水果先按产地分类，产地按字母顺序排序；同一产地的水果按照名称排序，名称按字母顺序排序。

如果存在多组测试数据，则两组测试数据之间有一个空行，最后一组测试数据之后没有空行。

【输入样例】

```
1
5
apple shandong 3
pineapple guangdong 1
sugarcane guangdong 1
pineapple guangdong 3
pineapple guangdong 1
```

【输出样例】

```
guangdong
   |----pineapple(5)
   |----sugarcane(1)
shandong
   |----apple(3)
```

【算法分析】

本题需要通过产地找到水果名称，通过水果名称找到它的销售数目。所以这里定义一个双重 map 结构即 map<string,map<string,int> >，其中的 3 个变量分别是产地、水果名称及销售数目。

参考程序如下所示。

```
//水果
#include <bits/stdc++.h>
using namespace std;

int main()
{
  int T,n,Count;
  cin>>T;
```

```
    while (T--)
    {
      cin>>n;
      char name[100],place[100];
      map<string,map<string,int> > list;        //注意">"之间要有空格
      while (n--)
      {
        cin>>name>>place>>Count;
        list[place][name]+=Count;               //保存产地、水果名称及销售数目
      }
      map<string,map<string,int>>::iterator it;
      map<string,int>::iterator it1;
      for (it=list.begin(); it!=list.end(); it++)
      {
        cout<<it->first<<endl;
        for (it1=(it->second).begin(); it1!=(it->second).end(); it1++)
        {
          cout<<"   |----";
          cout<<it1->first<<'('<<it1->second<<')'<<endl;
        }
      }
      list.clear();
      if (T!=0)
        cout<<endl;
    }
    return 0;
}
```

□11.9.5 A-B(sub)

【题目描述】

给出一串数和一个数 C，要求计算出所有 $A-B=C$ 的数对的个数（不同位置的数一样的数对算不同的数对）。

【输入格式】

第一行包括两个非负整数 N（$N \leqslant 200\,000$）和 C，中间以空格间隔。

第二行有 N 个整数，均在整数范围内。

【输出格式】

输出一行，表示该串数中包含的所有满足 $A-B=C$ 的数对的个数。

【输入样例】

```
5 2
1 2 2 3 4
```

【输出样例】

```
3
```

11.10 排列组合关系算法

扫码看视频

STL 提供了两个用来分析排列组合关系的算法，分别是 next_permutation() 和 prev_permutation()。例如有 3 个字符所组成的序列 {a，b，c}，这个序列有 6 个可能的排列，即 abc、acb、bac、bca、cab、cba，使用 next_permutation() 或 prev_permutation() 可以很方便地生成该序列的全部可能排列。其中：

（1）next_permutation() 按照字典序产生排列，并且是从数组中当前的字典序开始依次增大直至到最大字典序；

（2）prev_permutation() 按照字典序产生排列，并且是从数组中当前的字典序开始依次减小直至到最小字典序。

参考程序如下所示。

```
//全排列例程
#include <bits/stdc++.h>
using namespace std;

void Print(int a[])
{
  for (int i=0; i<5; i++)
    cout<<a[i]<<" ";
  cout<<endl;
}

int main()
{
  int a[]= {3,5,6,7,9};    //随机赋值，如果要全排列，值必须由小到大
  while (next_permutation(a,a+5)) //产生下一排列，速度较慢，时间复杂度为O(n!)
    Print(a);
  int b[]= {5,4,3,2,1};              //随机赋值
  while (prev_permutation(b,b+5)) //产生上一排列
    Print(b);
  return 0;
}
```

11.10.1　进制位（system）

【题目描述】

给出如下的一张加法表，表中的字母代表数字。

+	L	K	V	E
L	L	K	V	E
K	K	V	E	KL
V	V	E	KL	KK

E　E　KL　KK　KV

其中L+L=L，L+K=K，L+V=V，L+E=E，K+L=K，K+K=V，K+V=E，K+E=KL，…，E+E=KV

根据这些规则可推导出: L = 0，K = 1，V = 2，E = 3。同时可以确定该表为四进制加法表。

【输入格式】

第一行为一个整数 n（$n \leqslant 9$），表示行数。

随后为 n 行，每行包括 n 个字符串，每个字符串间以空格间隔（仅有一个字符串包含“+”，其他都由大写字母组成）。

【输出格式】

第一行按给出的字母顺序输出对应的值，第二行输出其进制，如果加法表错误则输出“ERROR！”

【输入样例】

```
5
+ L K V E
L L K V E
K K V E KL
V V E KL KK
E E KL KK KV
```

【输出样例】

```
L=0 K=1 V=2 E=3
4
```

11.11 stable_sort 稳定排序

扫码看视频

stable_sort 和 sort 的区别在于前者排序后可以使原来的“相同”的值在序列中的相对位置不变。例如初始序列中有两个元素 A 和 B 的值相等，且 A 排在 B 的前面，排序后 A 仍然排在 B 的前面，这种排序叫作稳定排序。参考程序如下所示。

```
//stable_sort 例程
#include <bits/stdc++.h>
using namespace std;

struct stu
{
  int id;
  char *name;
  int score;
};
```

```

bool ComByscore(stu s1,stu s2)                              //按分数排序
{
  return s1.score<s2.score?1:0;
}

bool ComByid(stu s1,stu s2)                                 //按 id 排序
{
  return s1.id>s2.id?1:0;
}

int main()
{
  vector<stu> v;
  struct stu master;
  master.id = 3;
  master.name = "WangDong";
  master.score=60;
  v.push_back(master);                                      //插入数据
  master.id = 2;
  master.name = "Liuqiang";
  master.score=99;
  v.push_back(master);                                      //插入数据
  master.id = 1;
  master.name = "qiangYi";
  master.score=99;
  v.push_back(master);                                      //插入数据
  stable_sort(v.begin(),v.end(),ComByscore);                //按分数排序
  for (int i=0; i<v.size(); i++)
    cout<<v[i].id<<' '<<v[i].name<<' '<<v[i].score<<endl;
  stable_sort(v.begin(),v.end(),ComByid);                   //按 id 逆排序
  for (int i=0; i<v.size(); i++)
    cout<<v[i].id<<' '<<v[i].name<<' '<<v[i].score<<endl;
  return 0;
}
```

□ 11.11.1 给朋友排序（friends）

【题目描述】

每个人都会有 N 个朋友，每个人的名字都由“姓”和“名”两部分组成。你需要对你的朋友按照姓的“流行程度”（即拥有该姓的朋友人数）从大到小排序，姓的流行程度相同的朋友按照他们在原始名单中出现的顺序排序。

【输入格式】

输入排序前的原始序列，每行包含一个朋友的姓和名（以空格间隔），朋友数不超过 50 000，每行为 3~50 个字符，且只包含大写字母和一个空格（行首、行末无空格）。

【输出格式】

输出排序后的序列，每行包括一个朋友的姓和名，中间以一个空格间隔。

【输入样例】

ZHANG SAN
LI SI
WANG WU
WANG LIU
WANG QI
ZHANG WU
LI WU

【输出样例】

WANG WU
WANG LIU
WANG QI
ZHANG SAN
LI SI
ZHANG WU
LI WU

参考程序如下所示。

```
//给朋友排序
#include <bits/stdc++.h>
using namespace std;

map<string,int>freq;//字符串到整数映射，保存姓出现的次数，数组下标为字符串

string Key(const string &s)             //输入全名，返回姓
{
  return s.substr(0,s.find(" "));     //找到第一个空格，然后取它前面的字符串
}

int Cmp(const string &a,const string &b)
{
  return freq[Key(a)]>freq[Key(b)];
}

int main()
{
  vector<string> v;
  string s1,s2;
  while (cin>>s1>>s2)
  {
    v.push_back(s1+" "+s2);// 用 push_back,pop_back 往末尾添加或删除元素
    ++freq[s1];
  }
  stable_sort(v.begin(),v.end(),Cmp); // 稳定排序，可保持排序前的顺序
```

```
    for (int i=0; i<(int)v.size(); i++)
      cout<<v[i]<<endl;
    return 0;
}
```

11.12 multimap多重映照容器

扫码看视频

multimap 与 map 功能基本相同，唯独不同的是 multimap 允许插入重复键值的元素，由于允许重复键值的元素存在，因此 multimap 的元素的插入、删除及查找都与 map 不相同。

multimap 的简单参考程序如下所示。

```
//multimap 例程
#include <bits/stdc++.h>
using namespace std;

int main()
{
  multimap <string, double> mp;      //定义 multimap 对象，当前无任何元素
  mp.insert(pair<string, double>("Jack", 300.5));//插入元素
  mp.insert(pair<string, double>("Kity", 200));
  mp.insert(pair<string, double>("Memi", 500));
  mp.insert(pair<string, double>("Jack", 306));  //重复插入键值 "Jack"
  multimap <string, double>:: iterator it;
  mp.erase("Jack");                          //删除键值等于 "Jack" 的元素
  for(it=mp.begin(); it != mp.end(); it++)//正向迭代器中序遍历 multimap
    cout << (*it).first << " " << (*it).second << endl;
  it = mp.find("Nacy");                     //元素的查找
  if (it != mp.end())                        //找到元素
    cout << (*it).first << " " << (*it).second << endl;
  else                                       //没找到元素
    cout << "Not find it!" << endl;
  return 0;
}
```

☐ 11.12.1 银行业务(bank)

【题目描述】

每个办理银行业务的客户有一个整数编号和优先级，银行有 4 种代码代表 4 种操作，如下。

0：结束系统。

1 K P：把一个编号为 K 的客户加入系统队列，他的优先级是 P。

2：输出最高优先级的客户的名字，同时从系统队列中删除该客户的名字。

3：输出最低优先级的客户的名字，同时从系统队列中删除该客户的名字。

【输入格式】

输入的每一行包含一个可能的请求，只有最后一行包含停止请求（代码 0）。同一操作中保证优先级是唯一的。编号 K 总是小于 10^6，优先级 P 小于 10^7。客户可以多次办理业务，每次可获得不同的优先级。

【输出格式】

对于每个代码 2 或 3 的操作，程序必须在标准输出的单独行中打印客户的编号。如果操作时系统队列为空，则程序输出 0。

【输入样例】

2
1 20 14
1 30 3
2
1 10 99
3
2
2
0

【输出样例】

0
20
30
10
0

【算法分析】

此题标准的解法是手写数据结构中的平衡树，但实际上使用 multimap 多重映照容器更容易实现。

参考程序如下所示。

```
//银行业务
#include <bits/stdc++.h>
using namespace std;

multimap<int, int>G;
multimap<int ,int>::iterator it;

int main()
{
  int Request;
```

```
    while (1)
    {
      scanf("%d", &Request);
      if (Request==1)
      {
        int k, p;
        scanf("%d%d", &k, &p);
        G.insert(make_pair(p, k));// 插入客户元素，multimap 自动按 p 的值排序
      }
      if (Request==3)
      {
        it=G.begin();
        if (it==G.end())
          printf("0\n");
        else
        {
          printf("%d\n", it -> second);  // 输出最低优先级客户的名字
          G.erase(it);
        }
      }
      if (Request==2)
      {
        it=G.end();
        if (G.begin() == it)
          printf("0\n");
        else
        {
          --it;
          printf("%d\n", it -> second);  // 输出最高优先级客户的名字
          G.erase(it);
        }
      }
      if (Request==0)
        break;
    }
    return 0;
}
```

11.13 stack堆栈容器

扫码看视频

堆栈类似于一个一端开口、一端封闭的容器，开口端称为栈顶（Stack Top），封闭端称为栈底（Stack Bottom），元素的插入和删除只能在栈顶操作。堆栈的元素插入称为入栈，元素的删除称为出栈。堆栈的主要特点是"后进先出"（Last In First Out），即后入栈的元素先出栈。每次入栈的元素都放在原当前栈顶元素之上，成为新的栈顶元素，每次出栈的元素都是原当前栈顶元素，如图 11.8 所示。

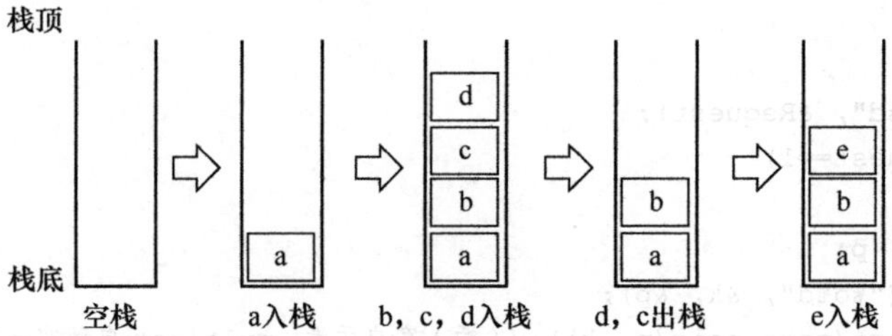

图 11.8

C++ 语言 STL 的 stack 堆栈容器不设最大容量，提供入栈、出栈、栈顶元素访问及判断是否为空的基本操作，其在头文件 <stack> 中定义。参考程序如下所示。

```
//stack 例程
#include <bits/stdc++.h>
using namespace std;
const int STACK_SIZE=100;

int main()
{
  stack<string> s;
  s.push("aaa");                                    //入栈
  s.push("bbb");
  if (s.size()<STACK_SIZE)                          //可限制大小
    s.push("68");
  cout<<s.size()<<endl;                             //输出栈内元素个数
  while (!s.empty())                                //当堆栈不为空时
  {
    cout<<s.top()<<endl;                            //输出栈顶元素
    s.pop();                                        //栈顶元素出栈
  }
  return 0;
}
```

□11.13.1 字符栈（CharStack）

【题目描述】

依次对小写英文字符 a ~ z 进行栈操作，操作方法是入栈两次，出栈一次，试输出最后栈内的元素。

参考程序如下所示。

```
//字符栈
#include <bits/stdc++.h>
using namespace std;

int main()
{
  stack <char> st;
  for (char i='a'; i<='z';)
  {
```

```
    st.push(i++);
    st.push(i++);
    st.pop();
  }
  while (!st.empty())
  {
    cout<<st.top()<<" ";
    st.pop();
  }
  return 0;
}
```

□11.13.2　表达式括号匹配 1（bracket1）

【题目描述】

假设表达式中允许包含两种括号，即圆括号和方括号，其嵌套的顺序任意，例如([ ]())或[([ ][ ])]等均为正确的匹配，[(])、([ ]()或(()))均为错误的匹配。

现输入一个只包含圆括号和方括号的字符串，试判断字符串中的括号是否为正确的匹配。

【输入格式】

输入一行字符串（字符串中字符的个数小于 255）。

【输出格式】

如果字符串中的括号为正确的匹配则输出“OK”，否则输出“Wrong”。

【输入样例】

[(])

【输出样例】

Wrong

参考程序如下所示。

```
//表达式括号匹配
#include <bits/stdc++.h>
using namespace std;

int main()
{
  string s;
  stack <char> st;
  cin>>s;
  for (int i=0; i<s.size(); i++)
  {
    if (s[i]=='['||s[i]=='(')
      st.push(s[i]);
    if (s[i]==']')
      if (st.top()=='[')
        st.pop();
```

```
            else
              printf("Wrong\n"),exit(0);
        if (s[i]==')')
          if (st.top()=='(')
            st.pop();
          else
            printf("Wrong\n"),exit(0);
      }
    printf("%s\n",st.empty()?"OK":"Wrong");
    return 0;
}
```

□11.13.3　表达式括号匹配 2（bracket2）

【题目描述】

表达式由数字、英文字母（小写）、运算符（“+”“-”“*”“/”）及圆括号构成，以“@”作为表达式的结束符。请编写一个程序检查表达式中的左、右圆括号是否匹配。

【输入格式】

输入一行表达式，表达式长度小于 255，左圆括号少于 20 个。

【输出格式】

表达式左、右圆括号若匹配则返回“YES”，否则返回“NO”。

【输入样例 1】

2*(x+y)/(1-x)@

【输出样例 1】

YES

【输入样例 2】

(25+x)*(a*(a+b+b)@

【输出样例 2】

NO

□11.13.4　表达式求值（expr）

【题目描述】

给定一个只包含加法运算和乘法运算的表达式，请编程计算表达式的值。

【输入格式】

输入一行表达式，保证只有 0 ～ 9、“+”及“*”这 12 种字符，且没有括号，所有参与运算的数字均为 0 ～ 2^{31-1} 的整数。

【输出格式】

输出只有一行，包含一个整数，表示表达式的值。注意：当结果长度多于 4 位时，请只输出最后 4 位，前导 0 不输出。

【输入样例 1】

1+1234567890*1

【输出样例 1】

7891

【输入样例 2】

1+1000000003*1

【输出样例 2】

4

【样例说明】

样例 1 计算的结果为 1 234 567 891，输出后 4 位，即 7 891。

样例 2 计算的结果为 1 000 000 004，输出后 4 位，即 4。

【数据范围】

对于 100% 的数据，0 ≤表达式中加法运算符和乘法运算符的总数≤ 100 000。

【算法分析】

对于一般的（甚至更复杂的）表达式求值的题目，一般采用如下方法。

（1）设两个栈：符号栈与数字栈。

（2）扫描表达式，遇到数字则进栈，遇到符号则转至（3），扫描完毕则转至（4）。

（3）遇到符号：首先将符号栈中优先级不大于当前符号优先级的都弹出，每次取出数字栈顶的两个元素，求值后压入数字栈；然后将当前符号压入符号栈。转至（2）。

（4）扫描完毕后数字栈顶对应的便是所求的值。本题只要求输出最后 4 位，由于只包含“+”和“*”，因此可以边计算边取余。

11.14 queue队列容器

扫码看视频

如图 11.9 所示，queue 队列容器是一个线性存储表，在头文件 <queue> 中声明。与后进先出的堆栈不同，元素数据的插入在表的一端进行，元素数据的删除在表的另一端进行，从而构成了一个“先进先出”(First In First Out) 表。插入一端称为队尾，删除一端称为队首。

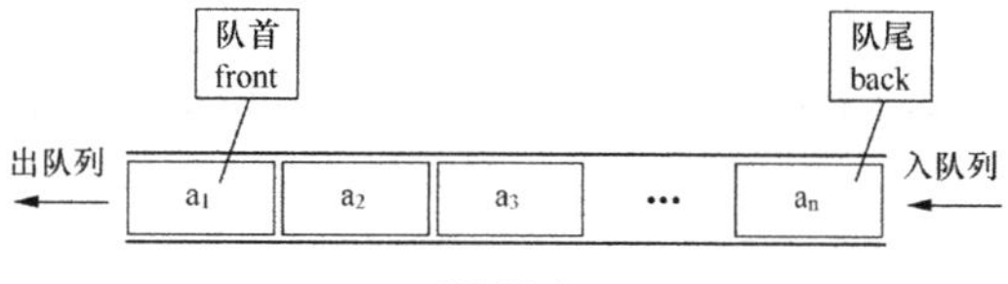

图 11.9

C++ 语言 STL 的 queue 队列容器提供队列的基本操作，参考程序如下所示。

```
//queue 例程
#include <bits/stdc++.h>
using namespace std;

int main()
{
  queue<int> q;
  q.push(3);                                        //入队
  q.push(5);
  cout<<"元素个数为:"<<q.size()<<endl;
  cout<<q.back();                                   //取队尾元素
  while (!q.empty())                                //当队列不为空时
  {
    cout<<q.front()<<endl;                          //输出队首元素
    q.pop();                                        //出队
  }
  return 0;
}
```

□11.14.1 海港（port）

【题目描述】

小光对到达海港的船只非常感兴趣，他按照时间记录了到达海港的每一艘船的情况。对于第 i 艘到达的船，他记录了这艘船到达海港的时间 t_i（单位：秒）、船上的乘客数 k_i，以及每名乘客的国籍 $x(i,1),x(i,2),\cdots,x(i,k)$。

小光统计了 n 艘船的信息，希望你帮忙计算出以每一艘船到达时间为止的 24 小时（24 小时 = 86 400 秒）内所有乘船到达的乘客来自多少个不同的国家。

形式化地讲，你需要计算 n 条信息。对于输出的第 i 条信息，你需要统计满足 $t_i - 86\,400 < t_p \leqslant t_i$ 的船只 p，在所有的 $x(p, j)$ 中，总共有多少个不同的数。

【输入格式】

第一行输入一个正整数 n，表示小光统计了 n 艘船的信息。

接下来为 n 行，每行描述一艘船的信息：前两个整数 t_i 和 k_i 分别表示这艘船到达海港的时间和船上的乘客数，后面的 k_i 个整数 $x(i, j)$ 表示船上乘客的国籍。

保证输入的 t_i 是递增的，表示从小光第一次上班开始计时，这艘船在第 t_i 秒到达海港。保证 $1 \leqslant n \leqslant 10^5$，$\sum k_i \leqslant 3\times10^5$，$1 \leqslant x(i,j) \leqslant 10^5$，$1 \leqslant t_{(i-1)} \leqslant t_i \leqslant 10^9$。

其中 $\sum k_i$ 表示所有的 k_i 的和。

【输出格式】

输出 n 行，第 i 行输出一个整数，表示第 i 艘船到达后的统计信息。

【输入样例 1】

3

1 4 4 1 2 2

2 2 2 3

10 1 3

【输出样例 1】

3

4

4

【样例说明 1】

第 1 艘船在第 1 秒到达海港，最近 24 小时到达的船是第 1 艘船，共有 4 名乘客，分别来自国家 4、1、2、2，共来自 3 个不同的国家。

第 2 艘船在第 2 秒到达海港，最近 24 小时到达的船是第 1 艘船和第 2 艘船，共有 4 + 2 = 6 名乘客，分别是来自国家 4、1、2、2、2、3，共来自 4 个不同的国家。

第 3 艘船在第 10 秒到达海港，最近 24 小时到达的船是第 1、第 2 及第 3 艘船，共有 4 + 2 + 1 = 7 名乘客，分别来自国家 4、1、2、2、2、3、3，共来自 4 个不同的国家。

【输入样例 2】

4

1 4 1 2 2 3

3 2 2 3

86401 2 3 4

86402 1 5

【输出样例 2】

3

3

3

4

【样例说明 2】

第 1 艘船在第 1 秒到达海港，最近 24 小时到达的船是第 1 艘船，共有 4 名乘客，分别来自国家 1、2、2、3，共来自 3 个不同的国家。

第 2 艘船在第 3 秒到达海港，最近 24 小时到达的船是第 1 艘船和第 2 艘船，共有 4 + 2 = 6 名乘客，分别来自国家 1、2、2、3、2、3，共来自 3 个不同的国家。

第 3 艘船在第 86 401 秒到达海港，最近 24 小时到达的船是第 2 艘船和第 3 艘船，共有 2 + 2 = 4 名乘客，分别来自国家 2、3、3、4，共来自 3 个不同的国家。

第 4 艘船在第 86 402 秒到达海港，最近 24 小时到达的船是第 2、第 3 及第 4 艘船，共有 2 + 2 + 1 = 5 名乘客，分别来自国家 2、3、3、4、5，共来自 4 个不同的国家。

□ 11.14.2 团体队列（queue）

【题目描述】

有 *t* 个团队的人正在排长队，每有一个新来的人时，他会从队首开始向后搜寻，如果发现有队友正在排队，他就会插队到他队友的身后；如果没有发现任何一个队友排队，他就只好站在长队的队尾。

输入每个团队中所有队员的编号，要求支持如下 3 种指令。（题目来源：UVA 540）

ENQUEUE x：编号为 x 的人进入长队。

DEQUEUE：长队队首的人出队。

STOP：停止模拟。

对于每个 DEQUEUE 指令，输出出队的人的编号。

【输入格式】

有多组测试数据，每组数据的第一行为一个整数 t（$1 \leqslant t \leqslant 1\,000$），表示有 t 个团队。随后 t 行描述每一个团队，即每一个团队有一个表示该团队人数的整数 n（可能多达 1 000 个）和 n 个整数编号（范围为 0 ～ 999 999）。

随后是指令列表（可能多达 200 000 条指令），有如题所示 3 种不同的指令。

当 t 是 0 时，输入终止。

【输出格式】

对应每组测试数据，首先输出一行“Scenario #k”，其中 k 表示第几次测试；然后每一个 DEQUEUE 指令打印出队的人的编号（单独占一行）。

在每一组测试数据之后打印一空行，即使这组测试数据是最后一组。

【输入样例】

```
2
3 101 102 103
3 201 202 203
ENQUEUE 101
ENQUEUE 201
ENQUEUE 102
ENQUEUE 202
ENQUEUE 103
ENQUEUE 203
DEQUEUE
```

DEQUEUE

DEQUEUE

STOP

2

5 259001 259002 259003 259004 259005

6 260001 260002 260003 260004 260005 260006

ENQUEUE 259001

ENQUEUE 260001

ENQUEUE 259002

ENQUEUE 259003

ENQUEUE 259004

ENQUEUE 259005

DEQUEUE

DEQUEUE

ENQUEUE 260002

ENQUEUE 260003

DEQUEUE

STOP

0

【输出样例】

Scenario #1

101

102

103

Scenario #2

259001

259002

259003

11.15 priority_queue优先队列容器

priority_queue 优先队列容器在头文件 <queue> 中声明，与队列容器一样，只能从队尾插入元素，从队首删除元素。其一般形式为 priority_queue<Type, Container, Functional>，其中 Type 为数据类型，Container 为保存数据的容器，Functional 为元素比较方式。

扫码看视频

Container 必须是用数组实现的容器，例如 vector、deque 等，但不能用 list，STL 里面默认用的是 vector。如果后面两个参数采用默认设置，优先队列容器就是大顶堆（降序），队首元素最大。可以重载运算符来重新定义比较规则。

默认降序输出的参考程序如下所示。

```
//priority_queue 例程
#include <bits/stdc++.h>
using namespace std;

int main()
{
  priority_queue<int> q;
  q.push(93);                                    //入队，插入新元素
  q.push(5);
  q.push(12);
  cout<<"元素个数为:"<<q.size()<<endl;
  while (!q.empty())                            //当队列不为空时
  {
    cout<<q.top()<<endl;                        //取队首元素
    q.pop();                                    //出队要先判断是否为空
  }
  return 0;
}
```

从小到大排列，让小的元素优先出队的基本写法如下。

priority_queue<int,vector<int>,greater<int> >q;

从大到小排列，让大的元素优先出队的基本写法如下。

priority_queue<int,vector<int>,less<int> >q;

结构体中重载运算符的参考程序如下所示。

```
//结构体中重载运算符
#include <bits/stdc++.h>
using namespace std;

struct Info
{
  string name;
  float score;
  bool operator <(const Info &a) const
  {
    return a.score<score;        //按 score 由小到大排列用"<", 否则用">"
  }
} ;

int main()
{
  priority_queue<Info> pq;
  Info info;
  info.name="Alice";
  info.score=98;
  pq.push(info);
  info.name="Jone";
  info.score=92;
  pq.push(info);
  info.name="Kate";
```

```
    info.score=95.5;
    pq.push(info);
    while (pq.empty()!=true)
    {
      cout<<pq.top().name<<": "<<pq.top().score<<endl;
      pq.pop();
    }
    return 0;
}
```

□11.15.1　推销员（salesman）

【题目描述】

螺丝街是一条死胡同，出口与入口是同一个，街道的一侧是围墙，另一侧是住户。螺丝街一共有 N 家住户，第 i 家住户到入口的距离为 S_i 米。由于同一栋房子里可以有多家住户，因此可能有多家住户与入口的距离相等。小光会从入口进入，依次向螺丝街的 X 家住户推销产品，然后按原路走出去。

小光每走 1 米就会积累 1 点疲劳值，向第 i 家住户推销产品会积累 A_i 点疲劳值。小光想知道，对于不同的 X 家住户，在不走多余的路的前提下，他最多会积累多少点疲劳值。

【输入格式】

第 1 行有一个正整数 N，表示螺丝街住户的数量。

第 2 行有 N 个正整数，其中第 i 个正整数 S_i 表示第 i 家住户到入口的距离。数据保证 $S_1 \leqslant S_2 \leqslant \cdots \leqslant S_n < 10^8$。

第 3 行有 N 个正整数，其中第 i 个正整数 A_i 表示向第 i 家住户推销产品会积累的疲劳值。数据保证 $A_i < 10^3$。

【输出格式】

输出 N 行，每行一个正整数，第 i 行的正整数表示当 $X = i$ 时，小光最多积累的疲劳值。

【输入样例 1】

```
5
1 2 3 4 5
1 2 3 4 5
```

【输出样例 1】

```
15
19
22
24
25
```

【样例说明 1】

X=1：向住户 5 推销，往返走路的疲劳值为 5+5，推销的疲劳值为 5，总疲劳值为 5+5+5=15。

$X=2$：向住户 4、5 推销，往返走路的疲劳值为 5+5，推销的疲劳值为 4+5，总疲劳值为 5+5+4+5=19。

$X=3$：向住户 3、4、5 推销，往返走路的疲劳值为 5+5，推销的疲劳值为 3+4+5，总疲劳值为 5+5+3+4+5=22。

$X=4$：向住户 2、3、4、5 推销，往返走路的疲劳值为 5+5，推销的疲劳值为 2+3+4+5，总疲劳值为 5+5+2+3+4+5=24。

$X=5$：向住户 1、2、3、4、5 推销，往返走路的疲劳值为 5+5，推销的疲劳值为 1+2+3+4+5，总疲劳值为 5+5+1+2+3+4+5=25。

【输入样例 2】

```
5
1 2 2 4 5
5 4 3 4 1
```

【输出样例 2】

```
12
17
21
24
27
```

【样例说明 2】

$X=1$：向住户 4 推销，往返走路的疲劳值为 4+4，推销的疲劳值为 4，总疲劳值为 4+4+4=12。

$X=2$：向住户 1、4 推销，往返走路的疲劳值为 4+4，推销的疲劳值为 5+4，总疲劳值为 4+4+5+4=17。

$X=3$：向住户 1、2、4 推销，往返走路的疲劳值为 4+4，推销的疲劳值为 5+4+4，总疲劳值为 4+4+5+4+4=21。

$X=4$：向住户 1、2、3、4 推销，往返走路的疲劳值为 4+4，推销的疲劳值为 5+4+3+4，总疲劳值为 4+4+5+4+3+4=24。或者向住户 1、2、4、5 推销，往返走路的疲劳值为 5+5，推销的疲劳值为 5+4+4+1，总疲劳值为 5+5+5+4+4+1=24。

$X=5$：向住户 1、2、3、4、5 推销，往返走路的疲劳值为 5+5，推销的疲劳值为 5+4+3+4+1，总疲劳值为 5+5+5+4+3+4+1=27。

【数据范围】

对于 100% 的数据，$1 \leqslant N \leqslant 100\,000$。

【算法分析】

使用贪心算法，贪心算法是指在对问题求解时，总是做出在当前看来最好的选择。

首先选择疲劳值最大的一个点，即 $s[i] \times 2 + A[i]$ 值最大的点，将这个点记为 now，用优先队列保存 now 左边的点的疲劳值。每次选择点时，枚举 now 右边的点 j，找出 now 右边疲劳值最大的点记为 Rmax（注意这里的距离应该为 now 到 j 的距离），与优先队列的最大值 Lmax 比较，取最大值的点为新的点 now。如果左边的点的疲劳值大，则将该点弹出优先队列；如果右边的点的疲劳值大，则将原先 now 点到新 now 点之间的点压入优先队列。时间复杂度在最好的情况下是 $O(n\log n)$，在最坏情况下是 $O(n^2)$。具体情况如图 11.10 所示。

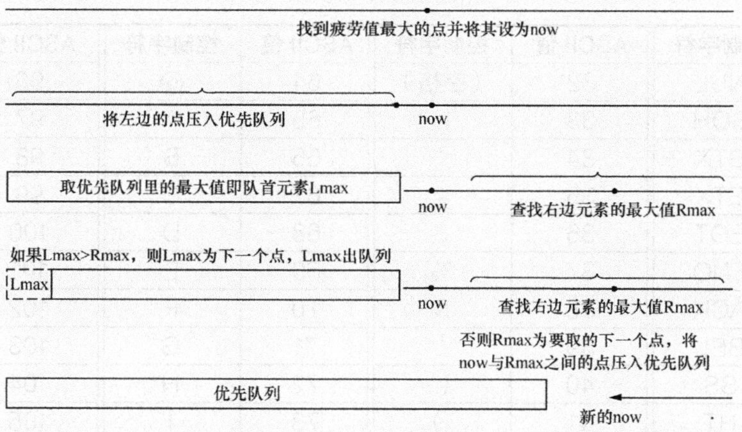

图 11.10

□ 11.15.2　有序表最小和（MinSum）

【题目描述】

有两个长度为 n 的有序表 A 和 B，在 A 和 B 中各任取一个元素，可以得到 n^2 个和，求这些和中最小的 n 个。

【输入格式】

第一行为一个正整数 n（$n \leqslant 400\,000$）。

随后两行分别为单调递增的有序表 A 和 B，表中整数大小在超长整数范围内。

【输出格式】

输出 n 个单调递增的整数，数据保证在超长整数范围内。

【输入样例】

```
3
1 2 5
2 4 7
```

【输出样例】

```
3 4 5
```

附录 A　ASCII 对照表

ASCII 值	控制字符	ASCII 值	控制字符	ASCII 值	控制字符	ASCII 值	控制字符
0	NUL	32	（空格）	64	@	96	`
1	SOH	33	!	65	A	97	a
2	STX	34	"	66	B	98	b
3	ETX	35	#	67	C	99	c
4	EOT	36	$	68	D	100	d
5	ENQ	37	%	69	E	101	e
6	ACK	38	&	70	F	102	f
7	BEL	39	'	71	G	103	g
8	BS	40	(	72	H	104	h
9	HT	41	)	73	I	105	i
10	LF	42	*	74	J	106	j
11	VT	43	+	75	K	107	k
12	FF	44	,	76	L	108	l
13	CR	45	-	77	M	109	m
14	SO	46	.	78	N	110	n
15	SI	47	/	79	O	111	o
16	DLE	48	0	80	P	112	p
17	DC1	49	1	81	Q	113	q
18	DC2	50	2	82	R	114	r
19	DC3	51	3	83	S	115	s
20	DC4	52	4	84	T	116	t
21	NAK	53	5	85	U	117	u
22	SYN	54	6	86	V	118	v
23	ETB	55	7	87	W	119	w
24	CAN	56	8	88	X	120	x
25	EM	57	9	89	Y	121	y
26	SUB	58	:	90	Z	122	z
27	ESC	59	;	91	[	123	{
28	FS	60	<	92	\	124	|
29	GS	61	=	93	]	125	}
30	RS	62	>	94	^	126	~
31	US	63	?	95	_	127	DEL

附录 B C++ 语言的关键字

asm	double	**new**	switch
auto	else	**operator**	template
break	enum	**private**	**this**
case	extern	**protected**	**throw**
catch	float	**public**	**try**
char	for	return	typedef
class	**friend**	register	union
const	goto	short	unsigned
continue	If	signed	**virtual**
default	**inline**	sizeof	void
delete	Int	static	volatile
do	long	struck	while

加粗的关键字为 C++ 语言所特有，其余关键字为 C 与 C++ 语言共有。

“标识符”或“符号”是程序中提供的变量、类型、函数及标号的名称。标识符在拼写和大小写上必须不同于关键字。不能使用关键字作为标识符，它们是为了特定用途而被保留的。

附录 C　C++ 语言运算符及其优先级

优先级	运算符	名称或含义	使用形式	结合方向	说明
1	[]	数组下标	数组名 [常量表达式]	左到右	
	()	圆括号	(表达式)/ 函数名 (形参表)		
	.	成员选择（对象）	对象 . 成员名		
	->	成员选择（指针）	对象指针 -> 成员名		
2	–	负号运算符	– 表达式	右到左	单目运算符
	(类型)	强制类型转换	(数据类型) 表达式		
	++	自增运算符	++ 变量名 / 变量名 ++		单目运算符
	--	自减运算符	-- 变量名 / 变量名 --		单目运算符
	*	取值运算符	* 指针变量		单目运算符
	&	取地址运算符	& 变量名		单目运算符
	!	逻辑非运算符	! 表达式		单目运算符
	~	取反运算符	~ 表达式		单目运算符
	sizeof	长度运算符	sizeof(表达式)		
3	/	除	表达式 / 表达式	左到右	双目运算符
	*	乘	表达式 * 表达式		双目运算符
	%	求余数（取模）	整型表达式 / 整型表达式		双目运算符
4	+	加	表达式 + 表达式	左到右	双目运算符
	–	减	表达式 – 表达式		双目运算符
5	<<	左移运算符	变量 << 表达式	左到右	双目运算符
	>>	右移运算符	变量 >> 表达式		双目运算符

续表

<table>
<tr><th>优先级</th><th>运算符</th><th>名称或含义</th><th>使用形式</th><th>结合方向</th><th>说明</th></tr>
<tr><td rowspan="4">6</td><td>></td><td>大于</td><td>表达式 > 表达式</td><td rowspan="4">左到右</td><td>双目运算符</td></tr>
<tr><td>>=</td><td>大于等于</td><td>表达式 >= 表达式</td><td>双目运算符</td></tr>
<tr><td><</td><td>小于</td><td>表达式 < 表达式</td><td>双目运算符</td></tr>
<tr><td><=</td><td>小于等于</td><td>表达式 <= 表达式</td><td>双目运算符</td></tr>
<tr><td rowspan="2">7</td><td>==</td><td>等于</td><td>表达式 == 表达式</td><td rowspan="2">左到右</td><td>双目运算符</td></tr>
<tr><td>!=</td><td>不等于</td><td>表达式 != 表达式</td><td>双目运算符</td></tr>
<tr><td>8</td><td>&</td><td>按位与运算符</td><td>表达式 & 表达式</td><td>左到右</td><td>双目运算符</td></tr>
<tr><td>9</td><td>^</td><td>按位异或运算符</td><td>表达式 ^ 表达式</td><td>左到右</td><td>双目运算符</td></tr>
<tr><td>10</td><td>|</td><td>按位或运算符</td><td>表达式 | 表达式</td><td>左到右</td><td>双目运算符</td></tr>
<tr><td>11</td><td>&&</td><td>逻辑与运算符</td><td>表达式 && 表达式</td><td>左到右</td><td>双目运算符</td></tr>
<tr><td>12</td><td>||</td><td>逻辑或运算符</td><td>表达式 || 表达式</td><td>左到右</td><td>双目运算符</td></tr>
<tr><td>13</td><td>?:</td><td>条件运算符</td><td>表达式 1? 表达式 2: 表达式 3</td><td>右到左</td><td>三目运算符</td></tr>
<tr><td rowspan="11">14</td><td>=</td><td>赋值运算符</td><td>变量 = 表达式</td><td rowspan="11">右到左</td><td></td></tr>
<tr><td>/=</td><td>除后赋值</td><td>变量 /= 表达式</td><td></td></tr>
<tr><td>*=</td><td>乘后赋值</td><td>变量 *= 表达式</td><td></td></tr>
<tr><td>%=</td><td>取模后赋值</td><td>变量 %= 表达式</td><td></td></tr>
<tr><td>+=</td><td>加后赋值</td><td>变量 += 表达式</td><td></td></tr>
<tr><td>−=</td><td>减后赋值</td><td>变量 −= 表达式</td><td></td></tr>
<tr><td><<=</td><td>左移后赋值</td><td>变量 <<= 表达式</td><td></td></tr>
<tr><td>>>=</td><td>右移后赋值</td><td>变量 >>= 表达式</td><td></td></tr>
<tr><td>&=</td><td>按位与后赋值</td><td>变量 &= 表达式</td><td></td></tr>
<tr><td>^=</td><td>按位异或后赋值</td><td>变量 ^= 表达式</td><td></td></tr>
<tr><td>|=</td><td>按位或后赋值</td><td>变量 |= 表达式</td><td></td></tr>
<tr><td>15</td><td>,</td><td>逗号运算符</td><td>表达式 , 表达式 ,…</td><td>左到右</td><td>从左向右顺序运算</td></tr>
</table>

说明：同一优先级的运算符，运算次序由结合方向所决定。

附录 D 常用函数库

C语言

```
#include <assert.h>        // 设定插入点
#include <ctype.h>         // 字符处理
#include <errno.h>         // 定义错误码
#include <float.h>         // 浮点数处理
#include <fstream.h>       // 文件输入 / 输出
#include <iomanip.h>       // 参数化输入 / 输出
#include <iostream.h>      // 数据流输入 / 输出
#include <limits.h>        // 定义各种数据类型的最值常量
#include <locale.h>        // 定义本地化函数
#include <math.h>          // 定义数学函数
#include <stdio.h>         // 定义输入 / 输出函数
#include <stdlib.h>        // 定义杂项函数和内存分配函数
#include <string.h>        // 字符串处理
#include <strstrea.h>      // 基于数组的输入 / 输出
#include <time.h>          // 定义关于时间的函数
#include <wchar.h>         // 宽字符处理和输入 / 输出
#include <wctype.h>        // 宽字符分类
```

标准 C++语言

```
#include <algorithm>       //STL 通用算法
#include <bitset>          //STL 位集容器
#include <cctype>          // 字符处理
#include <cerrno>          // 定义错误码
#include <clocale>         // 定义本地化函数
#include <cmath>           // 定义数学函数
#include <complex>         // 复数类
#include <cstdio>          // 定义输入 / 输出函数
#include <cstdlib>         // 定义杂项函数和内存分配函数
#include <cstring>         // 字符串处理
```

```
#include <ctime>        // 定义关于时间的函数
#include <deque>        //STL 双端队列容器
#include <exception>    // 异常处理类
#include <fstream>      // 文件输入 / 输出
#include <functional>   //STL 定义运算函数（代替运算符）
#include <limits>       // 定义各种数据类型的最值常量
#include <list>         //STL 双向链表容器
#include <map>          //STL 映照容器
#include <iomanip>      // 参数化输入 / 输出
#include <ios>          // 基本输入 / 输出支持
#include <iosfwd>       // 输入 / 输出系统使用的前置声明
#include <iostream>     // 数据流输入 / 输出
#include <istream>      // 基本输入流
#include <ostream>      // 基本输出流
#include <queue>        //STL 队列容器
#include <set>          //STL 集合容器
#include <sstream>      // 基于字符串的流
#include <stack>        //STL 堆栈容器
#include <stdexcept>    // 标准异常类
#include <streambuf>    // 底层输入 / 输出支持
#include <string>       // 字符串类
#include <utility>      //STL 通用模板类
#include <vector>       //STL 向量容器
#include <cwchar>       // 宽字符处理和输入 / 输出
#include <cwctype>      // 宽字符分类
```

附录 E 常用函数

分类函数，所在函数库为ctype.h

函数原型	函数功能
int isalpha(int ch)	若 ch 是字母（A~Z，a~z）则返回非 0 值，否则返回 0
int isalnum(int ch)	若 ch 是字母（A~Z，a~z) 或数字（0~9）则返回非 0 值，否则返回 0
int isascii(int ch)	若 ch 是字符（ASCII 中的 0~127）则返回非 0 值，否则返回 0
int isdigit(int ch)	若 ch 是数字（0~9）则返回非 0 值，否则返回 0
int islower(int ch)	若 ch 是小写字母（a~z）则返回非 0 值，否则返回 0
int isupper(int ch)	若 ch 是大写字母（A~Z）则返回非 0 值，否则返回 0
int isxdigit(int ch)	若 ch 是十六进制数（0~9，A~F，a~f）则返回非 0 值，否则返回 0
int tolower(int ch)	若 ch 是大写字母（A~Z）则返回相应的小写字母（a~z）
int toupper(int ch)	若 ch 是小写字母（a~z）则返回相应的大写字母（A~Z）

数学函数，所在函数库为math.h、stdlib.h、string.h、float.h

函数原型	函数功能
int abs(int i)	返回整数 i 的绝对值
double fabs(double x)	返回双精度浮点数 x 的绝对值
long labs(long n)	返回长整数 n 的绝对值
double exp(double x)	返回指数函数 e^x 的值
double log(double x)	返回 ln(x) 的值
double log10(double x)	返回 x 的常用对数（基数为 10 的对数）
double pow(double x,double y)	返回 x^y 的值
double pow10(int p)	返回 10^p 的值
double sqrt(double x)	返回 x 的平方根
double acos(double x)	返回 x 的反余弦 arccos (x) 值，x 为弧度
double asin(double x)	返回 x 的反正弦 arcsin (x) 值，x 为弧度
double atan(double x)	返回 x 的反正切 arctan (x) 值，x 为弧度
double cos(double x)	返回 x 的余弦 cos(x) 值，x 为弧度
double sin(double x)	返回 x 的正弦 sin(x) 值，x 为弧度
double tan(double x)	返回 x 的正切 tan(x) 值，x 为弧度
double cosh(double x)	返回 x 的双曲余弦 cosh(x) 值，x 为弧度

续表

函数原型	函数功能
double sinh(double x)	返回 x 的双曲正弦 sinh(x) 值，x 为弧度
double tanh(double x)	返回 x 的双曲正切 tanh(x) 值，x 为弧度
double ceil(double x)	返回不小于 x 的最小整数
double floor(double x)	返回不大于 x 的最大整数
void srand(unsigned seed)	初始化随机数发生器
Int rand(void)	产生一个随机数并返回这个数
double fmod(double x,double y)	返回浮点数 x/y 的余数
double atoi(char *nptr)	将字符串 nptr 转换成整数并返回这个整数
double atol(char *nptr)	将字符串 nptr 转换成长整数并返回这个整数
double atof(char *nptr)	将字符串 nptr 转换成双精度浮点数并返回这个数，错误返回 0
int atoi(char *nptr)	将字符串 nptr 转换成整数并返回这个数，错误返回 0
long atol(char *nptr)	将字符串 nptr 转换成长整数并返回这个数，错误返回 0

进程函数，所在函数库为stdlib.h、process.h

函数原型	函数功能
int exec	装入和运行其他程序
void exit(int status)	终止当前程序，关闭所有文件
int system(char *command)	将 MSDOS 命令 command 传递给 DOS 执行

输入/输出子程序，所在函数库为io.h、conio.h、stat.h、dos.h、stdio.h、signal.h

函数原型	函数功能
int getch()	从控制台（键盘）读一个字符，不显示在显示器上
int putch()	向控制台（键盘）写一个字符
int getchar()	从控制台（键盘）读一个字符，显示在显示器上
int putchar()	向控制台（键盘）写一个字符
int scanf(char *format[,argument…])	从控制台读一个字符串，分别对各个参数进行赋值，使用基本输入 / 输出系统（Basic Input/Output System，BIOS）输出
int sscanf(char*string,char*format[,argument,…])	通过字符串 string，分别对各个参数进行赋值
int puts(char *string)	发送字符串 string 给控制台（显示器），使用 BIOS 输出
int printf(char *format[,argument,…])	发送格式化字符串给控制台（显示器），使用 BIOS 输出
int eof(int *handle)	检查文件是否结束，结束返回 1，否则返回 0
long filelength(int handle)	返回文件长度，handle 为文件号
int close(int handle)	关闭 handle 所表示的文件处理
FILE *fopen(char *filename,char *type)	打开一个文件 filename

续表

函数原型	函数功能
FILE *freopen(char *filename,char *type,FILE *stream)	重定向文件
char *fgets(char *string,int n,FILE *stream)	从流 stream 中读 n 个字符存入 string
int fputs(char *string,FILE *stream)	将字符串 string 写入流 stream
int fread(void*ptr,int size,int nitems,FILE *stream)	从流 stream 中读入 nitems 个长度为 size 的字符串存入 ptr
int fwrite(void*ptr,int size,int nitems,FILE*stream)	向流 stream 中写入 nitems 个长度为 size 的字符串，字符串在 ptr 中
int fscanf(FILE*stream,char*format [,argument,…])	以格式化形式从流 stream 中读入一个字符串
int rewind(FILE *stream)	将当前文件指针 stream 移到文件开头
int fclose(FILE *stream)	关闭一个流，可以是文件或设备（例如 LPT1）

string字符串操作函数

函数原型	函数功能
char strcat(char *dest,const char *src)	将字符串 src 添加到字符串 dest 末尾
char strchr(const char *s,int c)	检索并返回字符 c 在字符串 s 中第一次出现的位置
int strcmp(const char *s1,const char *s2)	比较字符串 s1 与 s2 的大小，并返回 s1 − s2
char strcpy(char *dest,const char *src)	将字符串 src 复制到字符串 dest
unsigned int strlen(char *str)	返回字符串 str 的长度
int strncmp(const char *s1,const char *s2,size_t maxlen)	比较字符串 s1 与 s2 中的前 maxlen 个字符
char strncpy(char *dest,const char *src,size_t maxlen)	复制字符串 src 中的前 maxlen 个字符到字符串 dest
char strrchr(const char *s,int c)	扫描最后出现一个给定字符 c 的字符串 s
char strrev(char *s)	将字符串 s 中的字符全部颠倒顺序重新排列，并返回排列后的字符串
char strset(char *s,int ch)	将字符串 s 中的所有字符置于一个给定的字符 ch
size_t strspn(const char *s1,const char *s2)	扫描字符串 s1，并返回在字符串 s1 和字符串 s2 中均有的字符的个数
char strstr(const char *s1,const char *s2)	扫描字符串 s2，并返回第一次出现字符串 s1 的位置
char strtok(char *s1,const char *s2)	检索字符串 s1，字符串 s1 由字符串 s2 中定义的定界符所分隔

附录 F　如何使用在线评测网站

www.magicoj.com 是我们专为编程竞赛爱好者准备的在线评测网站，致力于为编程竞赛爱好者提供清爽、快捷的编程体验。它包含了从入门到省选层次的近万道精选编程题，无论是初学者还是久经沙场的选手，都能从中获益。

目前网站的课程分类有语法和算法入门、竞赛基础算法、动态规划、数据结构基础、编程与数学（见图 A-1），分别对应于“编程竞赛宝典”系列书中用到的所有题目。

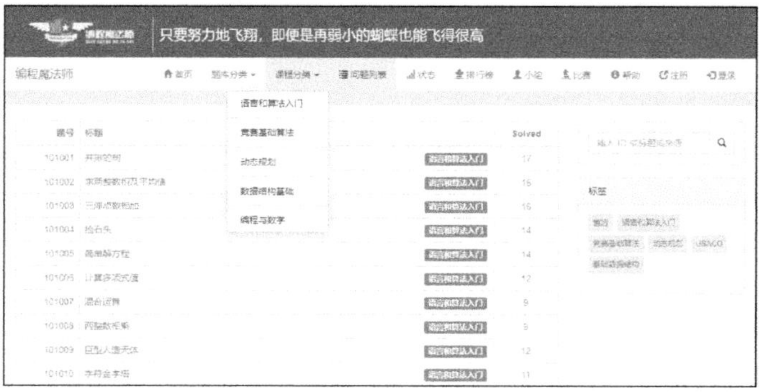

图 A-1

建议读者按照书中编排的题目顺序学习，结合对应的讲解视频，在理解的基础上动手编程，并将代码提交到网站，获得实时反馈，从而形成了一个完整且高效的学习过程，使学习效果更好。

此外，每道题专设了讨论区和题解区（见图 A-2），进一步帮助读者解惑并开拓思维。

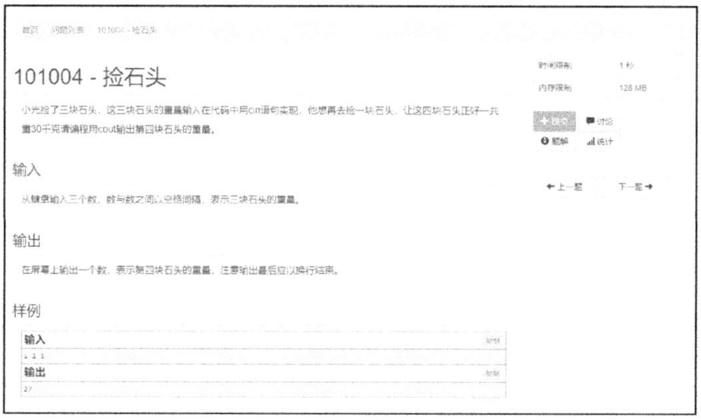

图 A-2

附录 F 如何使用在线评测网站

www.magicoj.com 是我们专为编程竞赛爱好者准备的在线评测网站，致力于为编程竞赛爱好者提供清爽、快捷的编程体验。它包含了从入门到省选层次的近万道精选编程题，无论是初学者还是久经沙场的选手，都能从中获益。

目前网站的课程分类有语法和算法入门、竞赛基础算法、动态规划、数据结构基础、编程与数学（见图 A-1），分别对应于“编程竞赛宝典”系列书中用到的所有题目。

图 A-1

建议读者按照书中编排的题目顺序学习，结合对应的讲解视频，在理解的基础上动手编程，并将代码提交到网站，获得实时反馈，从而形成了一个完整且高效的学习过程，使学习效果更好。

此外，每道题专设了讨论区和题解区（见图 A-2），进一步帮助读者解惑并开拓思维。

图 A-2